AF 717438

Jörg Meya

Elektrodynamik im 19. Jahrhundert

Rekonstruktion ihrer Entwicklung als Konzept einer redlichen Vermittlung

Wissenschafts- und Technikgeschichte

Jörg Meya

Elektrodynamik im 19. Jahrhundert

Rekonstruktion ihrer Entwicklung als Konzept einer redlichen Vermittlung

Springer Fachmedien Wiesbaden GmbH

CIP-Titelaufnahme der Deutschen Bibliothek

Meya, Jörg:
Elektrodynamik im 19. Jahrhundert : Rekonstruktion ihrer Entwicklung als Konzept einer redlichen Vermittlung / Jörg Meya. — Wiesbaden : Dt. Univ.-Verl., 1990
(DUV : Wissenschafts- und Technikgeschichte : Technik)
Zugl.: Oldenburg, Univ., Diss., 1990

© Springer Fachmedien Wiesbaden 1990
Ursprünglich erschienen bei Deutscher Universitäts-Verlag GmbH, Wiesbaden 1990.

Das Werk einschließlich aller seiner Teile ist urheberrechtlich geschützt. Jede Verwertung außerhalb der engen Grenzen des Urheberrechtsgesetzes ist ohne Zustimmung des Verlags unzulässig und strafbar. Das gilt insbesondere für Vervielfältigungen, Übersetzungen, Mikroverfilmungen und die Einspeicherung und Verarbeitung in elektronischen Systemen.

ISBN 978-3-8244-2011-7 ISBN 978-3-663-14626-1 (eBook)
DOI 10.1007/978-3-663-14626-1

Vorwort

Nicht selten erschöpft sich das Physiklernen im Grundstudium an der Hochschule doch mehr oder minder im "blinden" Lernen von Fakten, Gleichungen und Formalismen. "Lernen durch Gewöhnung" ersetzt ein Lernen, das sich mit einem tiefergehenden Verstehen der Zusammenhänge verbindet. Es geht fast vollständig verloren, daß auch physikalische Fakten und Theorien immer erst vermutet, erdacht, produziert und gegen denkbare Alternativen durchgesetzt werden müssen und daß diese Prozesse stets auch durch kultur- und sozialgeschichtliche Gegebenheiten beeinflußt werden. - Diese Ideen waren Anlaß und Ausgangspunkt der vorliegenden Arbeit, die als Dissertation am Fachbereich Physik der Universität Oldenburg eingereicht und genehmigt wurde. Sie setzt sich das Ziel, Material für Kurse bereitzustellen, in denen den genannten Gesichtspunkten am Beispiel der Geschichte der Elektrodynamik nachgegangen werden kann. Zudem soll die Struktur der klassischen Elektrodynamik durch Schilderung ihrer Genese aufgeschlüsselt und damit transparent gemacht werden. Dabei gilt es, die Geschichte nicht unzulässig zu vereinfachen, vielmehr sie in wissenschaftshistorisch vertretbarer Form darzulegen.

Ich danke allen, die durch Anregungen, Diskussionen, Kritik und handwerkliche Hilfe zum Werden meiner Arbeit beigetragen haben. Meinem Lehrer Dr. Falk Rieß bin ich für seine Geduld und seine Ratschläge zu besonderem Dank verpflichtet. Besonderer Dank gilt gleichfalls dem Evangelischen Studienwerk Villigst, das durch seine großzügige Förderung die Anfertigung der Arbeit überhaupt erst ermöglichte.

Inhaltsverzeichnis

1 Einleitung: Grundsätzliche Überlegungen zu Gegenstand und Zielsetzung der universitären Anfängerausbildung im Fach Physik 1

2 Zum didaktischen Nutzen der Wissenschaftsgeschichte 4

2.1 Wissenschaftstheoretische Voraussetzungen 4

Theorie als dynamische Struktur 4

Instrumente der Spekulation und Theoriebildung: Modell, Konzept, Metapher 7

Bedingtheiten der Theorieentwicklung 13

2.2 Didaktische Konsequenzen der wissenschaftstheoretischen Position 17

2.3 Lehrbuchtexte zur Elektrodynamik - eine kritische Durchsicht 19

2.4 Skizze eines Konzepts historisch-genetischer Lehrgänge 34

2.5 Geschichte als Grundlage historisch-genetischer Lehrgänge 48

Kritische Bestandsaufnahme: Geschichte in Lehrbuchtexten zur Elektrodynamik 49

Kriterien für eine historische Rekonstruktion in didaktischer Absicht 54

3 Elektrodynamik im 19. Jahrhundert - Zeitgeist und Theorieentwicklung 60

3.1 Die mechanistische Physik zu Beginn des Jahrhunderts 60

Mathematisierung als Programm: Die Laplacesche Physik 61

Das System ponderabler und imponderabler Substanzen - die Welt aus der Sicht des französischen Mechanisten 63

Theorie der elektrischen Fluida 66

Theorien der magnetischen Fluida 72

Natur und Eigenschaften des galvanischen Fluidums 77
3.2 Romantische Physik: Die Einheit der Naturkräfte 81
Philosophische Kritik der mechanistischen Physik: Die romantische Naturphilosophie 81
Sternstunde der romantischen Physik - Oersteds Entdeckung des Elektromagnetismus 86
3.3 Ampères einheitliche Theorie der magnetischen Kräfte.............. 95
Rezeption der Oerstedschen Entdeckung 95
Biots Theorie des Tranversalmagnetismus 98
Die Entdeckung der elektrodynamischen Kraft 100
Konstruktion des elektrodynamischen Elementargesetzes 103
Die physikalische Realität hinter den elektrodynamischen Erscheinungen: Strommodell, elektrodynamisches Molekül, Äther 108
Mathematische Eigenschaften des elektrodynamischen Elementargesetzes 113
Langsamer Erfolg der Ampèreschen Theorie 115
3.4 Kraft als Grundbegriff: Faradays Schritte zu einer dynamistischen Naturauffassung 116
Michael Faraday - Karriere eines dynamistischen Physikers 117
Das elektrodynamische Grundphänomen: Rotation von Polen oder Zentralkraft zwischen Strömen? 120
Elektromagnetische Induktion: Der Prozeß ihrer Entdeckung 124
Elektromagnetische Induktion - Experimentaluntersuchung und Theorie 126
Elektrifizierung der Materie - Wirkungsweise der elektrostatischen Kräfte 131
"Ueber die Magnetisirung des Lichtes und die Erleuchtung der magnetischen Kraftlinien" 139
Magnetisierung des Raumes, die Wirkungsweise magnetischer Kräfte 141

Das "Kraftlinienweltbild" 146
3.5 Die deutsche Elektrodynamik in der Mitte des 19. Jahrhunderts: Fernwirkungen elektrischer Teilchen 147
Das Ohmsche Gesetz, ein Beispiel für den Widerstand der Wissenschaft gegen Neuerungen 148
Professionalisierung der deutschen Physik und Wandel der methodischen Norm 151
F.E. Neumann - Werdegang eines idealistischen Studenten 156
Neumanns formale Theorie der induzierten elektrischen Ströme 158
W.E. Weber - das intellektuelle Milieu eines liberalen Professors 160
Ein sicheres Fundament der Elektrodynamik: Webers allgemeines Gesetz der elektrischen Kräfte 164
Webers Theorie der Voltainduktion 169
Erweiterung der Theorie auf Ströme in räumlichen Leitern: Die Kirchhoffschen Differentialgleichungen 172
Ausbau zum Weltbild: Webers Kosmos elektrischer Teilchen 173
3.6 Die Äthertheorie des elektromagnetischen Feldes 176
3.6.1 Physik im Viktorianischen England 176
3.6.2 James Clerk Maxwell, ein blaublütiger Viktorianischer Physiker 182
3.6.3 Ansatz zur Feldtheorie: Analogien der elektrodynamischen Phänomene 184
3.6.4 Die Theorie in Maxwells Lehrbuch - Ansichten einer verborgenen Maschinerie 191
Elektrostatik: Elektrizität, Verschiebung, Ladung und Strom 192
Theorie statischer magnetischer Felder 198
Elektrodynamik als dynamische Theorie 200
Das Maxwellsche Gleichungssystem 207

3.6.5 Die Utopie des universellen Äthers 208
3.7 Äthermaschine oder elektrische Teilchen? 210
Maxwells britische Schüler 211
Maxwell versus Neumann & Weber 214
Probleme und Modifikationen des Fernwirkungsstandpunkts in den 60er und 70er Jahren 218
Die Hertzschen Versuche: Durchsetzung der Feldtheorie 226
3.8 Die klassische Elektrodynamik 234
Eine verpaßte Revolution 235
Verbindung von Teilchen und Äther: Lorentz' Elektronentheorie .. 236
Die Entdeckung des Elektrons 242
Literaturverzeichnis 249
Abbildungsnachweis 266

1. Einleitung: Grundsätzliche Überlegungen zu Gegenstand und Zielsetzung der universitären Anfängerausbildung im Fach Physik

Die Anfängerausbildung im Fach Physik besteht in der Regel aus einem viersemestrigen Kurs, der sich an Diplom- und Lehramtsstudenten richtet. Meist setzt er sich in jedem Semester aus einer Physikvorlesung mit Übungen und einer Praktikumsveranstaltung zusammen. Gegenstand der Vorlesung sind physikalische Theorien, unter ihnen die klassische Elektrodynamik, mit der sich diese Arbeit befaßt.

Was soll in einer Anfängervorlesung vermittelt werden? Unbestritten ist das Ziel, in einen Kanon theoretischen Wissens einzuführen. Nach Besuch der Vorlesung sollen die Studenten die jeweiligen Theorien selbständig anwenden können. Dies ist jedoch nur eine der gemeinhin vertretenen Zielsetzungen: Von Diplomphysikern wird erwartet, daß sie selbständig wissenschaftlich arbeiten und auch schwierige Zusammenhänge erkennen und mathematisch beschreiben können (vgl. DPG 1972, S.503; Rollnik 1978, S.339). Qualifizierung zu eigener Forschung meint mehr als Ausbildung zu "Meß- und Rechenknechten"; sie umfaßt neben Einweisung in bestehendes theoretisches Wissen auch Einführung in Methoden und Probleme der Begriffs- und Theoriebildung bzw. allgemeiner, physikalischer Erkenntnisprozesse: Metatheoretisches, d.h. wissenschaftstheoretisches Wissen ist Gegenstand der Diplomphysikerausbildung und es erscheint unangemessen, dessen Vermittlung auf die zweite Hälfte des Studiums zu verschieben. Zwar erhalten Diplomanden Gelegenheit, in der Forschung mitzuarbeiten, aber das Gelingen dieser Vorhaben setzt sicheres Methodenwissen schon voraus (vgl. Collins/Sharpin 1984, S.41).

Von Lehrern werden eigene fachphysikalische Forschungen in der Regel nicht erwartet. Der Physikunterricht an allgemeinbildenden Schulen gilt jedoch als ein Ort, an dem naturwissenschaftliche Denkweise und Methodik exemplarisch aufgezeigt werden sollen (vgl. DPG 1980, S.279; Jung 1978, S.40, 44; Collins/Sharpin 1984, S.33ff). Dies erfordert entsprechendes Wissen der Lehrer, und deshalb kann sich auch ein Lehramtsstudium nicht auf Erlernen von Theorien beschränken. Zu fordern ist vielmehr eine Lehrerausbildung, in der unter anderem ein wissenschaftstheoretisch abgesichertes Bild physikalischer Erkenntnisprozesse, ihrer Methoden und Dynamik vermittelt wird. Diese Zielsetzung betrifft auch Grundvorlesungen, denn zumindest implizit liegt jeder Darlegung physikalischer Theorien ein jeweils bestimmter Wissenschaftsbegriff und damit eine Antwort auf die Frage nach den "richtigen" Methoden physikalischer Forschung zugrunde (vgl. Maurer 1979, S.148; Teichmann 1978, S.189; Hucklenbroich 1978, S.99).

Die Qualifizierung von Diplom- wie Lehramtstudenten erfordert nicht nur Einführung in anerkannte Theorien, sondern auch Vermittlung metatheoretischen Wissens. Von diesem Gedanken ausgehend werde ich für die Verwendung der historisch-genetischen Methode in der Hochschulausbildung plädieren, nicht im Sinne einer "allein selig machenden", sondern im Sinne einer ihrer Bedeutung nach bislang zuwenig verwendeten Methode. Genetisch - so der Konsens der Fachdidaktiker - hat Lehren allemal zu sein, denn es hat mit dem Wachsen- und Werdenlassen von Wissen zu tun (vgl. Jung 1988, S.41, 44; Rieß/Schulz 1988, S.37). Auch ist unbestritten, daß die Methoden der Physik nicht ohne "eine Art Historie" (Jung 1988, S.28) vermittelt werden können. Aber damit ist über Wesen, Bedeutung und Rechtfertigung der historisch-genetischen Methode erst wenig gesagt.

Unter "Theorie" verstehe ich "Paradigma" im Sinne der Kuhnschen Auffassungen. Ihre Entwicklung wird durch ihr eigenes heuristisches Instrumentarium, also durch bevorzugte Formalismen, Modelle, Weltbilder und methodische Normen geleitet. Dieses Instrumentarium - seine Annahme kann nicht durch einen logischen Beweis erzwungen werden - konstituiert ein Bindeglied zwischen wissenschaftsinterner und zeitgenössischer sozial- und kulturgeschichtlicher Entwicklung (Kap. 2.1). Erwerb einer Theorie bedeutet dann nicht nur Lernen von Fakten und formalen Zusammenhängen, sondern auch Sich-Einfinden in eine spezifische Weltsicht und Akzeptieren einer Auffassung von "guter" Wissenschaft. Methodische Umsicht beinhaltet die Fähigkeit, gerade diese stillschweigenden Voraussetzungen wissenschaftlichen Handelns erkennen und reflektieren zu können. Sie zielt darauf ab, eigene Festlegungen auf bestimmte Modellstrukturen und Weltbilder, mithin die "normalwissenschaftliche" wie die "kulturhistorische" Bornierung des eigenen Denkens bewußt zu machen und aufzubrechen (Kap. 2.2).

Ich schlage eine Lehrgangsform vor, in der physikalisches Wissen in redlicher und genetischer Argumentation von zugänglichen Phänomenen ausgehend entwickelt wird. Solche Lehrgänge werden notwendigerweise historische Passagen aufweisen. Das genetische Vorgehen schlägt zum historisch-genetischen um, wo die Entwicklung eines im Umterricht verfolgten Paradigmas im historischen Prozess durch sogenannte "externe" Faktoren beeinflußt wurde und deshalb heute immanent nicht verstanden werden kann. Übliche Darlegungsformen führen zweifellos zu einem Verstehen der Theorien, das sich vielleicht am besten als "Kompetenz richtiger Handhabung" beschreiben läßt. Die historisch-genetische Methode zielt dagegen noch auf eine weitere Art des Verstehens ab: Die historische Entwicklung hat letztlich zur Ausarbeitung nur weniger Theorien aus der Menge der prinzipiell möglichen geführt. Ihre "Aspekthaftigkeit", der in ihnen verborgene "Sinn" kann sich im Nachvollzug ihrer historischen Genese erschließen. Denn sie erhellt, welche Gedanken und Umstände zum Werden der Fakten und Konzeptionen Anlaß gaben und deshalb in den überlieferten Formalismen codifiziert wurden. Das historische Vorgehen verlangt dazu, daß sich die Lernenden in heute nicht mehr anerkannte Paradigmen bzw. heute fremde Weltbilder eindenken. Schon im Hinblick auf den Erwerb methodischer Kompetenz wendet sich dies zum produktiven Element. Es erlaubt zudem im nun möglichen Rückgriff auf ursprüngliche Konzeptionen den Nachvollzug von Spekulationsprozessen, die auf die modernen Auffassungen führten (Kap. 2.4).

Als Grundlage historisch-genetischer Unterrichtssequenzen wird in Kap. 3 eine Rekonstruktion der Entwicklung der Elektrodynamik im 19. Jahrhundert gegeben. Die Kennzeichnung "Rekonstruktion" verweist auf den Umstand, daß es sich um nichts Vorgefundenes, sondern um eine "gemachte" Darstellung handelt. Die auch normativ begründeten Kriterien, die der Rekonstruktion zugrundeliegen, werden in Kap. 2.5 diskutiert.

2. Zum didaktischen Nutzen der Wissenschaftsgeschichte

2.1 Wissenschaftstheoretische Voraussetzungen

Die Präzisierung des Ziels "Erwerb physikalischer Theorien und Wissens in methodischen und wissenschafstheoretischen Fragen der Physik" setzt wissenschaftstheoretische Festlegungen voraus. Sie betreffen besonders den Begriff der physikalischen Theorie und das Verständnis der Theoriendynamik. Nun schränkt schon der Anspruch auf Einführung der Studenten in Methoden und Probleme physikalischer Begriffs- und Theoriebildung die Palette möglicher Auffassungen ein: Einerseits muß physikalischem Unterricht ein Theoriebegriff zugrundegelegt werden, der zu einem angemessenen Bild physikalischer Erkenntnisprozesse führt. Mithin muß er sich in der Wissenschaftsgeschichtsschreibung bewährt haben. Abgesehen davon können andererseits Methoden der Theoriebildung nur anhand der Genese physikalischen Wissens gelehrt werden. Damit entfallen statische Theoriebegriffe, z.B. der des axiomatisch-deduktiven, formalen Systems, das durch Korrespondenzregeln und vermöge einer neutralen Beobachtungssprache interpretiert wird. Nach dieser Auffassung (vgl. Suppe 1977, S.16f) - sie wurde durch den Wiener Kreis entwickelt, kann heute als widerlegt gelten und findet sich dennoch implizit in modernen Lehrbüchern (vgl. Kap. 2.3, Pukies 1979, S.6) - reduziert sich physikalischer Unterricht auf die Einführung in eine fertige axiomatische Struktur und deren Anwendungen. Ihre Genese und das heißt auch Mittel, Zielsetzungen und ursprüngliche Intentionen der Theoretisierung sind dann kein Teil der Theorie und folglich keiner des Unterrichts.

Theorie als dynamische Struktur

Schon aus methodischen Erwägungen heraus ist ein dynamischer Theoriebegriff notwendig, die Auffassung von "Theorie" als einer stets unfertigen Struktur, die in bestimmten Kontexten und nach je spezifischen Methoden und Zielsetzungen weiterentwickelt und auf immer weitere Bereiche angewendet wird. Von den möglichen dynamischen Theoriebegriffen wird hier das Kuhnsche Konzept gewählt: Um anzudeuten, daß "Besitz einer Theorie" mehr bedeutet als nur die Fähigkeit, mit einem formalen System umzugehen, ersetzte Kuhn den Begriff "Theorie" durch "Paradigma", später, im Zusammenhang mit der Präzisierung seiner Vorstellungen, durch "disziplinäre Matrix" (vgl. Kuhn 1977, S.500f).

Unter disziplinärer Matrix versteht Kuhn den gemeinsamen theoretischen Besitz einer mit soziologischen Methoden zu bestimmenden Gruppe von Fachleuten. Sie umfaßt als wichtigste Bestandteile **symbolische Verallgemeinerungen**, d.h. Formeln oder leicht formalisierbare Sätze, **metaphysische Paradigmata**, d.h. bevorzugte Modelle, deren Bedeutung zwischen den Extremen heuristisch und ontologisch schwanken kann, **gemeinsame Werte**, z.B. die Qualitäten von Theorien oder allgemein Wissenschaft betreffend und schließlich **Musterbeispiele**, d.h. konkrete Problemlösungen, Musteraufgaben, wie sie Studenten in Praktika oder Lehrbüchern gestellt oder vorgelegt werden (vgl. Kuhn 1979, S.194ff).

Besondere Ausbildungsfunktionen kommen nach Kuhn den Musterbeispielen zu: Durch die Beschäftigung mit ihnen lernt der Student, was richtige Fragestellungen und akzeptable Lösungen sind; er wird mithin in die Vorstellungen der Gemeinschaft von "guter" Wissenschaft, in die herrschenden Wertmaßstäbe eingeführt. Gleichzeitig wird er mit archetypischen Anwendungen symbolischer Verallgemeinerungen auf die Natur vertraut gemacht. Damit werden "Ähnlichkeitsbeziehungen" erworben, die mögliche reale Situationen strukturieren, und ihn befähigen, sie wie die anderen Mitglieder der Gemeinschaft unter einer bestimmten Gestalt zu sehen (vgl. Kuhn 1979, S.201). So erwirbt der Student eine "Weltanschauung", eine spezifische Art, die Welt wahrzunehmen (vgl. Suppe 1977, S.141; Masterman 1974, S.67. Das Wort "Weltanschauung" findet sich jeweils im englischen Original. Kuhn 1979, Kap. X). Kuhn behauptet damit, daß die für alle Beobachter gleichen Reize durch erworbenes "stillschweigendes Wissen" unwillentlich in möglicherweise verschiedene Wahrnehmungen transformiert werden. Ein bewußter Interpretationsprozeß setzt hingegen erst nach der Wahrnehmung ein und die Grenze zwischen Wahrnehmung und Interpretation verschiebt sich mit dem jeweils vorhandenen stillschweigenden Vorwissen. Weil die Reize als das Primäre der Wahrnehmung nicht zugänglich sind, kann deren Transformation nicht in Regeln dargestellt werden (Kuhn 1979, S.203ff). Eine solche Kodifizierung ist zudem mit dem dynamischen Charakter einer sich entwickelnden Weltanschauung nicht vereinbar:

Kein Regelsystem kann alle potentiell möglichen Anwendungen der symbolischen Verallgemeinerungen erschließen (vgl. Suppe 1977, S.140), die Liste der Musterbeispiele hingegen kann entsprechend dem Entwicklungsstand der Theorie ergänzt oder modifiziert werden.

Wissenschaftliche Tätigkeit unter dem so charakterisierten Paradigma bezeichnet Kuhn als "normale Wissenschaft". Sie zielt auf immer weitergehende Ausarbeitung und Präzisierung des Paradigmas ab, das, seinerseits in dieser Phase gegen mögliche Widerlegung geschützt, dogmatisch vertreten wird. Erst wenn hartnäckige Anomalien auftreten, Phänomene, die sich gegen die Subsumption unter das Paradigma sperren und sozusagen das gewohnte Weltbild sprengen, kann es zu außerordentlicher Forschung kommen, in der die Herrschaft des Paradigmas weitgehend aufgehoben wird. Entsteht in dieser Phase unsystematischer Forschung ein neuer Kandidat für ein Paradigma, der attraktiv genug ist, um Anhänger zu finden, wird eine wissenschaftliche Revolution entfesselt, gekennzeichnet durch die Auseinandersetzungen um die Validität der rivalisierenden Paradigmen. Sie endet mit der weitgehenden Annahme eines der beiden, ein Prozeß, der - so Kuhn - auch wenn er auf guten Gründen beruht, dennoch nicht durch eine Art logischen Beweises herbeizuführen ist. Denn die zur Verfügung stehenden Daten werden unter jedem Paradigma anders aufgefaßt. Zudem definiert jedes der beiden eigene Wertmaßstäbe, und selbst wenn Einigkeit über Werte hergestellt werden kann, lassen sie doch unterschiedliche Auslegungen zu.

Für die Entscheidung zwischen rivalisierenden Paradigmata haben Experimente durchaus Bedeutung. Ihr logischer Stellenwert wird jedoch - von der Frage unterschiedlicher theoretischer Interpretationen der Daten und unterschiedlicher Gewichtung empirischer Ergebnisse abgesehen - noch durch einen weiteren Aspekt geschmälert: Experimentelle Daten werden stets mit Hilfe untergeordneter Theorien gewonnen. Ein falsifizierendes Experiment kann deshalb immer noch durch Annahme von Fehlern in den benutzen Hilfs- bzw. Beobachtungstheorien neutralisiert werden (Duhemthese, vgl. Teichmann 1978, S.187f).

Über das Triviale hinausgehend gibt es heute wohl keinen Konsens darüber, worin die naturwissenschaftliche Methodik besteht (vgl. Jung 1983, S.17; Hucklenbroich 1978, S.95f), die zu der vorgeblich besonderen Sicherheit ihrer Ergebnisse führt. Alle normativen Programme sind letztlich daran gescheitert, daß entweder der Nachweis des durch sie optimierten wissenschaftlichen Fortschritts angezweifelt wurde, oder die heute als "gute Wissenschaft" anerkannten Systeme durch Prozesse entstanden, die dem vorgeschlagenem Maßstab wissenschaftlicher Rationalität nicht entsprachen. So kann Feyerabend aufgrund historischer Fakten mit einiger Berechtigung für den Methodenanarchismus plädieren (Feyerabend, 1983). Dennoch beweist schon die Alltagserfahrung, daß durchaus - jedoch offenbar räumlich und zeitlich begrenzt - Einhelligkeit über "richtiges" Vorgehen herrscht. So erscheint die Kuhnsche Soziologisierung der Methoden als angemessene Lösung des Problems: Die naturwissenschaftliche Methodik gibt es nicht, sondern verschiedene Methoden, die jeweils in spezifischen Gemeinschaften als bindend angesehen werden. Welche das sind, lehrt die Wissenschaftsgeschichte.

Mit dem Methodenproblem eng verknüpft ist das des wissenschaftlichen Fortschritts. Auch hier schließe ich mich der Kuhnschen Auffassung an: Zwar gibt es einen instrumentellen Fortschritt; aber ein Erkenntnisfortschritt geht mit ihm nicht unbedingt einher (Kuhn 1979, S.217f). Ich bin nicht der Ansicht, daß wir heute die Zusammenhänge in der Natur in einem tieferen Sinne "besser" verstehen als beispielsweise die Physiker des 19. Jahrhunderts. Zudem ist der unbestrittene instrumentelle Fortschritt offenbar stets auf Teilsysteme begrenzt, denn er führt - besonders in globaler Hinsicht - immer wieder zu zunächst nicht vorhersehbaren, schwerwiegenden Problemen.

Instrumente der Spekulation und Theoriebildung: Modell, Konzept, Metapher

Unumstritten ist die Bedeutung der Modellmethode und die Eignung von Modellen als Instrumente der Spekulation. Jedoch wird mitunter die These vertreten, Modelle hätten **nur** diese Funktion, wären damit kein integraler Teil von Theorien und könnten nach deren Fertigstellung ohne Verlust an kognitivem Gehalt aufgegeben werden. Da ich unter einer Theorie eine sich dynamisch entfaltende Struktur verstehe, sind Modelle als Teil der Heuristik (unabhängig von der Frage der Bedeutung theoretischer Terme) unverzichtbar. So teilen die Mitglieder einer wissenschaftlichen Gemeinschaft das Vertrauen in bestimmte Modelle. Diese entsprechen einerseits den einmütig vertretenen metaphysischen Auffassungen und geben andererseits Anhaltspunkte, in welcher Weise ein Paradigma zu entwickeln ist (vgl. Kuhn 1979, S.195f).

Zur Diskussion des Modellbegriffs gebe ich, überwiegend in Anlehnung an Schürmann (1977) (‚jedoch ohne deshalb seinen verglichen mit Kuhn engen Theoriebegriff anzunehmen,) Situationen an, in denen nach allgemein-naturwissenschaftlichem Sprachgebrauch von "Modellen" die Rede ist:

a. Basale Modellierung
Im modelltheoretischen Sinne ist jede physikalische Theorie - hier als interpretiertes deduktives System verstanden - ein Modell des zugrundeliegenden mathematischen Formalismus wie des vorausgesetzten Grundbereichs (Bunge 1973, S.123; Fertig 1974, S.194). "Grundbereich" bezeichnet die vorzeigbaren oder durch akzeptierte Theorien gegebenen Gegenstände, auf die sich die Theorie bezieht. Diese Bedeutung für Modell soll nicht weiter verwendet werden.

b. Idealisierung im Grundbereich
Theorien beziehen sich in der Regel auf idealisierte Gegenstände oder Vorgänge. So werden beispielsweise Massenpunkte, Punktladungen, ideale Flüssigkeiten anstelle ausgedehnter Massen und Ladungen bzw. realer Flüssigkeiten betrachtet. Je nach theoretischer Zielsetzung werden nur bestimmte Eigenschaften der realen Gegenstände in idealen Objekten, den Modellen zusammengefaßt (vgl. Schürmann 1977, S.108).

c. Idealisierung in der mathematischen Theorie
Für die Anwendung mathematischer Verfahren müssen in der Regel Annahmen über mathematische Objekte und damit über Zusammenhänge in der Natur gemacht werden. Wenn beispielsweise Raumkurven als zweimal stetig differenzierbare Funktionen angenommen werden, verbindet sich damit die Hypothese, die Mikrostrukturen von Raum und Zeit entsprächen den Voraussetzungen der Infinitesimalrechnung. Derartige Annahmen sind einerseits unumgänglich, um mathematische Verfahren verwenden zu können, andererseits werden sie auch wider besseres Wissen getätigt, falls sich damit Vorteile für Rechenwege ergeben. Beispielsweise unterstellt die Integration über den Parameter "Ladung", deren Struktur wäre auch im mikroskopischen Bereich kontinuierlich (vgl. Schürmann 1977, S.109f).

d. Analogien

Eine Analogie zwischen zwei Systemen qualifiziert das eine als Modell des anderen. Sie basiert ihrerseits auf beobachtbaren Ähnlichkeiten, die elementare Eigenschaften bzw. Teile der Systeme betreffen, oder auf Ähnlichkeiten der kausalen Beziehungen bzw. Strukturen innerhalb der Einzelsysteme. Sind beide Bedingungen erfüllt, handelt es sich um eine "materielle" oder "substantielle" Analogie; trifft nur die zweite zu, liegt eine formale Analogie vor (vgl. Hesse 1963, S.96; Bunge 1967, S.266). Eine materielle Analogie gestattet einen Analogieschluß, mit dem von einer Eigenschaft des besser bekannten Modells auf eine entsprechende des zu untersuchenden Systems geschlossen wird. Der Schluß ist nicht sicher, hat jedoch heuristischen Wert: Er führt auf die Formulierung von Hypothesen und diese sind nicht willkürlich, sondern durch den Analogieschluß begründet. Als Standardbeispiel für materielle Analogien kann die zwischen Wasser- und Schallwellen gelten. Ein Analogieschluß kann auf die Hypothesen führen, daß es der Höhe von Wasserwellen entsprechend eine Amplitude von Schallwellen gibt und die mathematische Theorie der Wasserwellen auch auf Schallwellen anwendbar ist (vgl. Hesse 1963, S.11). Eine formale Analogie läßt keine derartigen Schlüsse zu. Auch wenn die Identität zweier formaler Strukturen vorliegt, alle bekannten Ähnlichkeiten zwischen beiden aber nur in der Strukturgleichheit begründet sind, ist damit kein Hinweis auf Wesensgleichheit gegeben, die den Schluß von physikalischen Eigenschaften des einen Systems auf die des anderen erlaubt. Als Beispiele können die Formeln für die Stromdichte einer Flüssigkeit in einem engen Rohr, der Ausdehnungsarbeit von Luft bei Erwärmung und konstantem Druck und die für die Frequenz der von einem Bohrschen Atom emittierten Strahlung gelten. Sie haben dieselbe Struktur und dennoch hilft diese rein formale Ähnlichkeit nicht weiter, wenn man eine Formel kennt und einen der anderen Sachverhalte theoretisch beschreiben will: Es steckt keine materielle Analogie dahinter, die unabhängig von Formeln auf Korrespondenzen zwischen den verschiedenen Eigenschaften führt (vgl. Schürmann 1977, S.114; Hesse 1963, S.76f).

e. Qualitative oder quantitative Näherung bei der Anwendung einer Theorie

Hinreichend allgemeine Theorien lassen sich in der Regel nur mit qualitativen oder quantitativen Näherungen anwenden. Sie werden notwendig, um die Komplexität der Aufgabe oder den mathematischen Apparat überschaubar bzw. handhabbar zu machen. Man geht so vom allgemeinen Fall zu einer Modelltheorie und einem Modellobjekt über (vgl. Schürmann 1977, S.115, Fertig 1974 S.199f).

f. Konkretisierung und Veranschaulichung einer Theorie durch materielle oder immaterielle Objekte
Nachdem die grundlegenden Axiome und Hypothesen einer Theorie festgelegt wurden, ist es mitunter sinnvoll, Systeme zu finden, mit denen man die Theorie veranschaulichen kann. Diese Konstrukte können entweder rein gedanklicher Art (ideelles Modell) oder wirklich realisiert (materielles Modell) sein. Da der Bauplan einem materiellen Modell stets vorausgeht, ist letzteres ohne ein vorheriges ideelles Modell undenkbar. Was jeweils illustriert werden soll, bestimmt, ob das Modell Verhalten, Struktur oder Funktion der durch die Theorie beschriebenen Zusammenhänge repräsentiert. Modelle in diesem Sinn haben heuristischen Wert, sie können zu weiteren Hypothesen, beispielsweise zu Interpretationen theoretischer Terme führen. Wo sie auf Strukturgleichheit als Homo- oder Isomorphismus beruhen, kann mit ihnen die Struktur des entworfenen Axiomensystems studiert werden, insbesondere kann der Frage nach dessen Konsistenz, Unabhängigkeit und Vollständigkeit nachgegangen werden. Im allgemeinen ist diese Methode die einzig verfügbare zur Konsistenzprobe einer physikalischen Theorie, sie hat Modelle zu einem unverzichtbaren Bestandteil moderner Methodologie erhoben (vgl. Jammer 1965, S.172).

Abgesehen von Fall a (und einem noch darzustellenden Fall g) werden hier alle geschilderten Bedeutungen als Inhalt des Begriffs "Modell" zugelassen. Die Möglichkeit einer sinnvollen, übergreifenden Definition entfällt damit; sie wäre so weit, daß sie im Grunde nichts besagen würde. Aussagekräftiger erscheint mir die Unterteilung in theoretische Modelle (Fall b, c, e) und Analogiemodelle (Fall d und f).

Theoretische Modelle bezeichnen jeweils idealisierte Objekte des Grundbereichs. Insofern kann man sie als Bündel von Annahmen über den Gegenstandsbereich auffassen, die zu weiteren Hypothesen und möglicherweise Theorien führen. Dabei werden nicht zwei unabhängige Bereiche von einer neutralen Position aus verglichen, sondern ein geistiges Konstrukt mit einem - besonders im prätheoretischen Fall (b und c) - kaum strukturierten Gegenstandsbereich in Beziehung gesetzt. Ein theoretisches Modell ist durch keine materielle Analogie qualifiziert, und das in es gesetzte Vertrauen kann sich nur aus anderen Erwägungen herleiten. Trotzdem hat die Annahme eines theoretischen Modells wesentlichen Einfluß auf die nachfolgende Entwicklung: In seinen Argumentationen bedient sich der Theoretiker einer dem Modell angemessenen Sprache. Er führt einen dem Modell entlehnten Dialekt ein und wendet ihn auf den noch mehr oder minder unstrukturierten Gegenstandsbereich an (vgl. Black 1968, S.228f). So wird nicht "mit", sondern eher "durch" das Modell gearbeitet, seine Struktur durch Sprache transportiert.

Durch ein Analogiemodell werden verschiedene Gegenstandsbereiche miteinander in Beziehung gesetzt; Modell und Original bestehen aus verschiedenen Substraten. Die Verwendung des Modells - und damit die aus ihm abgeleiteten Hypothesen - sind in diesem Fall zumindest teilweise physikalisch gerechtfertigt, sei es im prätheoretischen Fall (d) durch das quasiempirische Datum einer materiellen Analogie oder im posttheoretischen Fall (f) durch die in das Modell hineinkonstruierte Analogie. Die Bedingung aufweisbarer Ähnlichkeiten läßt jedoch noch erheblichen Spielraum für die Wahl von Modellen zu. Denn deren Fruchtbarkeit basiert gerade darauf, daß nur einige Übereinstimmungen zwischen Original und Modell bekannt sind, aber weitergehende Ähnlichkeiten erwartet werden, aus denen sich sinnvolle Hypothesen über das Original ableiten lassen. So lassen sich prinzipiell stets beliebig viele Modelle eines Zusammenhanges finden, welches von ihnen gewählt wird, hängt von situativen Faktoren ab. Diese Entscheidung führt jedoch zu spezifischen Ergebnissen, da die Verwendung eines Modells das Original in einem besonderen Licht erscheinen läßt.

Das Arbeiten mit Modellen bedingt mitunter metaphorischen Sprachgebrauch. Dieser Aspekt erhellt, inwiefern durch Sprache zusätzliche Bedeutungen in Theorien hineingetragen werden können: Ein Wort wird metaphorisch gebraucht, wenn es in einem Kontext erscheint, in den es seiner buchstäblichen Bedeutung nach nicht hineingehört (vgl. Black 1968, S.27). Die Metapher steht für ein anderes Wort, bezeichnet ein nicht genanntes primäres Objekt. Zwar haben viele Metaphern lediglich stilistische, dekorative Funktion und können ohne Schmälerung des kognitiven Gehalts durch eine buchstäbliche Übersetzung ersetzt werden. Im allgemeinen gilt dies jedoch nicht. Der für ein primäres Objekt gebrauchte Hilfsbegriff ruft ein mit ihm verbundenes System von Aussagen und Implikationen wach, die dem allgemeinen, möglicherweise aber auch einem eigens eingeführten Sprachgebrauch entstammen (Black

1968, S.44). Falls eine Metapher "arbeitet", hat sie Einfluß auf die Auffassung des primären Objekts durch den Leser: Sie hebt bestimmte Züge des primären Objekts hervor und organisiert es dem Hilfsobjekt entsprechend. So wird das primäre Objekt dem Hilfsobjekt analog gesehen und es werden Aspekte deutlich, die sich ohne metaphorischen Sprachgebrauch nicht erschließen. Zudem erzeugt die Metapher unter Umständen eine besondere emotionale Haltung gegenüber dem primären Objekt (vgl. Black 1968, S.41ff). So ergeben sich durch metaphorischen Sprachgebrauch Bedeutungsverschiebungen, die den primären Begriff, eventuell auch den Hilfsbegriff betreffen und sich aus der Wechselwirkung ihrer Implikationen im jeweiligen kulturellen Kontext herleiten. Wenn in der Physik umgangssprachliche Begriffe oder allgemein solche aus buchstäblich nicht zutreffenden Wissensbereichen verwendet werden, verbindet sich damit zumindest anfänglich ein metaphorischer Sprachgebrauch. Durch ihn werden dem physikalischen Bereich an sich fremde Bedeutungen in Theorien hineingetragen. Begriffe wie beispielsweise Ladung, Spannung, Verschiebungsstrom, Feld oder die Wendung "jemand ist elektrisiert" verweisen auf solche Zusammenhänge.

Schließlich findet sich noch (Fall g) die Deutung von Modell als "Denkschema", "das einen großen Ausschnitt der Wirklichkeit mit Erfolg zu beschreiben gestattet" (Hund 1965, S.175). Auch diese Bedeutung soll nicht als Inhalt des Begriffs "Modell" zugelassen werden, denn hier ist etwas Allgemeineres bezeichnet: begrifflich gefaßte Interpretationsstrategien oder Deutungsweisen der Welt. In Anlehnung an Spreckelsen (1973) werde ich für sie die Bezeichnung "Konzept" verwenden. Relevant für den Bereich Elektrodynamik sind u.A. das Fernwirkungs- und das Nahwirkungskonzept. Beide lassen noch verschiedene Modellvorstellungen zu und wurden beispielsweise im 19. Jahrhundert durch jeweils mehrere Modelle präzisiert. So verwandte Faraday in seiner Nahwirkungstheorie ein dynamistisches Modell, Maxwell dagegen das Modell eines mechanischen Ätherplenums (vgl. Kap.3.4, 3.6). Konzepte sind begrifflich gefaßte Deutungsschemen; wendet man sie unwillentlich an, strukturieren sie die Wahrnehmung (vgl. Speckelsen 1973, S.88). Durch die Beschäftigung mit Musteraufgaben erweben die Studenten - so Kuhn - eine strukturierte Wahrnehmung der physikalischen Welt. Deren Gestalt kann kann offenbar - wenn auch nicht vollständig - anhand der implizit verwendeten Konzepte beschrieben werden. Im Gegensatz zu den Musterbeispielen sind sie jedoch erst nachträglich erfunden, im Rückblick rekonstruiert und begrifflich gefaßt.

Kuhn bezeichnet auch grundlegende physikalische Arbeiten als paradigmatisch. Sie sind sozusagen Keime der erst am Anfang ihrer Entwicklung stehenden Paradigmata und enthalten schon Schemen der erst später im Einzelnen verdeutlichten und verfestigten Weltbilder. Dieser Aspekt wird aus anderer Sicht durch den Begriff des "konzeptuellen Archetyps" (Black 1968, S.241) beleuchtet. Er bezeichnet ein Repertoire von Ideen oder Kategorien, die aus der Struktur eines gewohnheitsmäßig bekannten Erfahrungsbereiches abgeleitet und nun auf einen neuen Bereich angewendet werden. Auf diese Weise wird das zunächst Ungreifbare aufgrund einer Art Analogieargumentation - jedoch ohne Verwendung eines Modells im engeren Sinne oder gar einer Strukturhypothese - mit den Begriffen des schon Greifbaren beschrieben. Möglicherweise wird der konzeptuelle Archetyp nachfolgend durch Präzisierung und Ausweitung seines Anwendungsbereiches zu einer "Welthypothese" ausgebaut (vgl. Black 1968, S.239ff). Offensichtlich beschreibt Black einen Teilaspekt der Entwicklung eines Paradigmas. Folgt man seiner Argumentation, dann gehen den später die Wahrnehmung strukturierenden Konzepten einfachere Ideen voraus. Sie werden aus Zusammenhängen gewonnen, die im jeweiligen kultur- und sozialgeschichtlichen Kontext als fraglos plausibel gelten können, und jedes Paradigma beruht auf einer so nur angedeuteten "rohen Analogie" (vgl. auch Mastermann 1974).

"Man wird ... anzunehmen haben, daß eine intellektuelle potente Empfänglichkeit im Heranwachsen eines Menschen die je epochal besondere Einflüsse aus seiner Umgebung subtil verwertet. Aus so entstehender bildhaft-anschaulich angelegter Primärdisposition könnte die Ausbildung von Modellstrukturen einer speziellen Wissenschaft weitgehend beeinflußt sein. Es ist nicht unmöglich, daß der Begriff des Modells in diesem Sinne auch für die höchst abstrakten und rationalen Theoriekonstruktionen eines Newton, Maxwell oder Einstein von ausschlaggebender Bedeutung war." (Jammer 1965, S.173)

Bedingtheiten der Theorieentwicklung

Stets bestehen Zusammenhänge zwischen der Entwicklung der Naturwissenschaften und den gesellschaftlichen Verhältnissen. Die Wirkungsmechanismen lassen sich grob nach zwei Arten unterscheiden (vgl. auch Quitzow 1979, S.66ff): **Direkte Einflußnahmen** beziehen sich auf die

Funktion von Wissenschaft als Produktivkraft. Das gesellschaftliche Interesse an bestimmten technischen Anwendungen, Technologien und ökonomischen Verwertungen der Naturkräfte definiert naturwissenschaftliche Probleme und die Maßstäbe, nach denen ihre Lösungen zu beurteilen sind. Damit einher geht die gezielte Förderung bestimmter Forschungsrichtungen oder Forschungsprogramme, sei es durch finanzielle Unterstützung oder durch Ausschreibung von Wettbewerben. Diese recht direkte Beeinflussung naturwissenschaftlicher Forschung hat besonders seit der industriellen Revolution - in der Elektrizitätslehre seit den Anfängen der elektrischen Telegraphie und dem Entstehen der elektrotechnischen Industrie - an Gewicht gewonnen. Ihre Wirksamkeit kann heute als offensichtlich gelten:

"Der größte Teil der öffentlichen Forschungsgelder sowie der Forschungsmittel der privaten Wirtschaft werden nicht für eine generelle Wissensvermehrung eingesetzt, sondern für eine gezielte Bearbeitung industrieller, militärischer und ziviler Projekte. Wissenschaft ist eine gesellschaftliche Ressource geworden, die zur Lösung ökonomischer, politischer und sozialer Probleme mobilisiert wird." (Böhme u.a. 1978, S.9)

Bernals "Sozialgeschichte der Wissenschaften" (1978) ist die wohl bekannteste Studie, die den direkten Wechselwirkungen zwischen gesellschaftlicher und wissenschaftlicher Entwicklung nachgeht.

Die **geistesgeschichtlich vermittelten Einflüsse** gesellschaftlicher Gegebenheiten auf die Wissenschaft sind weniger evident. Sie betreffen die Wirksamkeit der in den jeweiligen historischen Kontexten gemeinhin vertretenen Philosophien, der Natur- und Weltbilder, die unter Umständen das Denken ganzer Wissenschaftlergenerationen beeinflussen, und damit auch die Entwicklung naturwissenschaftlicher Ideen und Theorien. Allgemein akzeptiert ist dieser Mechanismus für die Wissenschaftssysteme archaischer Kulturen, teilweise auch für die antike und mittelalterliche Naturphilosophie. Seine Wirksamkeit bei Theoriebildungen der neuzeitlichen Wissenschaft wird mitunter bestritten. Dies geschieht, obwohl Studien existieren, die diese Ansicht widerlegen (vgl. Böhme u.a. 1978, S.7f). So wurde beispielsweise der Einfluß des romantischen Denkens auf die Herausbildung des Energieprinzips durch Breger (1982) und auf die Genese der Faradayschen Theorie der Elektrizität durch Williams (1966) belegt.

Oben wurde auf die Herkunft grundlegender Modellstrukturen aus im historischen Kontext fraglos plausiblen Zusammenhängen hingewiesen.

Wegen der im Hinblick auf die nachfolgende Untersuchung gegebenen Relevanz geistesgeschichtlich vermittelter Einflüsse auf die Naturwissenschaften soll deren Wirkungsmechanismen nocheinmal ausführlicher nachgegangen werden. Dazu wird auf die Frage eingegangen, welche Faktoren den Sieg eines Paradigmas über seine Konkurrenten herbeiführen können: Was macht ein entstehendes Paradigma so attraktiv, daß sich hinreichend viele Physiker mit seiner Ausarbeitung beschäftigen, und welche Faktoren können zu seiner Durchsetzung führen? Um mit der zweiten Teilfrage zu beginnen, sei angenommen, es gäbe in einem konkreten Fall keine Kommunikationsprobleme zwischen den Vertretern rivalisierender Paradigmen, sie hätten sich vielmehr auf einen Kanon verbindlicher Beurteilungskriterien geeinigt. Dieser könnte sich beispielsweise auf Genauigkeit, Konsistenz, Reichweite, Einfachheit und Fruchtbarkeit der Theorien beziehen (vgl. Kuhn 1978, S.422f). Wie Kuhn gezeigt hat, bestände selbst dann noch das Problem, wie die Kriterien im einzelnen auszulegen und gegeneinander zu gewichten wären. Jede individuelle Entscheidung eines Wissenschaftlers wäre in sich rational, würde dennoch von persönlichen Einstellungen abhängen. Hinter ihnen sind wieder gesellschaftliche Einflüsse zu vermuten, verborgen z.B. in der Orientierung auf bestimmte Anwendungsbereiche, Anhängerschaft zu bestimmten Philosophien oder auch unbewußte Kriterien, die sich aus beruflichen Werdegängen und Biographien ergeben (vgl. Kuhn 1978, S.425f).

Vollends versagen würden jene Kriterien bei der Anwendung auf ein junges, relativ unentwickeltes Paradigma. Dem Vergleich mit einer ausgearbeiteten, empirisch überprüften, geeignet instrumentierten und bewährten Theorie könnte es wohl kaum standhalten. Wenn es auch gute Gründe geben kann, sich dem neuen Paradigma anzuschließen, ist dies durch den Kanon von Kriterien jedenfalls nicht zu rechtfertigen. Woher ergibt sich also der für die Entwicklung eines Paradigmas unabdingbare Glaube, es würde ungeachtet seiner noch gegebenen Unvollkommenheit schließlich die Lösung aller anstehenden Probleme gestatten und die alten Vorstellungen an Reichweite, Exaktheit, Fruchtbarkeit usw. übertreffen? Er muß sich zu einem großen Teil aus der Bewertung des paradigma-spezifischen heuristischen Werkzeugs ableiten: dem die Entwicklung leitenden physikalischen Weltbild, den bevorzugten Modellen, der vorgesehenen Instrumentierung und schließlich dem methodischen Maßstab, an dem sich die Theoretisierung orientieren soll. Ein weiterer Faktor kann auch die Bewertung der intendierten Anwendungen sein, das Interesse an jenem Gegenstandsbereich, in dem das Paradigma nach seiner Anlage besondere Erfolge verspricht.

Urteile dieser Art sind an sozial- und kulturgeschichtliche Kontexte gebunden: Die Wurzeln konzeptueller Archetypen sind in zum Zeitpunkt ihrer Entstehung fraglos plausiblen, dem sogenannten "gesunden Menschenverstand" einsichtigen Zusammenhängen zu suchen. Das Einleuchtende eines so angelegten physikalischen Weltbildes und damit sein Erfolg ergeben sich aus der Allgemeinheit, mit der es vertreten wird, seiner Verbreitung in den verschiedensten Gruppierungen, seiner Anwendung in als besonders relevant erachteten Zusammenhängen. So entsteht das Phänomen einer physikalischen Theorie, die vermöge des mit ihr transportierten Weltbildes durch in anderen Bereichen vertretene Auffassungen gestützt wird. Damit verwandt ist der Mechanismus ideologischer Ausdeutung physikalischer Weltbilder, wobei möglicherweise der instrumentelle Nutzen der Theorien als Argument für die Ausdeutung steht (vgl. z.B. Pukies 1979, S.65ff). Schließlich ist auch mit "Alterungseffekten" zu rechnen: Der Wandel gesellschaftlicher Praxis führt immer wieder zu neuen gedanklichen Selbstverständlichkeiten und kann einem alternden Weltbild die Plausibilität nehmen. Es erscheint nun als überholt und "künstlich".

Aus dem jeweils verfügbaren theoretischen Vorwissen und den technischen und meßtechnischen Möglichkeiten der Zeit ergeben sich die Mittel, die zur Entwicklung einer Theorie herangezogen werden können. So steht auch eine bestimmte Menge prinzipiell verwendbarer Modelle zur Verfügung. Unter ihnen werden z.B. diejenigen besonders attraktiv wirken, die gemeinhin vertretenen Weltbildern entsprechen, deren Vorteile in der Physik als erwiesen gelten können oder die besonderen Nutzen in Anwendungszusammenhängen erwarten lassen. Mithin ist die Wahl von Modellen jeweils situativ bedingt. Sie hat Einfluß auf die theoretische Entwicklung, da Modelle zu je spezifischen Hypothesen Anlaß geben und die Vorstellungskraft in besondere Bahnen lenken.

Der situativ bedingte Erfolg eines noch jungen Paradigmas ist eine Voraussetzung für seine nachfolgende Ausarbeitung. In diesem Sinne ist die Rechtfertigung einer physikalischen Theorie an den Kontext ihrer Genese gebunden. Die Menge der sie empirisch bestätigenden Daten steckt nur ihren erwiesenen Anwendungsbereich ab; daß aber gerade sie als eine der prinzipiell möglichen Theoretisierungen ausgearbeitet wurde, liegt im historischen Kontext ihrer Genese begründet.

2.2 Didaktische Konsequenzen der wissenschaftstheoretischen Position

Die so skizzierten wissenschaftstheoretischen Auffassungen lassen nun die Präzisierung der allgemeinen didaktischen Zielsetzungen zu:

a. Physik, oder auch nur eine physikalische Theorie zu lernen, heißt Lernen eines Paradigmas im Sinne von Gruppennormen der gegenwärtigen wissenschaftlichen Gemeinschaft. Der Student wird auf diese Weise befähigt, später in laufenden Forschungsprogrammen mitzuarbeiten (vgl. Jung 1975b, S.157). Damit verbindet sich ein gewisser Dogmatismus, und nicht ohne Grund bezeichnet Popper den "Normalwissenschaftler" als schlecht ausgebildet, weil in einem dogmatischen Sinne erzogen (vgl. Popper 1974, S.52). Erziehung zur Reflexion gegenwärtiger Werte, methodischer Vorschriften und verbreiteter Sehweisen bedeutet Aufbrechen des normalwissenschaftlichen Dogmatismus in der Ausbildung. Studenten müssen zumindest ein abweichendes Paradigma kennenlernen, um die Qualitäten und Defizite des geläufigen einschätzen zu können. So kann ihre Kreativität und Flexibilität gefördert werden - ein Potential, das sie für eigene Forschung qualifiziert und auf Bewältigung von "Krisensituationen" vorbereitet (vgl. Maurer 1979, S.156).

b. Lernen einer Theorie heißt Lernen einer bestimmten Weltsicht (vgl. Jung 1982, S.143). Sie beeinflußt die Wahrnehmung und ist neben anderen Faktoren für die Interpretation theoretischer Terme ausschlaggebend. Da jeder Schüler oder Student ohnehin schon über eine gewohnheitsmäßige Weltsicht verfügt (evtl. verbunden mit einer "Alltagstheorie"), ergibt sich damit das Dilemma versagender Kommunikation (vgl. Jung 1987): Lernende fassen Daten und theoretische Terme anders auf als ihre Lehrer; Experimente müssen im Rahmen ihrer Auffassungen keineswegs die schlagenden Argumente liefern, die sie aus der Sicht der Theorie enthalten: Der Versuch, in eine neue Weltsicht einzuführen, überzeugt nicht. Mithin sollten Darstellungen einer physikalischen Theorie mit der Beschreibung ihrer grundlegenden Modelle und Konzeptionen beginnen (vgl. Bruhn 1986a, S.40ff).

Mit der Festlegung auf eine Konzeption oder ein physikalisches Weltbild geht Blindheit gegenüber jenen Fakten einher, die sich darunter nur mit Mühe subsumieren lassen. Sie verhindert zudem möglicherweise sinnvolle Interpretationen einzelner theoretischer Terme, die sich eben nur durch andere Konzeptionen erschließen. Kuhn hat gelehrt, daß einerseits Theorieentwicklungen besonders auch durch Sturz und Wechsel physikalischer Weltbilder vorangetrieben werden. Es ist aber andererseits zu prüfen, ob die durch didaktische Darstellungen (wenn auch nur implizit) aufgebauten Weltsichten frei von verborgenen Brüchen sind und Interpretationen des mathematischen Formalismus wie der experimentellen Fakten zulassen.

c. "Theorie" meint Forschungsprogramm: Da eine Theorie als in Entwicklung begriffene Struktur aufgefaßt wird, lernt man sie als einen festen Kern mit einer implizit oder explizit gegebenen Heuristik. Beherrschen einer Theorie bedeutet auch, mit Modellen, Konzepten und den die Entwicklung leitenden Weltbildern umgehen zu können. Kreativer und reflektierter Umgang mit Modellen ist Teil der Qualifikation eines Physikers. "Kreativer" Umgang heißt die Fähigkeit, neue Modelle zu ersinnen und anzuwenden, "reflektiert" die Kompetenz, die heuristische Kraft von und die Gefahren des Arbeitens mit Modellen einschätzen zu können.

d. Theorien im Kuhnschen Sinne können offenbar nur im Zusammenhang mit den ihnen entsprechenden Normen und Weltbildern verstanden werden (vgl. Suppe 1977, S.126). Sie verweisen zurück auf den historischen Kontext, in dem die Theorien entstanden. Aus ihm erschließt sich die Plausibilität der ihnen zugrundeliegenden Auffassungen. Mithin stellt sich die Frage, ob das Erlernen einer schon "bejahrten" Theorie (die klassische Elektrodynamik entstand im letzten Jahrzehnt des 19. Jahrhunderts) nicht die zumindest teilweise Einführung in den entsprechenden historischen Kontext voraussetzt, um so grundlegende Gedanken, Auffassungen und Fragestellungen plausibel zu machen. Da die Theoriendynamik stets auch durch sogenannte externe Faktoren beeinflußt wurde, kann eine **Begründung** gegenwärtiger Auffassungen und Lehrmeinungen nur durch Rückgriff auf die Geschichte gegeben werden.

2.3 Lehrbuchtexte zur Elektrodynamik - eine kritische Durchsicht

Zur Beurteilung üblicher Darstellungen der Elektrodynamik in Anfängervorlesungen wurden die Skizze einer Oldenburger Zweitsemestervorlesung (Haubold 1980) sowie einschlägige Lehrbuchtexte durchgesehen. Diesem Vorgehen liegt die Überlegung zugrunde, daß Lehrbuchtexte entscheidenden Einfluß auf das Lehren und Lernen physikalischer Theorien haben, da sie in der Regel zur Vorlesungsvorbereitung der Dozenten herangezogen werden. Zur Durchsicht wurden deshalb häufig empfohlene und in Hochschulbibliotheken in großer Anzahl vorhandene Standardwerke ausgewählt:

* Feynman, R.; Leighton, R.; Sands, M.: The Feynman Lectures on Physics. Mainly Electromagnetism and Matter. 4. Auflage Reading/Mass. 1966
* Purcell, E.M.: Electricity and Magnetism. New York 1965 (Berkeley Physics Course Bd.2)
* Alonso, M.; Finn, E.: Fundamental University Physics. Vol. 2 Fields and Waves. 10. Auflage Reading/Mass. 1979
* Halliday, D.; Resnick, R.: Physics. Parts I and II. New York 1966
* Orear, J.: Physik. München 1985 (1)

Die Genese der klassischen Elektrodynamik - so das Ergebnis der Durchsicht - wird in keinem der Texte behandelt. Thema ist vielmehr die Theorie in der Form, in der sie zum Zeitpunkt der Buchniederschrift vom Autor aufgefaßt wurde. Wenn man einen Film über die Geschichte der elektrischen Theorien drehen würde, könnte jedes seiner Bilder die jeweils zu einem Zeitpunkt aktuelle Auffassung wiedergeben. Der Betrachter würde erfahren, in welcher Weise die Theorien immer wieder verändert und ausdifferenziert wurden. Bei der Konzeption von Lehrbüchern wird in der Regel ein Bild dieses Filmes herausgegriffen und mehr oder minder stringent als deduktives System rekonstruiert. Diesem Verfahren liegt ein statischer Theoriebegriff und ein positivistisches Wissenschaftsverständnis zugrunde (vgl. Kap. 2.1.1; zur Verbreitung dieser Auffassung vgl. Maurer 1979, S.151, 153). Das Thema der Lehrbücher ist dann die Auslegung der auf diese Weise rekonstruierten Theorie. Dazu wird der Leser auf einer Eulerlinie - und darauf be-

---

(1) Ich werde die genannten Texte in diesem Kapitel mit folgenden Kürzeln zitieren: F steht für Feynman, P für Purcell, AF für Alonso/Finn, HR für Halliday/Resnick und O für Orear.

schränkt sich das Genetische der Darstellung - durch das Beziehungsnetz der Begriffe hindurchgeführt. Ausgehend von einfachen Spezialfällen (statische und stationäre Verhältnisse) erschließt sich ihm Schritt für Schritt die Gesamtstruktur. Instrumente der Interpretation sind Diskussion von Beispielen, mathematische und logische Deduktion, Visualisierung durch ikonische Darstellungen und Modelle.

Zur Begründung dieser Einschätzungen sei auf die Struktur der Darstellungen eingegangen. Es lassen sich insgesamt vier Darstellungstypen unterscheiden, und jeder von ihnen ist implizit oder explizit deduktiv:

Typ 1 (Feynman)
Feynman stellt die Maxwellschen Gleichungen axiomatisch an den Anfang seiner Ausführungen. Seiner Ansicht nach ist die gesamte Elektrodynamik in diesen Gleichungen enthalten (vgl. F S.4-1), und lassen sich die physikalischen Gesetzmäßigkeiten nur in dieser Form exakt darstellen. Heuristische Modelle, wie zum Beispiel Feldlinien, sind lediglich nützlich, um die Lösungen der Differentialgleichungen posttheoretisch aus verschiedenen Perspektiven zu interpretieren. Jedoch ist kein Modell allen Situationen angemessen und wirklich genau (ebenda S.2-1). Feynman geht explizit axiomatisch deduktiv vor:

"We prefer to take first the complete laws, and then to step back and apply them to simple situations, developing the physical ideas as we go along. ... Our approach is completely opposite to the historical approach in which one develops the subject in terms of the experiments by which the information was obtained." (F S.2-1f).

Entsprechend handelt sein Buch ausschließlich von der Auslegung der Maxwellschen Gleichungen, die jedoch sorgfältiger und ausführlicher als in den anderen Texten vorgenommen wird. Beispielsweise gibt Feynman auch die allgemeinen Lösungen der Maxwellschen Gleichungen an und diskutiert ihre Interpretation im Fern- wie im Nahwirkungskonzept (vgl. F Kap.18, 20, 21).

Typ 2 (Oldenburger Vorlesung, Haubold 1980)
In dieser Vorlesung wird die gesamte Elektrodynamik aus der Elektrostatik und der speziellen Relativitätstheorie in Viererschreibweise abgeleitet. Vorausgesetzt wird mithin, die Elektrostatik gelte in relativistischer Form für alle Geschwindigkeiten. Die zusätzliche Annahme linearer Zusammenhänge erlaubt, die relativistische Bewegungsgleichung für

ein geladenes Teilchen im elektrostatischen Feld mit Hilfe eines Tensors zu schreiben, der anschließend als antisymmetrischer Feldtensor identifiziert wird. Transformationen führen dann ohne weitere Voraussetzungen auf die Maxwellschen Gleichungen: Die deduktive Struktur der Entwicklung ist offensichtlich. Im Gegensatz zum Feynmanschen Text werden jedoch die Maxwellschen Gleichungen selbst aus allgemeineren Gesetzmäßigkeiten und Annahmen abgeleitet. Während Feynman am Anfang seines Textes inhaltsleere Zeichen niederschreibt, werden hier die elektrostatischen Größen erarbeitet. Der anschließend angewendete Formalismus produziert dann jedoch weitere erst nachträglich zu interpretierende Zeichen. Das Verfahren ist elegant, erinnert an die Methode mathematischer Beweise. Es setzt jedoch die Bewältigung eines komplizierten mathematischen Formalismus voraus und muß jemandem, der weder die Maxwellschen Gleichungen kennt, noch von ihrer relativistischen Invarianz weiß, als willkürlich gewählte Strategie erscheinen, die dann allerdings überraschenderweise auf empirisch belegbare Zusammenhänge führt. Die auf diese Weise konstruierte physikalische Welt muß als künstliche Sphäre erscheinen, deren Zusammenhang mit Vorkenntnissen und alltäglichen Erfahrungen undeutlich bleibt, oder möglicherweise ganz verloren geht.

Typ 3 (Purcell und Orear)
Auch in diesen Texten wird die Relativitätstheorie herangezogen, um die Gesetzmäßigkeiten des Elektromagnetismus wie der elektromagnetischen Induktion herzuleiten. Verglichen mit Typ 2 wird jedoch anschaulicher und ohne Rückgriff auf die Viererschreibweise argumentiert. Daraus resultiert die Notwendigkeit, den Verschiebungsstrom als besondere Hypothese einzuführen, während er sich bei Typ 2 "zwanglos" deduzieren läßt.

Die Texte beginnen mit der Einführung des Ladungskonzepts. Seine elementaren Eigenschaften werden axiomatisch gesetzt und nur mit dem diffusen Hinweis auf nicht näher beschriebene Experimente plausibel gemacht. Typisch sind Bemerkungen wie die folgende: "Eines der fundamentalen Gesetze der Physik ist das Gesetz von der Erhaltung der Ladung. ... Das Gesetz von der Erhaltung der Ladung ist durch viele empfindliche Experimente sehr gut bestätigt worden." (O S.291f). Um welche Experimente es sich im Einzelnen handelt, führt Orear dann nicht weiter aus. Purcell verweist zur Begründung der Ladungserhaltung auf Elementarteilchenexperimente, räumt jedoch zugleich ein, daß man diese Gesetzmäßigkeit auch als ein grundlegendes Postulat der Theorie betrachten kann (P S.5). Bei allem bleibt der eigentliche Inhalt des Ladungskonzepts undeutlich:

"Die Masse könnten wir auch als 'Gravitations-Ladung' bezeichnen. Die entsprechende Quelle der elektrostatischen Kraft wird elektrische Ladung genannt ... Die Masse oder die Ladung eines Teilchens ist nur ein mathematisches Attribut, das beschreibt, wie stark das Teilchen auf die Gravitationskraft bzw. die elektrostatische Kraft reagiert." (O S.291)

Das eingeführte "Massemodell" der Ladung versagt jedoch sofort, weil es im Gegensatz zur Masse zwei Ladungsarten gibt (ebenda S.291!) und Ladung - ebenfalls im Gegensatz zur mechanischen Masse - relativistisch invariant ist, was Orear zumindest implizit benutzt (vgl. ebenda S.348f). Im Grunde wird hier ein als solches nicht gekennzeichnetes, historisches Ladungskonzept eingeführt (Fluidakonzept vgl. Kap.3.1), das in den Rahmen der referierten Fachsystematik nicht hineingehört. Purcells Umschreibung des Ladungskonzepts fällt noch unklarer aus: "...today physicists tend to regard positive and negative charge as, fundamentally, opposite manifestations of one quality, much as 'right' and 'left' are opposite manifestations of 'handedness' " (P S.3). Der folgende Hinweis, daß die Elementarteilchenphysik den Zusammenhang zwischen Symmetrien und den Eigenschaften von Ladung erhellt, trägt zum Verständnis an dieser Stelle wohl kaum bei. Nach den geschilderten Einführungen des Ladungskonzepts wird dann jeweils das Coulombsche Gesetz mitgeteilt (O S.292; P S.7), auf dem die nachfolgende Entwicklung der Elektrostatik basiert.

Die magnetischen Kräfte führen die Autoren als relativistischen Effekt ein, indem sie durch Transformationen die elektrischen Felder bewegter Ladungsverteilungen ermitteln. Die Berechnung der Kraft auf ein parallel zu einem Leitungsstrom fliegendes elektrisches Teilchen liefert schließlich die wirkende magnetische Kraft und mit einer geeigneten Definition die magnetische Feldstärke in der Umgebung des Leiters (vgl. P Kap.5; O Kap.17.5). Das Ampèresche Gesetz leiten die Autoren für diesen Spezialfall ab (P Kap.6.2, O Kap.18.1) und verallgemeinern es auf beliebige Stromverteilungen. Damit ist dann die Grundlage für die Entwicklung der Gesetze des Elektromagnetismus gegeben.

Das Faradaysche Induktionsgesetz wird in beiden Texten für die Fälle bewegter Feldquellen und Leiterelemente mittels der Lorentzkraft und

Wechsel der Bezugssysteme bewiesen. Die Verallgemeinerung auf ruhende Feldquellen und Leiter bei gleichzeitig variabler Intensität des Feldes gelingt durch eine Art Symmetrieargumentation: Falls dem Feldkonzept tiefere Bedeutung zukommt, kann der Effekt nicht davon abhängen, ob die Feldänderung am Ort des Leiters durch Bewegung der Feldquelle oder Variation ihrer Intensität entsteht (vgl. O Kap.19.1-3; P Kap.7.1-5).

Zur Vervollständigung des Maxwellschen Gleichungssystems wird schließlich noch der Verschiebungsstrom eingeführt. Dazu zeigen die Autoren die Inkonsistenz des Ampèreschen Gesetzes für den Fall instationärer Ströme. Der Verschiebungsstrom wird dann ad hoc gefordert (vgl. P Kap.7.11; O Kap.20.1). Als Lösungsbeispiel für das Gleichungssystem werden die elektromagnetischen Wellen angeführt.

Typ 4 (Halliday/Resnick und Alonso/Finn)
In beiden Texten wird die Relativitätstheorie nicht herangezogen. Die Darstellungsart weist Ähnlichkeiten mit Typ 1 auf, da auch hier die Grundgleichungen des elektromagnetischen Feldes ohne stichhaltige empirische Begründungen und ohne Rückgriff auf allgemeinere Prinzipien axiomatisch gesetzt werden.

Für die Einführung des Ladungskonzeptes gilt das bereits zu Typ 3 bemerkte (vgl. AF Kap. 14.1-3; HR Kap. 26.2-26.6). Magnetische Felder gelten in diesen Texten als empirische Gegebenheiten (vgl. HR S.815). Die magnetische Feldstärke definieren die Autoren dann mittels der Lorentzkraft, die sie ebenfalls ohne genauere Ausführungen als empirischen Fakt vorstellen (vgl. HR S.816; AF S.494). Das Ampèresche Gesetz sowie das von Biot-Savart geben Halliday/Resnick ohne Begründung an (vgl. HR S.844 und 859f); Alonso/Finn geben nur das zweite vor und leiten daraus das Ampèresche ab (vgl. AF S.518 und Kap. 16.12). Entsprechend wird jeweils das Faradaysche Induktionsgesetz eingeführt. Zwar referieren Halliday/Resnick zunächst einige qualitative Induktionsexperimente; sie verschweigen jedoch, aus welchen Gründen man diese Versuche durchführt und auf welche Weise man von ihnen zur nachfolgend vorgestellten Formalisierung gelangt (vgl. AF S.622; HR S.870ff). Die Angabe der Experimente bemäntelt nur den axiomatischen Charakter der Textpassage. Bezüglich der Behandlung des Verschiebungsstroms gelten für beide Texte die Bemerkungen zu Typ 3.

Die axiomatisch deduktive Struktur der durchgesehenen Texte gibt Anlaß zu genereller Kritik:

a. Zwischen den Zeilen wird jeweils der Theoriebegriff des statischen, deduktiven Systems vermittelt (vgl. auch Maurer 1979, S.153). Die damit verknüpfte wissenschaftstheoretische Auffassung wird jedoch in keinem der Texte als grundlegende Voraussetzung gekennzeichnet. Zwangsläufig entsteht der Eindruck, sie wäre die einzig mögliche und einhellig vertretene Position. Die Rigidität des Theoriegebäudes wie die Tatsache, daß auf andere Beschreibungsmöglichkeiten nicht einmal hingewiesen wird, suggerieren, es gäbe nur diese eine Theoretisierungsmöglichkeit und sie sei an keinerlei Voraussetzungen gebunden. Entsprechend beschränken sich alle Rechtfertigungsversuche, sei es durch Deduktion aus allgemeineren Prinzipien oder durch Hinweis auf empirische Fakten, auf das monotheoretische Prüfmodell. Daß auch physikalische Theorien nur Produkte menschlichen Handelns sind und solches Handeln stets in vielschichtigen Bedingungsgefügen erfolgt, geht vollständig verloren. Im Widerspruch dazu formuliert Orear explizit den Anspruch, die vertretene Lehrmeinung auch zu begründen und zu "kultureller Bildung" beizutragen (vgl. O S.VIf).

b. In keinem der Texte wird der glaubhafte Versuch unternommen, die Gesetzmäßigkeiten aus unmittelbar gegebenen und einsichtigen empirischen Fakten zu entwickeln. Falls Sachverhalte hergeleitet werden, handelt es sich um logisch-mathematische Deduktion anhand vorgegebener Gesetzmäßigkeiten. Mithin wird jeweils in eine grundsätzlich in Form eines Axiomensystems schon fertig vorgegebene Theorie eingeführt. Es spielt in diesem Zusammenhang keine Rolle, ob das axiomatische System nun aus Maxwells Gleichungen (im Block oder über den Text verteilt), aus einem Ladungskonzept und den Gesetzmäßigkeiten der Relativitätstheorie oder Versatzstücken beider Möglichkeiten besteht. Methoden der Begriffs- und Theoriebildung vermitteln die Texte nicht (vgl. auch Tricker 1965/66, S.153f). Das Betrachten eines aus der Mitte des "Theoriefilmes" herausgegriffenen, stehenden Bildes lehrt weder das folgende zu verstehen noch dieses selbst zu entwerfen. Denn beides setzt die Kenntnis ganzer Bildsequenzen voraus. Dies Defizit der Texte widerspricht der beispielsweise von Feynman betonten Zielsetzung, insbesondere die besten der Studenten und damit - wie man unterstellen kann - eine künftige Forschungselite zu fördern (vgl. F S.3).

c. Jede deduktive Entwicklung ist auf Setzungen angewiesen, Festlegungen von Begriffen, Sätzen und Strategien, mit deren Hilfe weitere Zusammenhänge erschlossen werden. Sie werden von den Dozenten bzw. Autoren im Hinblick auf ihre Konsequenzen ausgewählt, und ihre Legitimation ergibt sich deshalb nicht aus den Lernenden schon bekannten Fakten, sondern aus dem Zusammenhang mit der bislang noch unbekannten Gesamttheorie. Den Studenten erschließt sich der Sinn der Setzungen bestenfalls am Ende der Entwicklung, wenn sie selbst über die Gesamttheorie verfügen (zur Problematik theoriegeladener Begriffe siehe auch Jung 1975b, S.139f). Zuvor müssen sie sich - auf die Kompetenz der Dozenten vertrauend und ohne die Strategie des Unterrichtsganges in einem tieferen Sinne zu verstehen - Begrifflichkeiten und mitunter recht komplexe Formalismen (z.B. den Feldtensor) aneignen. Zwangsläufig entsteht der Eindruck, Begriffe wie Formalismen seien willkürlich gewählt und führten nur zufällig auf empirisch belegbare Zusammenhänge (vgl. auch Köhnlein 1978, S.169). In Vorlesungen wird dann mitunter die Frage gestellt, inwiefern sich der Unterrichtsgegenstand auf Natur bezöge; aus Gesprächen der Studenten untereinander geht hervor, daß sie sich bewußt sind, die dargestellten Zusammenhänge nur unhinterfragt akzeptieren zu können. Mithin zwingt das geschilderte Lehrverfahren die Lernenden, sich zunächst an gewisse Festlegungen zu gewöhnen, statt sie zu verstehen (vgl. auch Hund 1978, S.10; Maurer 1979, S.152), und dies Dilemma ist wegen der logischen Struktur der Darstellungen auch durch Strategiehinweise der Lehrenden nicht aufhebbar. Es muß auf Seiten der Lernenden einerseits Widerstände hervorrufen, und es trägt andererseits sicherlich nicht zur Förderung eigenständigen, reflektierten Handelns bzw. kritischen Denkens bei (vgl. auch Tricker 1965/66, S.153).

Das aufgewiesene Lehrverfahren legitimiert sich als Versuch, auf arbeitsökonomische Weise - sozusagen in einem einstufigen, stringenten Prozeß und ohne Diskussion möglicherweise überholter oder nur begrenzt tragfähiger Vortheorien - in die gegenwärtigen Auffassungen einzuführen (1). Alle verwendeten Modelle und Konzeptionen müssen zwangsläufig am Maßstab der modernen Fachsystematik gemessen werden (vgl. F S.20-10) - ein Kriterium, das ihre Nutzung als die Entwick-

---

(1) Das Verfahren an sich ist schon problematisch: Wessen Gegenwart eignet sich als Bezugspunkt? Die des Lehrbuchautors liegt möglicherweise schon Jahrzehnte zurück; die des diplomierten bzw. examinierten Studenten ist noch nicht verfügbar (vgl. Teichmann 1978, S.190)

lung leitende heuristische Mittel weitgehend ausschließt. Wo sie dennoch, besonders in den anschaulich argumentierenden Texten, herangezogen werden, um grundlegende Sachverhalte und Begriffe plausibel zu machen, ergeben sich Inkonsistenzen und Ungereimtheiten. Auch rein formale Argumentationen (wie z.B. nach Typ 2) lösen dieses Problem nicht. Die Studenten haben in ihrer Schulzeit Modellvorstellungen erworben und werden sie zur Interpretation formaler Entwicklungen heranziehen. Es läßt sich nur erahnen, welche Verwirrung entsteht, wenn der Frage nach der Angemessenheit der verschiedenen Modelle nicht immer wieder nachgegangen wird.

Diese Problematik, die sich aus der Intention ergibt, den sicheren Boden der modernen Auffassungen nicht zu verlassen, zugleich aber die Leser in die Theorie erst einzuführen, sei nun an einigen Beispielen erläutert.

Bsp.1 Der Ladungsbegriff
Selbst aus den Meßwerten eines Coulombschen Experimentes kann man sein Gesetz nur vermöge einer Massekonzeption von Ladung gewinnen: Beispielsweise ergibt die Annahme, die Ladung der wechselwirkenden Teilchen selbst sei eine Funktion der Geometrie der Anordnung, eine andere Interpretation der Daten und damit ein anderes Gesetz. Ein bestimmter Ladungsbegriff muß jedem Wechselwirkungsgesetz schon vorausgesetzt werden. Tatsächlich führen Orear (O S.291) und Alonso, Finn (AF S.439) die hinsichtlich der referierten Fachsystematik problematische Analogie zwischen Ladung und mechanischer Masse an. In den anderen Texten bleibt der Ladungsbegriff bei seiner Einführung undeutlich; er wird vielmehr als theoriegeladener Begriff durch die nachfolgende Diskussion formaler Zusammenhänge implizit präzisiert. Dieses "stillschweigende" Wissen steht zu Anfang der Entwicklung jedoch nicht zur Verfügung. Der Ladungsbegriff bleibt zunächst leer, und die Einführung des Coulombschen Gesetzes setzt ein angemessenes Vorwissen der Leser schon voraus. Die Sommerfeldsche Bemerkung: "Wir hüten uns, die Ladung mit Worten definieren zu wollen oder ihr durch einen Willkürakt eine abgeleitete Dimension unterzuschieben." (Sommerfeld 1988, S.6) erscheint für dieses Vorgehen geradezu kennzeichnend.

Bsp. 2 Die Konzeptionen
In der Elektrodynamik werden zwei unterschiedliche Konzeptionen ver-

wendet: Dem **Fernwirkungsstandpunkt** folgend scheint die Welt aus diskreten Teilchen aufgebaut. Die Aufgabe der Theorie besteht darin, die Gesetzmäßigkeiten ihrer Wechselwirkungen zu beschreiben. So ergibt sich beispielsweise die Kraft auf eines von ihnen als Summe der Kraftwirkungen aller anderen. Auch wenn die elektrischen Wirkungen nur zeitverzögert greifen, hat der Raum keine vermittelnde Wirkung. Potentiale und Feldvektoren haben in diesem Konzept lediglich mathematische Bedeutung; sie fungieren als Abkürzungen komplexer mathematischer Terme. Aus dem Blickwinkel des **Nahwirkungs- oder Feldkonzepts** gesehen erscheint die Natur als Kontinuum. Nur benachbarte Raumpunkte können einander beeinflussen, und entsprechend vermittelt das Feld alle elektromagnetischen Kräfte. Es hat eigenständige Existenz, trägt Energie und breitet sich mit endlicher Geschwindigkeit aus. Seine Eigenständigkeit garantiert, daß es ohne Bezug auf seine Quellen untersucht werden kann. Die Kraft auf einen Probekörper hängt nur von den Eigenschaften des Feldes an seinem Ort ab. Im Zentrum der Untersuchung steht daher die lokale Dynamik des Feldes, die durch partielle Differentialgleichungen beschrieben wird.

Die elektrischen Phänomene werden demnach unter jeweils verschiedenen Gesichtspunkten betrachtet, und verschiedene Strategien scheinen geeignet, die Konzeptionen in Theorien umzusetzen. Dennoch läßt jede Konzeption "richtige" Beschreibungen zu: Maxwells Feldgleichungen einerseits oder Feynmans Fernwirkungsformeln andererseits. Sie sind formal äquivalent und lassen sich mit Hilfe retardierter Potentiale ineinander überführen (vgl. Bevilacqua 1983, S.14f; Feynman 1975, S.28-2f). Lehrbuchtexte sind nun auf beide Konzeptionen angewiesen, da es unmöglich ist, alle Erscheinungen unter eine von ihnen zu subsumieren (vgl. Bevilacqua 1983, S.17). So lassen sich in jeder Darstellung Elemente der Fernwirkungs- (z.B. elektrische Teilchen, Coulombs Gesetz) und der Nahwirkungskonzeption (z.B. Feldvektoren, Feldgleichungen, Energiedichten von Feldern) aufweisen. Der mitunter unvermittelte und nicht näher erläuterte Wechsel zwischen den Konzeptionen in einem Text, sowie die damit einhergehenden Bedeutungsverschiebungen tragen zur Verwirrung der Leser bei.

Als Beispiel sei das Lehrbuch von Orear zitiert; (entsprechende Schwächen lassen sich auch in anderen Texten nachweisen): Auf Seite 290ff führt Orear (1985) das Ladungskonzept, Elektronen, das Coulombsche Gesetz und das Superpositionsprinzip ein. Der Leser wird in eine Welt fernwirkender Teilchen versetzt. Auf Seite 295 definiert der Autor dann den Feldstärkevektor - scheinbar eine rein mathematische Manipulation. Zur Begründung heißt es lapidar:

"Der Vorteil bei der Benutzung des Feldbegriffs besteht darin, daß man sich nicht um die Einzelheiten der Quelle des Feldes zu kümmern braucht. ... Wir werden sehen, daß das elektrische Feld wirklich physikalischen Charakter hat, indem ihm eine lokale Energie und eigener Impuls zugeschrieben werden können. Mit dem Feldformalismus kommt man zu einer übersichtlichen Beschreibung, weil alle Kräfte lokal entstehen (Nahwirkung) und das Konzept der Fernwirkung von Kräften umgangen wird." (O S.296f)

Der so angelegte Wechsel von Konzeption und Interpretationsstrategie wird nicht näher erläutert.

Auf Seite 325 führt Orear die Energiedichte des elektrischen Feldes ein und arbeitet sich damit an die These der unabhängigen Feldexistenz heran. Dies geschieht durch Diskussion der Energie des geladenen Kondensators: In einem Gedankenexperiment werden einzelne Ladungsträger von der einen Kondensatorplatte auf die andere transportiert, die benötigten Arbeitsbeiträge ermittelt und summiert - ein Verfahren, das offenbar der Fernwirkungskonzeption zuzuordnen ist. Denn die gespeicherte Energie scheint - vermöge der Kräfte zwischen den einzelnen Ladungsträgern - als potentielle Energie der gesamten Ladungsanordnung vorzuliegen. Der Nahwirkungskonzeption folgend würde man statt dessen den Fluß der Feldenergie in den Raum zwischen den Kondensatorplatten hinein berechnen. Überraschenderweise wird dann aber das mit Hilfe der ersten Konzeption gewonnene Ergebnis als Indiz für die Validität des zweiten gewertet. Denn aus ihm ergibt sich rein mathematisch eine Formel für die Energiedichte des Feldes zwischen den Platten (vgl. O S.327).

In einer weiteren Variante taucht das Problem bei der Diskussion der elektrischen Verlustleistung bzw. des Energietransfers in einfachen Stromkreisen auf. Zwei Interpretationen sind möglich: Entweder überträgt das Feld die Energie der Batterie vorwiegend (im Idealfall ganz) durch das den Leiter umgebende Dielektrikum zum Verbraucher, oder die Leitungselektronen erhalten sie von der Batterie und transportieren sie vermöge ihrer Eigenbewegung durch den Leiter. Der erste Standpunkt ist der Nahwirkungs-, der zweite der Fernwirkungskonzeption zuzuordnen, beide sind formal äquivalent (vgl. Farwig 1985). In Orears Text heißt es zunächst in Bezug auf die elektrische Verlustleistung: "Jedesmal, wenn ein Leitungselektron mit einem Atom stößt, verliert es die kinetische Energie wieder, die es vom elektrischen Feld aufgenommen hatte." (O S.339) Demnach vermittelt das Feld die elektrische Energie. Dann aber heißt es:

"Wir benutzen das Symbol ϵ für EMK und definieren
$\epsilon = \Delta W / \Delta q$, (Definition der EMK)
wobei ΔW die elektrische Energie ist, die der Ladung Δq mitgegeben wird, wenn sie durch die Quelle der elektromotorischen Kraft fließt." (O S.341)

Die Ambivalenz von Teilchen und Feld findet sich auch bei der Behandlung der elektromagnetischen Induktion. Orear unterscheidet drei Anwendungsmöglichkeiten des zuvor benannten Faradayschen Induktionsgesetzes:
1. Bewegte Leiterschleife im stationären magnetischen Feld (magnetische EMK)
2. Stationäre Leiterschleife (real oder gedacht) in einem Magnetfeld, dessen Quelle sich bewegt (elektrische EMK)
3. Stationäre Leiterschleife (real oder gedacht) im Feld einer ruhenden Quelle von variabler Intensität (elektrische EMK) (vgl. O S.384)

Die Anwendbarkeit des Induktionsgesetzes wird dann für jeden der Fälle nachgewiesen und so sein Inhalt expliziert. Dazu betrachtet Orear im ersten Fall eine im Magnetfeld rotierende Leiterschleife. Die Lorentzkraft auf einen Ladungsträger leistet bei dessen Fluß durch die Schleife Arbeit, die, auf die Einheitsladung normiert, als EMK interpretiert wird (vgl. O S.386). Im Fall offener Leiterkreise erzeugt die Lorentzkraft eine Ladungstrennung und damit ein elektrisches Feld. Formal läßt sich die EMK in Übereinstimmung mit dem Induktionsgesetz als negative Zeitableitung des magnetischen Flusses beschreiben. Elektrische Teilchen sind ein zentrales Element dieser recht anschaulichen Argumentation. Im zweiten Anwendungsfall erklärt Orear das induzierte elektrische Feld durch Transformation des magnetischen. Im Gegensatz zu Fall eins existiert es unabhängig von Elektronen und Leiterelementen; es handelt sich offenbar um einen reinen Feldeffekt. Formal ist die Zirkulation des elektrischen Feldes mit der negativen Zeitableitung des magnetischen Flusses identisch (vgl. O S.388). Im dritten Anwendungsfall ruhen Feldquelle und Leiter. Orear führt ihn durch ein Gedankenexperiment auf den zweiten zurück: Die Intensität der Feldquelle wird so variiert, daß sich, verglichen mit Fall zwei, dieselbe Feldänderung am Ort des induzierten Leiters ergibt. Wenn, so die Argumentation, dem

Feldkonzept tiefere Bedeutung zukommt, darf die Wirkung des Magnetfeldes nur von seinen lokalen Eigenschaften und lediglich mittelbar von denen seiner Quelle abhängen. Also muß, wie in Fall zwei, ein durch das Induktionsgesetz beschriebenes elektrisches Feld induziert werden (vgl. O S.389). Mithin erklärt Orear Fall eins mit Hilfe des Fernwirkungs-, die beiden folgenden jedoch mit der des Nahwirkungskonzepts. Der stillschweigend vollzogene Wechsel wird nicht benannt, man kann ihn sich bestenfalls durch nachträgliche Interpretation bewußt machen.

Schließlich scheint doch das Nahwirkungskonzept die Oberhand zu gewinnen. In Kapitel 21 führt Orear Energie und Impuls der elektromagnetischen Strahlung ein. Nun heißt es: "Wir sehen, daß das Strahlungsfeld, ... , eigene physikalische Realität besitzt. Es hat in jedem Punkt des Raumes Energie und Impuls, die gemessen werden können." (O S.447) Und auf der folgenden Seite bemerkt er:

"Die physikalische Realität des Feldes wird noch deutlicher werden, wenn wir uns in Kap. 4 mit der Quantenmechanik beschäftigen. Dann werden wir sehen, daß das Strahlungsfeld aus physikalischen Teilchen [!] besteht, die Photonen genannt werden und die genauso real existieren wie Elektronen und Protonen." (O S.448)

Nach allem bleibt rätselhaft, worin die Realität des Feldes zu sehen ist. Es ist zudem vollkommen unklar, nach welchen systematischen Kriterien die eine oder die andere Konzeption als Grundlage einer Argumentation herangezogen werden muß (1).

Bsp.3 Das elektrische Feld
Der Nahwirkungsstandpunkt führt auf die These, Felder seien vermöge ihrer Energie- und Impulsdichte in gewissem Sinne real (vgl. F S.20-10; P S.52; O S.447). Sie wirft für den Leser die Frage auf, ob er sich eine Vorstellung dieser Realität machen kann. Mit ihr setzt sich nur Feynman ausführlich auseinander: Kein anschauliches Bild elektromagnetischer Felder ist wirklich angemessen und dies gilt auch für das Feldlinienmodell. Denn es ist nicht entscheidbar, ob sich Feldlinien mit den Ladungen bewegen oder nicht, und die Linien verändern sich bzw. verschwinden ganz, wenn nur zu anderen Bezugssystemen übergegangen wird (vgl. F S.1-9f, 20-9f). Als Begründung führt Feynman an, daß jede

---

(1) An dieser Stelle wird das "stillschweigende Wissen" (vgl. Kap.2.1) greifbar: Welche Konzeption jeweils zu verwenden ist, wird nur durch Beispiele vorgeführt und an keiner Stelle systematisch erklärt.

wissenschaftliche Vorstellung mit der Fachsystematik konsistent sein muß (vgl. F S.20-10). Die Verpflichtung, in den modernen Stand der Fachsystematik einzuführen, erfordert den Verzicht auf Nutzung anschaulicher Feldmodelle, es bleibt letztlich nur die Möglichkeit mathematisch-abstrakter Darstellungen und die mit ihnen aus der Gesamtstruktur gegebenen impliziten Festlegungen von Grundbegriffen wie Ladung und Feld.

"I have asked you to imagine these electric and magnetic fields. ... What are the demands of scientific imagination? Is it any different from trying to imagine that the room is full of invisible angels? No, it is not like imagining invisible angels. It requires a much higher degree of imagination to understand the electromagnetic field than to understand invisible angels. ... So you say, 'Professor, please give me an approximate description of the electromagnetic waves, even though it may be slightly inaccurate, so that I too can see them as well as I can see almost invisible angels. Then I will modify the picture to the necessary abstraction.' I'm sorry I can't do that for you. I don't know how. I have no picture of this electromagnetic field that is in any sense accurate." (F S.20-9)

Bsp.4 Der Verschiebungsstrom

In Darstellungen nach Typ 1, 3 und 4 kann der Verschiebungsstrom nicht aus allgemeineren Prinzipien hergeleitet werden. Sein Einführung wird zum didaktischen Problem, sofern er nicht einfach ad hoc gesetzt und nur formal aufgefaßt werden soll. In der Regel (vgl. F S.18-1; P S.257; O S.418; AF S.651; Halliday/Resnick (HR S.959) gehen "induktiv" vor) beginnt sie mit dem Nachweis, das Ampèresche Gesetz führe bei der Anwendung auf instationäre Ströme zu Widersprüchen. Er wird entweder durch Berechnung der Divergenz der Stromdichte aus dem Ampèreschen Gesetz und dem folgenden Vergleich mit dem der Ladungserhaltung geführt (vgl. F S.18-1; P S.257f) oder anschaulicher durch Anwendung der Integralversion des Ampèreschen Gesetzes auf einen Stromkreis mit Kondensator (vgl. O S.418; P S.257f). Bei dem zweiten Verfahren wird der Vorgang der Auf- oder Entladung des Kondensators betrachtet. Man berechnet die Zirkulation des Magnetfeldes entlang einer Kurve um die Kondensatorzuleitung. Die Integration der Stromdichte über jede von dieser Kurve berandete Fläche muß dann einen nichtverschwindenden Strom ergeben. Dies ist bei einer Fläche, die den Leitungsstrom schneidet, offensichtlich erfüllt. Wählt man nun aber eine, die zwischen den Kondensatorplatten hindurchgeht, versagt das Verfahren, da hier keine Stromdichte existiert. Mithin - so die Argumentation - fehlt ein Term im Ampèrschen Gesetz, der in diesem Fall den Leitungsstrom ersetzt. Daraufhin wird ad hoc oder mit Hinweis auf die vage Analogie des Induktionsgesetzes die zeitliche Ableitung des elektrischen Feldes (mit geeigneten Konstanten) in das Gesetz hineingeschrieben (vgl. z.B. P S.259). Die Analogie ist vage, weil das Vorliegen einer materiellen Analogie nicht begründet wird und selbst mit ihrer Hilfe das verwendete Vorzeichen nicht gerechtfertigt werden kann. Der neue Term löst das mathematische Problem, zu seiner physikalischen Rechtfertigung findet sich jedoch nur der Hinweis auf sich später ergebende Folgerungen und deren experimentellen Nachweis (vgl. AF S.652). Ehrlich ist die Bemerkung von Joos an der entsprechenden Stelle seines Lehrbuches:

"Für das Glied (1/c) d$\underline{E}$/dt fehlt daher zunächst die strenge Begründung, insbesondere auch hinsichtlich des Vorzeichens. Wir wollen es deshalb vorerst nur dadurch begründen, daß alle daraus abgeleiteten Folgerungen von der Erfahrung bestätigt werden." (Joos 1945, S.290f)

Nur einige Autoren unternehmen den Versuch, den neuen Term auch physikalisch zu interpretieren. Einerseits sollte es sich theoretisch gesehen um eine Stromdichte handeln, denn der Term ist durch Summation der Stromdichte des Leitungsstroms und der Verschiebung von Ladungsträgern in Dielektrika beigeordnet. Andererseits gibt es im Vakuum keine Ladungsträger und mithin keine Ströme und entsprechend uneindeutig fallen die Interpretationen aus:

"Even though no motion of charge is involved, there are advantages in giving this term the name ***displacement current****. Thus we can say that a magnetic field can be set up either by a conduction current i or by a displacement current i$\underline{d}$ ... The concept of displacement current permits us to retain the notion that* ***current is continuous*** *..." (HR S.962, Hervorhebung im Original)*

"Der erste Summand auf der rechten Seite ist ein wirklicher Strom, der durch eine von einem geschlossenen Weg umgebene Fläche fließt. Den zweiten Summanden kann man sich als einen Pseudostrom vorstellen; Maxwell nannte ihn den Verschiebungsstrom." (O S.419)

"Observe that the vector field 1/c d$\underline{E}$/dt appears to form a continuation of the conduction current distribution..." (P S.261)

Bemerkungen wie diese sind wenig hilfreich. Es bietet sich an, statt dessen auf eine Interpretation ganz zu verzichten (vgl. F S.18-1; AF S.655). Dies Vorgehen ist in dem Sinne legitim, als die zeitliche Ableitung der elektrischen Feldstärke als Meßgröße aufgefaßt werden kann. Es steht jedoch erstens in einem seltsamen Mißverhältnis zu der Bedeutung des

Terms als Schlußstein der Maxwellschen Gleichungen: "a theoretical discovery of the first rang" (P S.263). Und es überläßt es zweitens den Lesern, sich je nach Vorwissen eine mehr oder minder angemessene Interpretation des neuen Terms selbst zurechtzulegen.

Offenbar läßt die ahistorische Darstellung keine Konzeption bzw. kein Modell zu, die zur Nacherfindung des Verschiebungsstroms führen bzw. eine mehr als nur formale Interpretation dieses Terms zulassen würden. Mit der zwangsläufigen Unplausibilität des Vorgehens geht dann nicht selten eine Mystifizierung Maxwells und seiner Gleichungen einher. Die Genialität des Physikers wird anstelle der Heuristik benannt, die ihn tatsächlich zu seinen Entdeckungen führte:

"Maxwell klärte also nicht nur das Wesen des Lichts auf, sondern er schlug auch vor, daß Ladungen beim resonanten Schwingen ... elektromagnetische Wellen ausstrahlen, die auch meßbar sind. Er sagte die Möglichkeit von Funkverbindungen voraus, lange bevor solche Phänomene entdeckt wurden! Aufgrund dieser großartigen Synthese verschiedenartiger physikalischer Erscheinungen wird vielfach die Meinung vertreten, daß Maxwells Werk die größte Errungenschaft der klassischen Physik darstellt. ... Ohne sich dessen bewußt zu sein, entwickelte er eine vollständige relativistische Theorie des Elektromagnetismus." (O S.421f)

"All equatations of physics that serve, as these do, to correlate experiments in a vast area and to predict new results have a certain beauty about them and can be appreciated, by those who understand them, on an aesthetic level." (HR S.963)

"The synthesis of electromagnetic interactions as expressed by Maxwell's equatations is one of the greatest achievements in physics, and that is what places these interactions in a unique position." (AF S.657)

"If we take away the scaffolding he used to build it [die Gleichungen d.V.], we find that Maxwell's beautiful edifice stands on its own. He brought together all of the laws of electricity and magnetism and made one complete and beautiful theory." (F S.18-2)

Die folgende wissenschaftshistorische Untersuchung wird zeigen, daß viele Grundbegriffe der Elektrizitätslehre vormals auf der Basis klarer und plausibler Vorstellungen entstanden. Viele dieser Modelle sind jedoch mit den modernen Auffassungen unverträglich und können nur genutzt werden, wenn sich der Unterrichtsgang auch auf vorläufige Theoretisierungsversuche einläßt. Beispielsweise erschließt sich Maxwells Verschiebungsstrom zwanglos im Rahmen seiner Konzeptionen von Elektrizität, Ladung, Verschiebung und Strom (vgl. Kap. 3.6). Sie müssen jedoch aufgegeben werden, wenn die Theoretisierung dann von Maxwells zur klassischen Theorie vorangeht (vgl. Kap.3.8).

2.4 Skizze eines Konzepts historisch-genetischer Lehrgänge

Die folgenden Überlegungen beziehen sich auf das Grundstudium, d.h. die ersten vier Hochschulsemester. Während dieser zwei Jahre setzt sich das Studieren üblicherweise aus Phasen des rezeptiven Lernens in Vorlesungen, des problemorientierten Vorgehens anhand von Aufgaben theoretischer oder experimenteller Art, der eigenen, im Grunde "forschenden" Abarbeitung an vorgegebenen Skripten und Lehrbuchtexten und nicht zuletzt der (im Idealfall) klärenden Verständigung unter Studenten zusammen. Es wird davon ausgegangen, daß diese Struktur der Anfängerausbildung auch künftig erhalten bleibt. Und im Rahmen dieser Vorgabe wird versucht, ein Konzept zu entwickeln, das - im Einklang mit den wissenschaftstheoretischen Grundlagen aus Kap. 2.1 - einerseits den in Kap. 2.2 formulierten Kriterien entspricht, und andererseits die Schwächen herkömmlicher Darstellungsweisen (vgl. Kap. 2.3) zu vermeiden trachtet. Es verschiebt die Gewichtung zwischen den einzelnen Aneignungsarten, indem es der quasi forschenden Auseinandersetzung mit physikalischen Sachverhalten stärkere Geltung verschafft.

Das Konzept basiert auf dem Gedanken des genetischen Lehrens, den Wagenschein für den Schulunterricht, und zwar besonders für die Sekundarstufe I entwickelte (vgl. Wagenschein 1968, 1970, 1976). Er wird auf das Lehren und Lernen an der Hochschule übertragen und nach dessen besonderen Bedingungen sowie den oben skizzierten wissenschaftstheoretischen Grundlagen modifiziert: Studienanfänger besitzen im Gegensatz zu Schülern stets schon physikalisches Vorwissen und Erfahrungen mit physikalischem Unterricht, weshalb der Unterricht nun nicht mehr an die "naive Betrachtung" von Naturphänomenen anknüpfen kann, wie von Wagenschein aber auch im Rahmen anderer didaktischer Ansätze, die sich mit dem Alltagswissen bzw. den Schülervorstellungen beschäftigen (vgl. Naturwissenschaften im Unterricht - Physik /Chemie Bd. 34(1986)), vorgeschlagen wird. In den ersten Hochschulsemestern entfällt in der Regel die Möglichkeit des sokratischen Dialogs; Wagenscheins Ideen müssen auf das vorwiegend darlegende Lehren in Vorlesungen übertragen werden. Schließlich wird der Gedanke der genetischen Theorieentwicklung um die historische Dimension erweitert, was in Anlehnung an Pukies (vgl. Pukies 1979), bzw. das am Bielefelder Oberstufenkolleg entwickelte Konzept der historisch-genetischen Didaktik (vgl. Wenzel o.J.) geschieht. Wagenschein setzt voraus, daß das "volkstümliche Denken" in Auseinandersetzung mit Phänomenen zum naturwissenschaftlichen "drängt" (Wagenschein 1976, S.90) und deshalb der sokratische Dialog sozusagen "von selbst" zur Fachsystematik führt. Deshalb verzichtet er - im Unterricht wissenschaftlich immanent argumentierend - auf die Schilderung der historischen Kontexte, in denen die physikalischen Begriffe bzw. Konzeptionen entwickelt und durchgesetzt wurden (vgl. Wagenschein 1970, S.111; Saadi 1979, S.92). Physik betrachtet er zwar als einen "einschränkenden Aspekt" der Natur, aber als an sich wertfrei (vgl. Wagenschein 1976, S.44). Nach der hier vertretenen Auffassung läßt die Natur viele verschiedene Herangehensweisen zu, von denen nur einige aufgrund historischer Umstände zu Theorien ausgebaut wurden (und werden). Dieser Ansicht nach ist genetischer Physikunterricht, soll er bei den modernen Auffassungen "ankommen", auf Brüche in der theoretischen Entwicklung und auch auf explizit historische Argumentation angewiesen (vgl. auch Pukies 1979, S.53f). Und die modernen Theorien sind als vorläufige Endpunkte eines auch durch gesellschaftliche Bedingungen geprägten Prozesses keineswegs wertfrei.

Das vorgeschlagene Konzept läßt sich mit den Schlagworten "historisch-genetisch darlegendes Lehren" charakterisieren:
Eine Unterrichtssequenz wird mit einer Phase der Verunsicherung beginnen, die zunächst einmal Anlaß gibt, aus dem Schulunterricht behaltenes Wissen kritisch zu hinterfragen. Sie soll auf diese Weise die Bereitschaft erzeugen, die Zusammenhänge noch einmal aus anderer Sicht, nämlich in Hinblick auf die Begründung bzw. Begründbarkeit des theoretischen Wissens zu untersuchen. Beispielsweise können Originaltexte, die von den heutigen abweichende Auffassungen wiedergeben, solche Reflexionsprozesse auslösen oder auch "irritierende" Phänomene wie beispielsweise die Unipolarinduktion oder grundlegende Fragen, etwa die nach Berechtigung und Tragweite des Feldbegriffs. Die eigentliche theoretische Entwicklung setzt dann an unmittelbar gegebenen, "zugänglichen" Phänomenen an. Gemeint sind damit Effekte, die den Lernenden aufgrund ihres Vorwissens bzw. ihrer Vorerfahrung (und nicht in erster Linie im Rahmen der Fachsystematik) als reflexionswürdige Phänomene erscheinen. Sie werden nun in genetischer Argumentation theoretisiert.

Mit "genetisch" im allgemeinen Sinne bezeichnet Wagenschein die Dreiheit "genetisch-sokratisch-exemplarisch" (Wagenschein 1970, S.68). Er bezieht sich damit auf eine Lehrgangsform, in der die Lernenden im sokratischen Gespräch Tatsachen und Theorien **selber** entdecken (ebenda S.71), einen Unterricht, dessen Verlauf ungewiß bleibt (ebenda S.83). Wagenschein hat diesen Begriff des genetischen Lehrens wohl an keiner Stelle seiner Schriften explizit definiert, hingegen anhand zahlloser Unterrichtsbeispiele erläutert. Hier wird "genetisch" in einem eingeschränkten, von Wagenschein ebenfalls zugelassenen Sinne verwendet, in dem es sich nur auf die stoffliche Reihenfolge bezieht. Sie hat derjenigen Sequentierung zu folgen, in der die Lernenden im originär genetischen Unterricht die Gegenstände erarbeiten bzw. erarbeiten könnten (vgl. ebenda S.83). So aufgefaßt ist "genetisch" mit "darlegend" vereinbar und das "Genetische" läßt sich folgendermaßen präzisieren:

* Jede Theoretisierung spielt sich im Rahmen je spezifischer Konzeptionen und Modellvorstellungen ab, die die Strategie der Entwicklung festlegen. Sie werden deshalb zunächst eingeführt und durch Rückgriff auf bzw. Schilderung von Weltsichten, seien sie nun physikalisch, philosophisch oder sozial- und kulturgeschichtlich begründet, plausibel gemacht. In der Regel wird dies, indem "Theorie" im Sinne von "Paradigma" verstanden wird, auch die Darlegung von Zielsetzungen und Normen der Theoretisierung betreffen: Der Lehrende begibt sich in ein entstehendes Paradigma hinein und argumentiert in dessen Rahmen.

* Die Argumentation bleibt "redlich", indem stets nur Fähigkeiten und Einsichten verwendet werden, die den Lernenden zur Verfügung stehen. Sie können sich aus Experimenten, theoretischen Schlüssen, aber auch als Konsequenz der zuvor geschilderten Gesamtkonzeption ergeben. Allerdings werden nur solche Experimente herangezogen, die sich im Rahmen der erarbeiteten Überlegungen als sinnvoll erkennen und konzipieren lassen und die mit Hilfe des schon bekannten theoretischen Wissens tatsächlich durchgeführt werden können. Das Prädikat "redlich" ist dabei notwendig relativ: Welche Argumente als "redlich" zu werten sind, ergibt sich letztlich aus wissenschaftstheoretischen Grundüberzeugungen, die jedoch keineswegs verschwiegen werden sollen.

* Die Argumentation darf aus der durch Konzeption und Zielsetzungen festgelegten Entwicklungslinie **nicht stillschweigend** ausbrechen: Es ist stets angemessen, mehrere mögliche Konzeptionen zu probieren. Es kann sich als notwendig erweisen, eine zuvor gewählte Konzeption wieder zu verlassen, sei es, weil die Theoretisierung "stecken bleibt", da sich ihre heuristische Kraft erschöpft, sei es, weil sie aufgrund von Inkonsistenzen oder im Licht neuer experimenteller Fakten als unhaltbar er-

scheint, oder sei es nur, um den Unterrichtsgang abzukürzen. Solche "Brüche", d.h. Wechsel von Konzeption, Strategie und Zielsetzungen der Entwicklung kann und soll der Unterricht durchaus aufweisen. Allerdings müssen sie offengelegt und begründet werden, was in wenigen Fällen immanent, d.h. aufgrund physikalischer Argumentation, geschehen kann. In anderen Fällen wird man mit historischen Fakten argumentieren müssen, mit Tatbeständen, die im historischen Prozeß dazu führten, daß eine zuvor erfolgversprechende Entwicklungslinie aus in ihr selbst nicht begründeten Erwägungen aufgegeben oder unterdrückt wurde. Denn auf andere Weise wird es nicht möglich sein, den Lernenden zu begründen, warum ein an sich plausibler Ansatz tatsächlich nicht weiterverfolgt wurde und entsprechend auch im Unterricht aufgegeben werden muß.

* Vom deduktiven Verfahren unterscheidet sich das genetische insbesondere darin, daß der Zusammenhang zwischen den unmittelbar gegebenen Erscheinungen und den theoretischen Konstruktionen verdeutlicht wird. Die Lernenden erfahren, wie man einerseits von Phänomenen zur Theorie gelangt, wie man "darauf kommen konnte", und andererseits, auf welche Weise man anschließend theoretische Aussagen durch Experimente mit physikalischem Inhalt füllt. "Verstehen" einer physikalischen Theorie im tieferen Sinne meint die Fähigkeit, beide Wege beschreiten zu können (vgl. Köhnlein 1978, S.168; Wagenschein 1977, S.133). Indem der Unterricht von unmittelbar zugänglichen Erscheinungen ausgeht, bleibt der Zusammenhang zwischen primärer Erfahrung und physikalischer Welt gewahrt. Im Zuge der theoretischen Entwicklung wird er in seiner Qualität und Bedingtheit verdeutlicht (vgl. Wagenscheins Begriff der "Einwurzelung", Wagenschein 1970, S.70, 75, 123; Rumpf 1987, S.91f).

* Grundsätzlich thematisiert der Unterricht auch im Sinne der Fachsystematik nicht mehr anerkannte Paradigmen. Ihre "Falschheit" und besonders die Grundlagen solcher Bewertungen sind geradezu zentrale Themen. "Falsch" ist jedoch keineswegs mit "hinterher-zu-vergessen" gleichzusetzen. Auch wenn sich ein Modell auf der Folie anderer theoretischer oder metatheoretischer Zielsetzungen als unangemessen oder in Bezug auf experimentelle Fakten als von begrenzter Tragweite erweist, hat es doch im Rahmen seiner empirischen Basis seine Berechtigung und erhellt einen Aspekt der physikalischen Welt. Die anschauliche Basis im Rahmen der Fachsystematik nur noch abstrakt zu begrei-

fender Begriffe wie z.B. "Feld" oder "Ladung" ergibt sich so als die Menge der als nur begrenzt tragfähig und berechtigt erkannten und möglicherweise einander widersprechenden Modellvorstellungen. Auf dieses Verständnis scheint auch Feynman anzuspielen, wenn er bemerkt:

"What I realize now is that when I talk about the electromagnetic field in space, I see some kind of a superposition of all the diagrams which I've ever seen drawn about them." (Feynman 1966, S.20-10)

Literarischer schreibt Wagenschein:

"Es leuchtet ein, daß wir die Antwort [auf die Frage nach dem Wesen der Naturerscheinungen d.V.] nur in der Schwebe wechselnder Aspekte (von deren jeder ein beschränkender ist, wie auch die Physik) zu umschreiben vermögen. Ein Geheimnis wird umkreist." (Wagenschein 1977, S.131)

* Dieses Vorgehen ist zeitaufwendig - "mußefordernd" formuliert Wagenschein (1970, S.68) - und muß sich schon deshalb auf exemplarische Sequenzen beschränken. Ihre Wahl wird sich aus übergeordneten didaktischen Erwägungen, insbesondere der Konstruktion des Gesamtcurriculums, ergeben.

Die Wissenschaftsgeschichte hat in diesem didaktischen Konzept mehrere Funktionen: Sie informiert den Lehrenden über vormals verwendete Konzeptionen, Theoretisierungen, methodische Normen und hilft damit, den eigenen normalwissenschaftlichen Dogmatismus aufzubrechen (vgl. Wagenschein 1970, S.78), indem sie einige der vielen, prinzipiell möglichen Herangehnsweisen thematisiert. Sie liefert redliche Argumente, die mit einem begrenzten Vorrat theoretischer Kenntnisse gedacht werden können und entsprechend nicht auf einer sich erst später ergebenden Systematik beruhen. Entsprechend sind viele historische Experimente (oder Erfahrungen) in besonderem Maße für genetischen Unterricht geeignet: Sie kommen einerseits ohne Verwendung von für die Lernenden undurchschaubarer elektronischer "Meßmimik" aus, die sich gleichsam vor die eigentlichen Effekte schiebt und das Experiment selbst als einen Akt von "Zauberei" erscheinen lassen. Und sie sind andererseits, wenn auf Originalapparaturen zurückgegriffen wird, frei von logischen Zirkeln, da ihre Konstruktion nicht schon auf dem zu erweisenden Zusammenhang beruht. Als Beispiel sei auf Ohms Versuche hingewiesen. Im Gegensatz zur Originalapparatur setzt die moderne Version mit Drehspulinstrumenten zur Spannungsmessung (!) und Konstantandrähten das Ohmsche Gesetz schon voraus (vgl. Rohlfs 1986, S.7). Anders gesagt, beschäftigt sich genetischer Unterricht mit dem Entstehen des Wissens: In ihm haben Experimente die Aufgabe, den Erkenntnisgang voranzutreiben, und deshalb ist ihre Aussagekraft von besonderem Belang. Es interessiert, was man mit dem schon Erarbeiteten an Neuem herausfinden kann, d.h. die Signifikanz der Experimente muß sich in dem durch den Stand des Unterrichts gegebenen theoretisch-instrumentellen Rahmen ergeben. Greift der einem Versuch zugehörige Rahmen (vgl. zu diesem Begriff Devons/Hartmann 1970, S.46) über diesen hinaus, bleibt es zwar eine Einführung in Meßtechnik, eine nützliche "Fingerübung", und möglicherweise ist es eindrucksvoll genug, um die Lernenden zu überzeugen. Im strengen Sinne handelt es sich jedoch um einen "Überredungsversuch", der zum Fortgang der Erkenntnis nichts beitragen kann. Historische Versuche haben den Vorzug, einen relativ begrenzten, durch den historischen Kontext wohldefinierten und in sich stimmigen theoretisch-instrumentellen Rahmen aufzuweisen, der unter Umständen den Studenten näher ist als der eines modernen Experiments.

Als Beispiel für die Inkonsistenz des theoretisch-instrumentellen Rahmens typischer Praktikumsexperimente sei auf einen Versuch aus dem Oldenburger Anfängerpraktikum (WS 1982/83) hingewiesen, bei dem das Coulombsche Gesetz mittels einer Drehwaage nachgemessen werden sollte: Das Experiment ist in theoretischer Hinsicht naiv, denn es wird - Coulombs Überlegungen entsprechend - versucht, die Wechselwirkungskraft zwischen geladenen Kugeln auf direktem Wege zu messen. Dennoch entspricht der Aufbau Coulombs Apparatur in wesentlichen Zügen nicht, enthält vielmehr mit einem Hochspannungsnetzgerät ein Instrument, dessen Konstruktion die Gestzmäßigkeiten der gesamten Elektrodynamik schon voraussetzt. Die Durchführung des Versuchs klärt nicht darüber auf, was mit den theoretischen und technischen Mitteln des ausgehenden 18. Jahrhunderts gemessen werden konnte. Aber auch im Rahmen heutiger Erkenntnisse ist das Experiment zur Überprüfung des Coulombschen Gesetzes nicht geeignet. Denn in Kenntnis der modernen Theorien würde man eine modernisierte Version des Experiments von Cavendish verwenden (vgl. Halliday/Resnick 1966, S.694f). Das Oldenburger Experiment paßt also weder in den Rahmen der Theorieentwicklung zum Zeitpunkt der Coulombschen Experimente, noch in den des momentanen Kenntnisstands hinein (1). Es bietet nicht mehr als eine Einübung in (heute überholte) Meßtechnik.

Die Kenntnis der historischen Entwicklung ist so ein wesentliches Hilfsmittel, um die "genetische Metamorphose des sogenannten Stoffes" (Wagenschein 1970, S.87) durchzuführen. Mit ihr ist zudem zumindest **eine** genetische Entwicklung des physikalischen Wissens vorgegeben. Zum anderen wird die Wissenschaftsgeschichte im Unterricht auch explizit herangezogen: Durch Schilderung sozial- und kulturgeschichtlicher Kontexte können die Spekulationsprozesse, die zur Herausbildung physikalischer Paradigmen führten, plausibel und nachvollziehbar gemacht werden (vgl. Pukies 1979, S.14). Und nur anhand der Geschichte kann heute erklärt werden, warum denkbare Theoretisierungsansätze unterdrückt, andere hingegen besonders gefördert wurden. Entsprechende historische Materialien klären die Lernenden über den tatsächlichen (vgl. dazu Kap. 2.5) Verlauf physikalischer Forschungsprozesse sowie über die Verwobenheit der wissenschaftlichen Entwicklung mit der gesellschaftlichen auf (vgl. Pukies 1979, S.13).

Es erscheint unangebracht, einen genetischen Unterrichtsgang ein und für allemal zu fixieren. Der Unterricht ist lebendig und spannend, wenn der Lehrende und mit ihm die Lernenden jeden gedanklichen Schritt - statt ihn vorgefertigt zu übernehmen - selbst vollziehen. Ins Auge zu fassen ist eine in jedem Kurs spezifische Genese des Wissens, und mithin soll hier kein "endgültiger" historisch-genetischer Lehrgang in Elektrodynamik konzipiert werden. Statt dessen sind die nächsten Kapitel der Geschichte der Elektrodynamik gewidmet. Einzelne Episoden können aus ihr herausgegriffen und für einen individuellen Kurs verwertet werden. Es bietet sich an, beim Einstieg bzw. Verlassen einzelner Paradigmata explizit historisch zu argumentieren, während die theoretische

---

(1) Auf diesen Zusammenhang scheint der wütende Kommentar eines mit der Evaluation der Anfängerausbildung beauftragten Studenten hinzudeuten: "Wenn in der Anleitung steht: 'das Coulombgesetz wird nachgeprüft', so möchte ich am liebsten fragen: 'tatsächlich?'. Glaubt der Schreiber der Anleitung tatsächlich, daß das Coulombgesetz nachgeprüft wird? Wird er die Herren Kollegen benachrichtigen, wenn tatsächlich abweichende Ergebnisse gefunden werden? Nein, er wird die Ergebnisse als fehlerhaft zurückweisen. Doch auch dazu wird es wahrscheinlich nicht kommen, die Studenten werden die Ergebnisse, sollten sie abweichen, schon zurechtbiegen, ... Keiner denkt ernsthaft daran, das Coulombgesetz 'nachzuprüfen'. Wozu auch? Also was soll das Ganze dann? Eine Überprüfung, die keine ist, sollte auch nicht so bezeichnet werden." (Röben 1983, S.6)

Entwicklung innerhalb eines von ihnen ahistorisch-genetisch und vorwiegend immanent geschehen kann.

Zugunsten des vorgeschlagenen Konzepts werden nun Argumente auf methodischer, wissenschaftstheoretischer und didaktischer Ebene summiert:

a. Methodischer Aspekt
Das historisch-genetische Konzept vermeidet die bei Einführung in logisch-deduktive Theorierekonstruktionen entstehenden Lernschwierigkeiten: Indem von benannten Konzeptionen und zugänglichen Phänomenen bzw. nachvollziehbaren Erfahrungen ausgegangen wird, erhalten Begriffe bei ihrer Einführung eine zumindest vorläufige Bedeutung. Der Spekulationsprozeß, der zu ihrer Anlage führte, erscheint transparent und nachvollziehbar und kann in diesem Sinne verstanden werden.

"... die Schüler versinken nicht in einem Sumpf unverstandener und unverständlicher Fakten, wenn sie erkennen, daß die grundlegenden Prinzipien verstehbar sind und damit die Wissenschaft überhaupt verstanden werden kann." (Pukies 1979, S.13)

Indem sie erfahren, wie man grundlegende Ansätze erdachte, wird diesen die scheinbare Willkür genommen und gleichzeitig ein erkennbarer Bezug zwischen Natur und physikalischer Welt hergestellt (vgl. Wagenschein 1970, S.62f, 70; in der Negation Pukies 1979, S.18). Die Kenntnis der gewählten Strategie ermöglicht den Lernenden, sich in der Entwicklung zu orientieren, den Sinn mathematischer und physikalischer Manipulationen zu erkennen.

Der Gedanke einer Parallelität zwischen dem historischen und dem individuellen Erkenntnisgang findet sich mitunter in der didaktischen Literatur. Er unterstellt, daß sich der historische Erkenntnisprozeß verdichtet in den Köpfen der Lernenden wiederholt und somit einen "natürlichen" Weg zu den modernen Theorien darstellt (vgl. W. Kuhn 1983, S.35; Duhem 1978, S.365). Eine systematische Begründung dieser These fehlt offenbar bislang (vgl. Ewers 1978, S.19) und sie wird hier nicht als Rechtfertigung herangezogen. Es gibt jedoch empirische Belege für strukturelle Übereinstimmungen zwischen den Vorstellungen von Kindern und Modellen aus der Geschichte der Wissenschaft (vgl. Rieß/Schulz 1988, S.40). Mitunter stellen Lernende auch gerade diejenigen fundamentalen Fragen, mit denen sich Physiker und Philosophen vormals intensiv beschäftigten (vgl. Brouwer/Singh 1983, S.232; Teichmann 1978, S.191; Brush/King 1972, S.81; Köhnlein 1978, S.169). Indem ihnen in implizit (der Dozent verwendet historische Argumente) oder explizit (der Diskussion werden historische Texte und Experimente zugrunde gelegt) historischen Episoden nachgegangen wird, kann sich größere Klarheit ergeben als durch ein fachsystematisches Vorgehen, das diese Vorstellungen und Fragen rückblickend als irrelevant erachtet und stillschweigend an ihnen vorübergeht (Bsp.: Fernwirkungs- und Ätherhypothese). Wenn den Lernenden deutlich wird, daß sie keineswegs naive Fragen stellen, ihre Verständnisschwierigkeiten vielmehr geradezu vorgegeben sind, bleibt ihre theoretische Neugierde wie das Vertrauen auf die eigene geistige Kraft erhalten (vgl. Brouwer/Singh a.a.O.).

Physikalischer Unterricht enthält ohnehin stets auch Anspielungen auf heute nicht mehr anerkannte Theorien und Vorstellungen, mit denen zumindest auf irgendeine Weise rational umgegangen werden muß. Denn zum einen wird besonders in Schulbüchern (vgl. Sibum/Meya 1985) im Zuge der didaktischen Elementarisierung immer wieder auf Rudimente historischer Theorien zurückgegriffen, und das Vorwissen von Studienanfängern wird je nach Art ihres Schulunterrichts auch Versatzstücke historischer Vorstellungen aufweisen. Zum anderen enthält schon der übliche physikalische Sprachgebrauch Hinweise auf historische Konzeptionen. Der metaphorische Gehalt von Begriffen wie "Spannung", "elektromotorische Kraft", "Ladung" oder "Verschiebungsstrom" muß dem ausgebildeten Physiker als belanglos erscheinen, da er über ihren theoretischen Gehalt verfügt und auf ein buchstäbliches Verständnis nicht verwiesen ist. Dies gilt jedoch nicht für Anfänger, die sich bemühen, zunächst rein formale Begriffsbildungen mit konkretem Inhalt zu füllen. Für sie wird die buchstäbliche Bedeutung physikalischer Begriffe durchaus Bedeutung haben. Auch in dieser Hinsicht kann der Rekurs auf den historischen Ursprung und den folgenden Bedeutungswandel überkommener Termini die Zusammenhänge verdeutlichen (vgl. Roche 1987, S.91).

Die Thematisierung nicht mehr anerkannter Theorien kann in der Abgrenzung zu den modernen ein tieferes Verständnis derselben erzeugen, indem deutlich wird, was diese eben nicht sind bzw. beschreiben (vgl. Jung 1983, S.11). Auch geben kurze historische Passagen zumindest Impulse, in früherem Unterricht "blind" Gelerntes als Scheinwissen zu entlarven, um es anschließend auf seinen tatsächlichen Gehalt, seine Berechtigung und Anwendbarkeit zu prüfen. Elektronen und Atome werden schon in der Orientierungsstufe eingeführt, "aber was 'wissen' die Kinder [und die Studienanfänger, d.V.]? Wissen sie von einer einzigen Tatsache, die diese Begriffe notwendig beweist oder von irgendeiner Beschränkung auf den Zusammenhang, in dem sie angewandt werden können? Sie haben den Namen gehört, das ist alles." (Tricker 1965/66, S.153; vgl. auch Rumpf 1987, S.89)

b. Wissenschaftstheoretischer Aspekt

Wird "Theorie" als eine stets veränderte, unvollständige und dynamische Struktur aufgefaßt, wird "Physik" weitgehend mit "physikalischem Erkenntnisprozeß" gleichgesetzt. Auch die gegenwärtige Physik - ein schmaler Grat zwischen Vergangenheit und Zukunft - kann dann nur aus ihrer historischen Entwicklung begriffen werden (vgl. auch Teichmann 1978, S.189). Die historische Dimension physikalischer Forschung ist unbestritten. Denn Forscher erben ihre "Fragestellungen aus einer Forschungstradition, und nur aus dieser kann die Begründung für die konkrete Form, in der geforscht wird, kommen." (Jung 1978, S.39) Mithin setzt die Fähigkeit, verantwortlich an moderner Forschung teilnehmen zu können, auch schon Kenntnis der Wissenschaftsgeschichte voraus. Nur sie ermöglicht, beispielsweise Mitteilungen in Zeitschriften in dem ihnen zugehörenden Rahmen zu interpretieren (vgl. ebenda S.40). Dieses Argument kann noch erweitert werden: Da kein Konsens über **die** naturwissenschaftliche Methode besteht, diesbezügliche Einhelligkeiten vielmehr stets nur lokal und zeitlich begrenzt sind und waren, kann, was physikalische Forschung ist bzw. sein kann, überhaupt nur anhand historischer Fallbeispiele gelernt werden. Dies gilt beispielsweise für das Arbeiten mit Modellen, wie auch für die sogenannte experimentelle Methode (1). Da sich naturwissenschaftliche Forschung stets in historischen Kontexten abspielt und deren Beeinflussung unterliegt, sind historische Fallbeispiele aber nur im Zusammenhang mit den entsprechenden gesellschaftlichen Kontexten nachvollziehbar und verständlich (vgl. auch Henseling/Quitzow 1978, S.62).

W. Jung schreibt, daß sich physikalische Theorien auch ahistorisch, sozusagen ohne historische Fußnoten verstehen lassen (Jung 1983, S.9), er räumt jedoch ein, daß die Wahl einer Begriffsbildung aus der Menge

---

(1) Ich schreibe "sogenannt", weil - vom Trivialen abgesehen - Prinzipien und Bedeutung der experimentellen Methode allgemein nicht beschreibbar sind (vgl. Teichmann 1978, S.189).

der logisch möglichen ein historisches Moment enthält, das sich auf "später mögliche alternative Theoriebildung" reduziert (ebenda S.8). Wie kann dieses historische Moment verstanden werden? Faktisch besteht kaum die Möglichkeit einer nachträglichen, abweichenden Theoriebildung: Die modernen Theorien stehen am Ende eines Entwicklungsprozesses, in dem Theorieansätze auch aus nicht-systematischen Gründen aufgegeben wurden. Es kann als unmöglich gelten, auch nur eine dieser denkmöglichen Entwicklungslinien wieder aufzunehmen und bis zu einer heute konkurrenzfähigen Form auszubauen. Als Physiker hat man sich ersteinmal mit **dieser** Physik abzufinden. Das Verständnis ihrer unbestrittenen Aspekthaftigkeit kann sich deshalb nicht daraus erschließen, daß eine alternative Theoriebildung vorgenommen wird. Man wird sich vielmehr auf den Prozeß konzentrieren, der, einhergehend mit fortschreitender Bedeutungsverengung, zu eben dieser Aspekthaftigkeit führte. Ein in diesem Sinne tieferes Verständnis kann sich durch einen historisch-genetischen Unterrichtsgang ergeben.

Das für die physikalischen Methoden Ausgeführte muß auch auf das generelle Thema "Physik" übertragen werden: Was Physik ist bzw. sein kann, läßt sich nur beispielhaft an ihrer Geschichte erhellen (vgl. Jung 1978, S.45), und dies verweist zugleich auf ein weiteres Argument: Jede künftige Entwicklungslinie physikalischer Forschung wird unter anderem auf historische Rückversicherung, ein "Sich-Wiederfinden" in angemessen interpretierter Forschungstradition angewiesen sein. Die kritische Auseinandersetzung mit der Wissenschaftsgeschichte erschließt das Potential möglicher Zukunftsentwürfe (vgl. Petersen 1975, S.96ff).

c. Didaktischer Aspekt

Auch naturwissenschaftlicher Unterricht ist emanzipatorischen Zielsetzungen verpflichtet: Er soll nicht nur in Gegenstand und Methoden des Faches einführen, sondern auch über Gehalt, Validität und Interessengebundenheit seiner Inhalte aufklären. Aufgrund dieser normativ begründeten Zielsetzung gewinnt die Thematisierung der Verwobenheit physikalischer Erkenntnisprozesse mit allgemeinhistorischen und die mit beiden gegebene gesellschaftliche Färbung physikalischer Erkenntnisse, mithin ihre keineswegs zufällige Aspekthaftigkeit, besonderes Gewicht (vgl. Rieß/Schulz 1988, S.49ff): Das "Verstehen der Naturwissenschaften als gesellschaftliche Tätigkeit, als vom gesellschaftlichen Denken beeinflußt und dieses beeinflussend, verändernd, die Überwindung der falschen Vorstellungen der Schüler von den Naturwissenschaften als einer von der Gesellschaft abgehobenen, abgenabelten wertfreien Tätigkeit, als eines unveränderbaren und unabhängigen Theoriegefüges" (Pukies 1979, S.54) tritt als eigenständiges Moment neben die Vermittlung physikalischer Theorien und Methoden. Dies leistet der historisch-genetische Unterricht vermöge seiner historischen Komponente. Er geht den jeweiligen sinnstiftenden Voraussetzungen wissenschaftlichen Handelns hermeneutisch einfühlend nach und vermittelt auf diese Weise zwischen wissenschaftlicher und praktischer Vernunft bzw. zwischen Wissenschaft und Leben (vgl. Rieß/Schulz 1988, S.43f).

Die im genetischen Prozeß notwendige Auseinandersetzung mit nicht mehr anerkannten Theorien wendet sich in didaktischer Sicht zum produktiven Moment. Historische Paradigmen relativieren die heutigen und verdeutlichen deren Bedingtheit wie deren vorläufigen Charakter. Sie sind geeignet, den normalwissenschaftlichen Dogmatismus aufzubrechen und so Kreativität und Flexibilität der Studenten zu erhalten (vgl. Brush/King 1972, S.21, 98; Teichmann 1978, S.191). Die Beschäftigung mit historischen Weltbildern stellt die sonst fraglose Plausibilität der heutigen in Frage; die geschichtliche Eingebundenheit bzw. Begrenztheit des eigenen Denkens wird verdeutlicht und möglicherweise in geringem Maße aufgehoben: Die Natur kann eben auch aus ganz anderen Blickwinkeln betrachtet werden und vielleicht werden sich diese in künftigen Entwicklungen als produktiv erweisen.

"Indem wir mit anderen Möglichkeiten konfrontiert werden, wird uns unser eigenes Denken durchsichtiger und überhaupt das Substrat unserer latenten Einstellungen und Urteilsstrukturen in seinem kontingenten Charakter allererst bewußt. Das geheime Vorverständnis des normativen Fundamentes der sozialen Umwelt im Kontext ihrer scheinbar gerechtfertigten Praxis der Handlungsbezüge wird uns durchsichtiger, und so wird es allererst möglich, das Handeln und unsere Einstellungen aus einem angemesseneren Gesichtspunkt eines neuen erweiterten Wissens zu bestimmen bzw. zu rechtfertigen." (Petersen 1975, S.95)

Vorlesungen haben rein formal eine herausragende Stellung innerhalb des Kanons der Anfängerveranstaltungen. Sie vermitteln nicht nur Auffassungen von Methoden und Theorien, sondern auch einen Begriff davon, was es heißt, theoretische Zusammenhänge darzulegen. In dieser Hinsicht kommt ihnen besondere Vorbildfunktion zu und nicht wenige Vorträge bzw. Unterrichtsstunden sind ihnen nachgebildet. Von Physikern und besonders auch von Physiklehrern wird erwartet, theoretische Zusammenhänge logisch "sauber" argumentierend und nachvollziehbar darlegen zu können. Die redliche Argumentation einer genetischen

Theorieentwicklung wird dazu einen Beitrag leisten, denn sie vermeidet unbegründetes Vorgehen (Vorratslernen), kaschierte Überredungsversuche, logische Zirkel und stillschweigend vollzogene Brüche. So vermittelt sie einen Begriff logisch einwandfreien, vorsichtig tastenden Denkens.

Einige Didaktiker vertreten die Ansicht, Physik müsse aus einem - verglichen mit herkömmlichem Unterricht - stärker geistesgeschichtlichen Blickwinkel, "a more humanistic viewpoint" (Brush 1969, S.272), unterrichtet werden, um dieses Fach im Hinblick auf stagnierende oder fallende Einschreibungszahlen attraktiver zu gestalten. Darin sehen sie dann ein Argument für eine Integration historischer Aspekte in den naturwissenschaftlichen Unterricht (vgl. Brush ebenda; Russel 1981, S.53; Brush/King 1972, S.VII). Es mag sein, daß historisch-genetischer Unterricht in dieser Hinsicht erfolgreich ist: Möglicherweise entspricht die Thematisierung philosophischer, sozialer und geistesgeschichtlicher Aspekte der Physik den Interessen der Studenten. Die historisch-genetische Methode zielt jedoch nicht darauf ab, das Image der Physik durch einen äußerlichen, historischen "Zuckerguß" aufzupolieren.

Naiv wäre es anzunehmen, das historisch-genetische Konzept würde nicht auch seinerseits spezifische Probleme aufwerfen. Es gibt durchaus Argumente, die gegen dieses Vorgehen sprechen:
Ein gravierendes Problem naturwissenschaftlichen Unterrichts besteht darin, daß Lehrer und Schüler bzw. Dozent und Studenten im Rahmen verschiedener Hintergrundüberzeugungen, d.h. physikalischer Weltbilder argumentieren und sich deshalb mißverstehen. Wagenschein löst dieses Problem für den Schulunterricht durch die Methode des sokratischen Dialogs: Vorwiegend argumentieren die Schüler; der Lehrer paraphrasiert, gibt methodische Hinweise, staut den Gedankengang (vgl. z.B. Wagenschein 1970, S.96f). Der Unterricht geht zwangsläufig von den Konzeptionen der Schüler aus. In Vorlesungen entfällt die Möglichkeit des sokratischen Dialogs und deshalb wird vorgeschlagen, Übereinstimmung in Bezug auf Hintergrundüberzeugungen durch Schilderung von Weltbildern und Konzeptionen herzustellen. Es liegen aber offenbar noch keine gesicherten Erkenntnisse darüber vor, ob sich das mit Theorien verbundene, stillschweigende Wissen auf diese Weise vermitteln läßt. In der durchgesehenen Literatur fand sich lediglich ein Hinweis auf eine Pilotstudie, nach der die angemessene Wissensorganisation gegenüber herkömmlichem Schulunterricht durch Bewußtmachen

der richtigen Gliederung und qualitativer Aspekte "beträchtlich verbessert" (Jung 1982, S.150) werden kann.

Zweifellos schaffen historische Passagen auch neue Lernschwierigkeiten. Denn es erfordert zusätzliche Anstrengungen, sich in fremde Weltbilder und Anschauungen einzuarbeiten. Es ist fraglich, ob auch nur **eine** Metamorphose der physikalischen Welt in der Kürze der zur Verfügung stehenden Zeit gelingen kann (vgl. Jung 1978, S.32f). Und ohnehin muß der Wunsch, sich und die Lernenden in historische Vorstellungswelten hineinzuversetzen und mit diesem Wissen physikalische Gedankengänge nachzuvollziehen, als unerreichbares Ideal gelten. Es ist nicht möglich, vom eigenen Vorverständnis vollständig zu abstrahieren; bestenfalls kann eine "Verschmelzung des Horizontes unserer Gegenwart mit dem einer früheren Denkepoche" gelingen (Petersen 1975, S.91). Dies gilt um so mehr, als kulturhistorisches Wissen bei Studienanfängern wohl kaum vorausgesetzt werden kann (für diesbezügliche Erfahrungen an amerikanischen Hochschulen vgl. Brush/King 1972, S.86). Es handelt sich dabei allerdings nicht um ein besonderes Problem des historisch-genetischen Unterrichts, sondern um eines des historischen Lernens im allgemeinsten Sinne. Auch die Nutzung physikhistorischer Quellen wirft Schwierigkeiten auf, die aus der ungewohnten Diktion, den Notationen des mathematischen Apparats und der Verwendung heute unüblicher Formalismen herrühren. Dies Argument ist jedoch nur begrenzt verwendbar, da üblicherweise von Studenten schon in den ersten Semestern die Fähigkeit erwartet wird, mit der Unterschiedlichkeit der von verschiedenen Lehrbücher bzw. Dozenten benutzen Notationen umgehen zu können.

Solange physikalischer Unterricht nicht auf freie Naturerkenntnis, sondern auf die Einführung in **die** Physik abzielt, führt die Einbeziehung der Wissenschaftsgeschichte notwendigerweise zu einem verengten Geschichtsbild. Denn schon die Auswahl der historisch-genetisch zu behandelnden Themen wird sich danach richten müssen, was heute als relevanter Wissensbereich angesehen wird. Damit ergibt sich eine aus der Sicht des Historikers ungerechtfertigte Akzentverschiebung (vgl. Klein 1972, S.13). Während er sich für möglichst umfassende Kontexte interessiert, wird sich der Physikunterricht mit relativ kurzen Episoden begnügen müssen. Das historische Vorgehen läßt sich deshalb nur dann rechtfertigen, wenn historische Passagen trotz ihrer Kürze in einer gewissen übergreifenden Breite angelegt werden (vgl. Whitaker 1979, S.241).

Das historisch-genetische Lehrverfahren betont den erkenntnistheoretischen Aspekt, das Verstehen der Physik. Es vertritt damit nur eines der Ziele einer umfassenden physikalischen Bildung; andere von ihnen müssen mit anderen Methoden verfolgt werden und die Gewichtung zwischen ihnen wird sich aus übergeordneten Erwägungen ergeben. Beispielsweise soll im Studium auch vermittelt werden, auf welche Weise Physik instrumentell genutzt werden kann, um durch Technik Lebensbedingungen zu verbessern oder Argumente für Entscheidungsprozesse im gesellschaftlichen Bereich zu produzieren - ein Gesichtspunkt, der sich mit Hilfe der Projektmethode erhellen läßt.

2.5 Geschichte als Grundlage historisch-genetischer Lehrgänge

Wie die didaktische Diskussion ergeben hat, kann die Integration historischer Passagen in den Unterricht unter Umständen zur Vermittlung eines verkürzten Geschichtsbildes beitragen. Dies kann sich einerseits daraus ergeben, daß historische Episoden nicht breit genug angelegt werden und deshalb nur singuläre Züge einer vergangenen Situation beleuchten. Es kann andererseits aber auch aus der Art des verwendeten historischen Materials herrühren, falls in ihm als wesentlich erachtete Gesichtspunkte vernachlässigt werden oder falls es den didaktischen Zielsetzungen des Unterrichts nicht entspricht. Da in der Regel verschiedene, nicht selten einander widersprechende Darstellungen historischer Begebenheiten vorliegen, zudem Lehrende in der Regel weder willens noch in der Lage sein werden, sich selber mit den Originaltexten zu beschäftigen, muß der Frage nachgegangen werden, welche Art historischer Darstellungen sich für die Verwendung im historisch-genetischen Unterricht eignet. Damit wird eine "geschichtsphilosophische Reflexion aus der Sicht des Didaktikers" notwendig, die auf wissenschaftstheoretischen und didaktischen Erwägungen beruht.

Die Geschichte eines Gegenstandsbereichs gibt es offenbar nicht, vielmehr je verschiedene Geschichten. Was die Geschichtsschreibung produziert, ist nichts an sich Existierendes, kein Duplikat vergangener Realität, sondern eine Rekonstruktion nach jeweils spezifischen Gesichtpunkten. Denn um die Vergangenheit zu erfassen, benötigt man ein Begriffsraster, das im Fall der Wissenschaftsgeschichte Elemente wie "Theorie", "Modell", "Metapher", "Konzeption" und "Weltbild" enthält und Sachverhalte zu erkennen und zu beschreiben gestattet. Die Suche nach Quellen bzw. deren Sichtung setzt wieder Mutmaßungen über Mechanismen des Wachstums wie der Durchsetzung wissenschaftlicher Ideen voraus. Beides nimmt Interpretationen schon vorweg. Entsprechend bemerkt Lakatos, Geschichte ohne theoretisches Vorurteil sei unmöglich, die Geschichte der Wissenschaft sei vielmehr eine Geschichte von Ereignissen, die in normativer Weise ausgewählt und interpretiert werden (vgl. Lakatos 1974, S.86f).

Die eingestandene Relativität historischer Wahrheit macht eine Beurteilung wissenschaftshistorischer Darstellungen jedoch nicht unmöglich. Es gibt einen Bestand gegenwärtig akzeptierter Erkenntnisse, die zumindest nicht ignoriert werden können. So läßt sich die Sorgfalt einschätzen, mit der eine Darstellung erarbeitet wurde. Auf anspruchsvollerer Ebene hebt die Kritik auf die Beurteilung der verwendeten theoretischen Vorurteile ab, ihrer, auch normativen, Begründbarkeit im Rahmen der wissenschaftstheoretischen Diskussion.

"Auch das hier Vorgetragene erhebt den Anspruch 'wahr' zu sein - für uns, dem jetzigen Stand der wissenschaftlichen Forschung entsprechend, also 'relativ', aber nicht für alle Zeiten wahr. Eine andere gesellschaftliche Praxis wird andere Probleme und damit andere Gedanken hervorbringen." (Maurer 1979, S.174)

Kritische Bestandsaufnahme: Geschichte in Lehrbuchtexten zur Elektrodynamik

In den verbreiteten Lehrbüchern finden sich mitunter kurze Darstellungen historischer Begebenheiten oder auch (versteckte) Hinweise auf den Ursprung des einen oder anderen Gedankens. Sie treten in der Form üblicher Bezeichnungsweisen, als Anekdoten und Illustrationen, als Verweis auf historische Argumente oder als kurzer Abriß der Geschichte einer physikalischen Disziplin bzw. eines Gedankens auf. Die Analyse entsprechender Passagen und Anmerkungen in Textbüchern zur Elektrodynamik zeigt, daß sie als Ansatzpunkte historischer Unterrichtsepisoden in der Regel nicht geeignet sind, vielmehr häufig ein nach heutigen Erkenntnissen falsches Geschichtsbild vermitteln.

a. Bezeichnungsweisen und Redewendungen - unbeabsichtigte Beiträge zu einem verzerrten Bild der Wissenschaftsgeschichte

Viele der üblichen Bezeichnungen physikalischer Gesetzmäßigkeiten sind irreführend. Obwohl als Namen gedacht, erwecken sie dennoch den Anschein, auf historische Zusammenhänge hinzuweisen. So geht das sogenannte Ampèresche Gesetz (vgl. Alonso/Finn 1969, S.294ff; Halliday/Resnick 1966, S.844ff; Orear 1985, S.365ff) nicht auf Ampère zurück, vielmehr hat Maxwell es im Rahmen seiner Feldtheorie entwikkelt. Das von Ampère in den 20er Jahre des 19. Jahrhunderts konstruierte Gesetz beschreibt die zentralwirkende elektrodynamische Kraft zwischen zwei Stromelementen; es ist der Konzeption elektrischer Fernkräfte zuzuordnen und war einer der Pfeiler, auf denen die Mitte des 19. Jahrhunderts vorherrschende Fernwirkungstheorie ruhte (vgl. Kap. 3.3, 3.5). Nur im Fall stationärer Ströme und nach Integration über einen geschlossenen Leiterkreis beschreibt es die Zusammenhänge in Übereinstimmung mit der klassischen Theorie (vgl. z.B. Pappas 1983, S.191). Durch den üblichen Sprachgebrauch wird Ampère für den modernen Standpunkt vereinnahmt, denn es wird suggeriert, als Urheber des Stromgesetzes hätte er unmittelbar zum Maxwellschen Gleichungssystem beigetragen. Der allgemeinen Tendenz, die Unterschiedlichkeit von Fernwirkungs- und Nahwirkungskonzeption zu verwischen, wird auf diese Weise Vorschub geleistet.

Entsprechendes gilt für das sogenannte Faradaysche Induktionsgesetz (vgl. z.B. Orear 1985, S.384ff; Halliday/Resnick 1966, S.872ff; Alonso/Finn 1979, S.622ff). Auch dieser Zusammenhang wurde von Maxwell formuliert. Faraday hat das Phänomen der elektromagnetischen Induktion entdeckt, in qualitativer Weise beschrieben und im Rahmen seiner dynamistischen Grundkonzeption gedeutet. Er war nach heutigen Maßstäben kein mathematischer Physiker; als spekulativer Forscher arbeitete er nach Grundsätzen, die dem in vielen Lehrbüchern vermittelten Ideal der rein empirischen Grundlegung der Physik geradezu widersprechen (vgl. Kap. 3.4). Auch bei diesem Beispiel trägt der Sprachgebrauch, bzw. das Fehlen kommentierender Anmerkungen dazu bei, den Schein einer monolitisch gewachsenen Tradition hervorzubringen.

b. Anekdoten und Illustrationen - keine Beiträge zu einem tieferen Verständnis physikalischer Zusammenhänge

Relativ häufig finden sich Passagen wie die folgende, in denen auf Urheberschaften hingewiesen wird:

"Benjamin Franklin (1706-1790), who, among his other achievements, was the first American physicist, named the kind of electricity that appears on the glass positive and the kind that appears on the hard rubber negative; these names have remained to this day. We can sum up these experiments by saying that like charges repel and unlike charges attract." (Halliday/Resnick 1966, S.648)

Trägt eine Bemerkung wie diese dazu bei, die Zusammenhänge in irgendeinem Sinne besser zu verstehen als durch eine ahistorische Einführung der Terminologie? - Franklin hatte gute Gründe für die Wahl der Begriffe "positiv" und "negativ", die sich aus seiner Ein-Fluidum-Theorie der Elektrizität ergaben. Da sie verschwiegen werden, leistet die Anekdote nichts zu Klärung des Sachverhalts. Sie ist, wie auch andere Hinweise auf Ort, Zeitpunkt und Urheber eines Experiments oder Gedankens (z.B. Halliday/Resnick 1966, S.685, 844, 870) nicht mehr als eine äußerliche Ausschmückung des Textes, eine unverständliche oder möglicherweise gar verwirrende Illustration.

"Die meisten Autoren von Physikbüchern scheinen zu glauben, daß die Einflechtung von Anekdoten aus der Geschichte der Physik die Darstellung des Gegenstandes selbst verbessert. Leider ist eine Menge 'Geschichte', die man in Lehrbüchern oder populären Schriften der Physik findet, entweder falsch oder irreführend, und wenn auch die 'menschliche Anteilnahme' den Gegenstand für solche Leser möglicherweise beleben kann, die ihn sonst langweilig finden würden, so ist es äußerst zweifelhaft, ob diese Art der Geschichte irgendetwas zum Verständnis der Physik selbst beitragen kann." (Brush 1970, S.6; vgl. auch Brush 1969, S.271f)

c. "Quasi-history" - Verfälschung in didaktischer Absicht

Mitunter stützt sich die Darlegung eines Sachverhalts in Lehrbüchern auf historisch anmutende Argumente, die die vertretene Auffassung in besonderer Weise bekräftigen. Das Ziel der Autoren ist dabei jedoch offenbar nicht, etwas über die Geschichte ihres Gegenstands mitzuteilen, sondern lediglich, dem Leser einen Fakt der modernen Theorie mit dem Kunstgriff der historischen Phrase nahe zu bringen. Die Geschichte hilft ihnen, indem sie einen Rahmen abgibt, in dem die Fakten zusammenpassen, offensichtlich einen Sinn ergeben und leicht erinnert werden können. Für diese Art historischer Episoden verwendet Whitaker (1979, S.108) den Begriff "quasi-history". Das Ziel, einen Gedanken mit dem kurzen Hinweis auf historische Argumente plausibel zu machen, verleitet dazu, Ideen und Entdeckungen aus den Kontexten ihrer Genese herauszureißen, möglicherweise gar zu verfälschen und auf diese Weise ein irreführendes Bild physikalischer Forschungsprozesse zu vermitteln (vgl. auch Brush 1969, S.277). So unterstellt Quasi-Geschichte, gedanklicher Fortschritt entstände durch Akte unmotivierten, instinktiven Genies, Entdeckungen seien entweder trivial oder geradezu mystischen Ursprungs, die "großen" Physiker hätten bei ihrer Arbeit keine Fehler gemacht und ihre Ergebnisse hätte sofort die ungeteilte Zustimmung der scientific community gefunden. Sie stellt den erfolgreichen Physiker nicht als harten Arbeiter, sondern entweder als Löser eigentlich trivialer Probleme oder als "Supermann" dar, der förmlich über den Wolken schwebend gravierende Fragen durch geniale Geistesblitze löst (vgl. Whitaker 1979, S.239f).

Auch Beispiele für Quasi-Geschichte finden sich in den durchgesehenen Lehrbüchern:
* Die Bemerkung, die aus der Anwendung des Ampèreschen Gesetzes auf instationäre Ströme resultierende Inkonsistenz hätte Maxwell veranlaßt, den Verschiebungsstrom einzuführen (vgl. Feynman 1966, S.18-1f; Orear 1985, S.418), gibt ein falsches Bild seiner Untersuchungen und rückt ihn - bei allem Respekt für seine Leistungen - in die Nähe eines Supermanns, der mit genialer Intuition gerade diesen Term erriet. Tatsächlich führte Maxwell die Konstruktion mechanischer Äthermodelle, mit denen er Faradays Feldkonzept Geltung verschaffen wollte, zur Hypothese des Verschiebungsstroms (vgl. Kap. 3.6).
* Der Hinweis, Maxwell hätte das Modell eines aus elektrischen Ladungen aufgebauten und deshalb einem Dielektrikum entsprechend polarisierbaren Äthers verwendet (vgl. Joos 1945, S.290f), läßt die Einführung des Verschiebungsstroms nachvollziehbar und plausibel erscheinen. Sie widerspricht jedoch den historischen Gegebenheiten, denn Maxwells Äther war ein rein mechanisches Medium, dessen Spannungszustände das Scheinphänomen "Ladung" erzeugten (vgl. Kap. 3.6).
* Ebenfalls irreführend sind die Bemerkungen, Maxwell hätte die "Möglichkeit von Funkverbindungen" vorausgesagt und "ohne sich dessen bewußt zu sein" eine relativistische Theorie des Elektromagnetismus entwickelt (vgl. Orear 1985, S.421). Denn erstens unterstellt die Wortwahl, Maxwell sei geradezu als Erfinder der modernen Nachrichtentechnik anzusehen. Maxwell hat sich jedoch nie mit Experimenten zum direkten Nachweis elektromagnetischer Wellen befaßt (vgl. Simpson 1966, S.411f). Zweitens unterstellt die Behauptung der unbewußten Erfindung einer relativistischen Theorie, die Relativitätstheorie wäre an sich immer schon existent (lediglich erst nach Maxwell ent-deckt), so daß er - offenbar einer dunklen Vorahnung folgend - seine Gleichungen relativistisch invariant formulieren konnte. Damit wird eine fragwürdige wis-

senschaftstheoretische Position bezogen und zudem geleugnet, daß gerade die Elektrodynamik bewegter Körper Anlaß zur Entwicklung der Relativitätstheorie gab (vgl. Holton 1984, S.46ff). Beide Bemerkungen tragen zur Glorifizierung der Person Maxwells bei (1).

d. "Whig-history" - historische Rückversicherung
Im Lehrbuch von Halliday/Resnick beginnt das Kapitel über Elektrodynamik mit einem kurzen Abriß der Geschichte der Elektrizität (Halliday/Resnick 1966, S.647f): Der Leser erfährt, Oersted, Faraday, Maxwell, Heaviside, Lorentz und Hertz hätten neben anderen, auf deren Namen jedoch offenbar verzichtet werden kann, zur Entwicklung der Elektrodynamik beigetragen. Maxwell brachte - so der Text - die Gesetze in die heute bekannte Form. Zwar hatte er Vorarbeiter; sein Beitrag ist dennoch zentral. Heaviside und Lorentz haben dann noch substantiell zur Verdeutlichung seiner Theorie beigetragen; Hertz machte einen großen Schritt nach vorn, indem er die elektromagnetischen Wellen nachwies. - Es entsteht der Eindruck, es habe seit der Antike eigentlich nur eine (die klassische) Elektrodynamik gegeben: Einzelne Forscher hatten Elemente von ihr entdeckt, die Maxwell anschließend zu einem Ganzen zusammenfügte. Mit der Überarbeitung durch Lorentz bzw. Heaviside war die Theorie dann vollendet - offenbar ein linearer, kumulativer Prozeß. Mit keinem Wort wird erwähnt, daß es stets verschiedene rivalisierende Theorien gab, und nur diejenigen Physiker werden benannt, die zu den modernen Auffassungen beigetragen haben.

Auch diese "Whig-history" (vgl. Brush 1974, S.1169) trägt nichts zum Verständnis von Physik bzw. physikalischer Forschung bei: Sie beurteilt Forscher nach dem Beitrag, den sie zur Konstruktion heutiger Auffassungen leisteten. Die Vergangenheit betrachtet Whig-history durch die Brille gegenwärtiger Ideen und Normen, statt diejenigen Kontexte zu berücksichtigen, in denen sich vormals die Forschung abspielte (vgl. ebenda). Sie schneidet die Tradition der "guten" Physik heraus und schafft dem Leser mit ihr ein Ruhekissen. Was er sich aneignen wird,

---

(1) Die immer wieder aufweisbare Glorifizierung der "großen Forscher" findet eine Parallele in der allgemeinen Geschichtsschreibung. Auch dort ist häufig von den Leistungen der "großen Männer" die Rede, nicht aber von den die Entwicklung treibenden gesellschaftlichen Kräften. In beidem äußert sich offenbar die (hierzulande traditionelle und erst in den letzten Jahren aufgehobene) Vernachlässigung, wenn nicht gar Ablehnung der sozialgeschichtlichen Betrachtungsweise, in der weniger individuellen Leistungen, als vielmehr der Geschichte von Klassen, Gruppen, Strukturen und Institutionen nachgegangen wird (vgl. Wehler 1981, S.9ff).

haben die "großen" Physiker geschaffen; es ist das einhellige Ergebnis "guter" Tradition.

Kriterien für eine historische Rekonstruktion in didaktischer Absicht

Die kritisierten Passagen in Lehrbüchern zeigen, welche Art Geschichte als Ansatzpunkte oder Grundlagen historisch-genetischer Unterrichtssequenzen nicht geeignet ist. Dazu sind vielmehr ausführlichere Darstellungen notwendig, die den Zielsetzungen und theoretischen Grundlagen dieser Unterrichtsform in besonderer Weise entsprechen. Um sie gegenüber den nach anderen Gesichtspunkten konzipierten Texten abzugrenzen, wird für sie der Begriff "historische Rekonstruktion in didaktischer Absicht" verwendet. Er bezeichnet einerseits die Aufarbeitung der Geschichte mit bestimmten Zielsetzungen, steht andererseits aber auch für den Text, der deren Ergebnisse wiedergibt. Dieser soll in zweierlei Hinsicht für den historisch-genetischen Unterricht verwendbar sein: Erstens handelt es sich um ein **Textbuch**, das den Lernenden ganz oder in Auszügen zur Verfügung steht und neben den herkömmlichen Lehrbüchern benutzt wird. Zweitens eignet sich der Text als **"didaktischer Steinbruch"**, aus dem sich die Lehrenden Hintergrundwissen bzw. Ideen für ihren Unterricht verschaffen können.

Aus dieser ersten Eingrenzung des Begriffs der historischen Rekonstruktion in didaktischer Absicht ergeben sich Kriterien zu ihrer Konstruktion nach wissenschaftstheoretischen, didaktischen und methodischen Gesichtpunkten:

Die wissenschaftstheoretische Reflexion bezieht sich auf die Annahmen, die zum Auffinden und zur Beschreibung der Geschichte verwendet werden. Sie müssen im Rahmen eines wissenschaftstheoretischen Standpunkts und hinsichtlich der didaktischen Konzeption des Unterrichts vertretbar sein. Hier werden die für die Rekonstruktion herangezogene Begrifflichkeit und ebenso Mutmaßungen über Mechanismen der Theoriendynamik der in Kap. 2.1 dargelegten wissenschaftstheoretischen Position entlehnt, die zugleich auch den didaktischen Erwägungen in Kap. 2.2 und 2.3 zugrundeliegt.

Auf didaktischer Ebene geht es um die Wahl der thematischen Bereiche und die Festlegung der Aspekte, die als relevant erachtet werden und denen der Text in besonderer Weise nachgehen soll. Beidem liegen didaktische Überlegungen zugrunde und beides führt zu einer Reduktion des zu bearbeitenden historischen Materials: Historisch-genetischer Unterricht beschäftigt sich mit der Genese physikalischen Wissens, und entsprechend wird die ihm zugrundeliegende Rekonstruktion besonders dem Entstehen und Wachsen, der Rechtfertigung und Durchsetzung physikalischer Theorien nachgehen:

* Von besonderem Interesse sind all jene Faktoren, die mit dem Wachstum bzw. mit der Entwicklung von Paradigmen zusammenhängen. Dazu zählen beispielsweise die Umstände, die zum Entwurf eines Paradigmas Anlaß gaben und deshalb Form und Ziel der Theoretisierung mitbestimmten, die seine Entwicklung leitenden Modelle, Konzeptionen und Weltbilder und die seine Akzeptanz fördernden oder hemmenden gesellschaftlichen Gegebenheiten. Im Hinblick auf die angestrebte Relativierung der "historischen Befangenheit" des gegenwärtigen Denkens sind besonders auch die breiten ideengeschichtlichen Strömungen von Belang, die jeweils ganz spezifische Sichten der physikalischen Welt nahelegten.

* Das Verständnis des Entwicklungsgangs kann sich nur aus der Kenntnis der verschiedenen, vormals vertretenen Alternativen herleiten, wie aus der Einschätzung der Argumente (auch der nicht-wissenschaftlichen), die **damals** für oder wider eine von ihnen angeführt werden konnten. Es interessiert nicht, was aus **heutiger** Sicht als erfolgversprechender Ansatz gelten kann; sondern man wird denjenigen Gedanken nachgehen, die **vormals** als zukunftsweisend erschienen. Das setzt ein Verständnis historischer Paradigmen voraus, das dem ursprünglichen Verständnis möglichst nah kommen sollte. Übereinstimmung mit den damaligen Auffassungen muß als unerreichbares Ideal gelten; aber zumindest kann versucht werden, Texte und Theorien in den ihnen entsprechenden Kontexten zu verstehen. Es ist dagegen unangemessen, historische Theorien in die Begriffe der modernen Physik zu übersetzen. Zwar würde das ausgebildeten Physikern (nicht unbedingt Anfängern) das Verstehen des Textbuchs möglicherweise erleichtern, es würde aber falsche Bedeutungen in Theorien hineintragen und Unterschiede zwischen ihnen nivellieren. Beipielsweise führt die Interpretation von Maxwells "Treatise" (1891) mit dem eingängigen Massekonzept von Ladung

zu zahllosen Ungereimtheiten und verhindert es geradezu, seinen Ladungsbegriff aus dem Text herauszulesen (vgl. Buchwald 1980, S.54ff; Kap. 3.6).

* Historisch-genetischer Unterricht geht der Verschiedenartigkeit möglicher Paradigmen nach. Das gilt in erster Linie für deren qualitative Teile, also Normen, Modelle, Konzeptionen und Weltbilder, und mit ihnen soll sich die Rekonstruktion zuallererst beschäftigen. Es wird nicht notwendig sein, sich im Detail mit verschiedenen Paradigmen auseinanderzusetzen, die sich in qualitativer Hinsicht nur geringfügig unterscheiden. Mit den in qualitativer Hinsicht typischen und zu ihrer Zeit erfolgreichen Paradigmen wird sich die Rekonstruktion ausführlich beschäftigen und im Idealfall den Weg von der Anlage plausibler Konzeptionen bis hin zur Formalisierung, Instrumentierung und schließlich der experimentellen Überprüfung verfolgen.

* Für ein Verständnis der historischen Entwicklung ist es nicht notwendig, der u.U. zufälligen Genese von Ideen in den Köpfen einzelner Physiker im Detail nachzugehen. Wenn diese Ideen anerkannt wurden, wird sich eine überindividuelle Ebene finden lassen, auf der sich ihre Akzeptanz im Rahmen allgemein vertretener Überzeugungen ergab. Entsprechend ist das Schicksal eines einzelnen Physikers nur insofern von Belang, als sich in ihm kultur- und sozialgeschichtliche Strömungen niederschlugen, auf diese Weise sichtbar wurden und in Biographien zugänglich sind.

* Die historische Rekonstruktion umfaßt prinzipiell auch ein instrumentelles Vorhaben, in dem wichtige historische Apparaturen neu produziert werden. Es kann sich dabei um die Teile historischer Versuchsaufbauten handeln, aber auch um Modelle, die vormals zur Veranschaulichung physikalischer Zusammenhänge herangezogen wurden. Ihre Wahl ergibt sich aus den Belangen der historischen Rekonstruktion wie des Unterrichts: Was vormals wirklich meßbar war, ergibt sich mitunter kaum durch ein Literaturstudium, sondern nur durch eigenen Nachvollzug der Experimente. Sie helfen, deren Signifikanz unabhängig von Quellen und Berichten selbst einzuschätzen, vermitteln ein Bild der damals zur Verfügung stehenden technischen Möglichkeiten (Bsp.: subjektive Messungen von elektrischen Entladungen, Messungen mit der Coulombschen Drehwaage). Für den Unterricht sind Experimente von Belang, die damals entscheidende Argumente lieferten und so Anlaß zu

neuen Theoriebildungen gaben (Bsp.: die Experimente von Ohm, Ampère, Faraday, Hertz). Ebenso wichtig sind Modelle, die die vormals vertretenen Vorstellungen eindrucksvoll "materialisieren" (Bsp.: Modelle der Viktorianischen Physiker, Kap. 3.6). Durch die Verwendung historischer Apparate wird zudem ein gewisses Ambiente in den Unterricht und damit sinnliche und ästhetische Erfahrung in den Lernprozeß zurückgeholt, um "das Einleben in fremde Gedankengänge, überlieferte Theoriebruchstücke und Denkweisen zu stimulieren" (Rieß 1989, S.219).

Ich werde mich mit dem instrumentellen Teil der Rekonstruktion nicht beschäftigen und verweise statt dessen auf die Arbeiten von Mehrle und Rohlfs. Sie haben an der Universität Oldenburg eine Reihe historischer Apparaturen (z.B. Reibungselektrisiermaschine, galvanische Apparate, Ohms Drehwaage, Stromwaage von Ampère, Apparatur zur absoluten Messung der erdmagnetischen Kraft von Gauss, Tangentenbussole, Unipolar-Induktionsmaschine, Maxwells Induktionsmodell, Sender u. Empfänger nach Marconi) für die Verwendung in Vorlesungen und Praktika nachgebaut und deren wissenschaftshistorische wie didaktische Bedeutung dokumentiert (vgl. Mehrle u.a. 1987; Rohlfs 1986, o.J., 1988).

* Irrelevant ist die Frage der präzisen Datierung von Erfindungen oder Entdeckungen, die Klärung von Prioritäten wie auch das Aufspüren erster Regungen, die auf ein im Sinne der Fachsystematik "richtiges" Verständnis der Zusammenhänge hindeuten. Ebenfalls als bedeutungslos können Details, "Kniffe" des mathematischen oder experimentellen Vorgehens gelten, falls deren Kenntnis zum Verstehen der allgemeinen Entwicklung nichts beiträgt. In diesem Sinne verzichte ich darauf, umfangreichere Rechnungen (z.B. Integration des Ampèreschen Gesetzes) im Text durchzuführen. Solche (durchaus wichtige) Berechnungen können gegebenenfalls im Original oder - zugänglicher - in den Sekundärtexten von z.B. Whittaker (1973), Helm (1904), Kaiser (1981) nachgelesen werden. Ich beschränke mich auf einzelne "Rechenbeispiele", um das Funktionieren der Formalismen zu verdeutlichen.

Methodische Überlegungen ergeben weitere Kriterien für die historische Rekonstruktion, die aus der Verwendung als Textbuch herrühren:

* Hinreichende Kenntnis grundlegender Phänomene kann bei Studien-

anfängern kaum vorausgesetzt werden. Zwar werden sie über verschwommene Vorstellungen von den Erscheinungen verfügen; aber das reicht in der Regel noch nicht aus, um auf deren einzelne Erscheinungsformen bezogene Spekulationsprozesse nachvollziehen zu können (vgl. z.B. Kap. 3.4). Mithin muß das Textbuch auch in Phänomene einführen, Experimente und deren Ergebnisse schildern. Entsprechendes gilt für grundlegende Begriffe der Elektrizitätslehre, deren Kenntnis - selbst wenn ihre historische Bedeutung mit der heute üblichen übereinstimmt - nicht stillschweigend vorausgesetzt werden kann: Das Textbuch soll hinsichtlich der beschriebenen physikalischen Zusammenhänge nicht nur ein Geschichts-, sondern auch (aber nicht im Sinne einer Gesamtdarstellung) ein Lehrbuch sein.

* Die im 19. Jahrhundert üblichen Schreibweisen der Gleichungen werfen für Anfänger ernstzunehmende Verständnisschwierigkeiten auf. Dies gilt entsprechend für die verschiedenen, damals nebeneinander verwendeten Einheitensysteme. Der Zugänglichkeit des Textes halber werden deshalb alle Formeln und Rechenbeispiele in Vektornotation und modernen Einheiten geschrieben. Damit unterdrücke ich jene subtilen, mitunter jedoch möglicherweise belangvollen Bedeutungen, die in der ursprünglichen Darstellung der Formalismen angelegt waren. Die Stringenz der Originalargumentation wird durch die Verwendung modernen Einheiten in Kap. 3.5 und 3.6 punktuell geschmälert. Die entsprechenden Stellen, wie die generelle Modernisierung der Gleichungen sind aber im Text angemerkt.

* Ebenfalls im Hinblick auf die intendierte Verwendung als Textbuch wird **eine** Geschichte erzählt. Die Leser sollen nicht zusätzlich mit den Diskussionen der Wissenschaftsgeschichtsschreibung belastet werden. Wo der gegenwärtige Stand der Forschung verschiedene Auffassungen zuläßt, treffe ich eine Wahl. Der Status der Darstellung wird in gravierenden Fällen jedoch durch Fußnoten relativiert, in denen ich auf abweichende Interpretationen hinweise.

Darstellungen der Geschichte der Elektrizität, die sich in mehr oder minder dezidiert didaktischer Absicht an ihre Leser wenden, liegen schon vor, entsprechen den hier angelegten Kriterien und Zielsetzungen jedoch nicht: Die populären Texte (z.B. Fraunberger 1985; Teichmann 1985) eignen sich nicht als Grundlage historisch-genetischer Lehrgänge, da sie sich auf vorwiegend qualitative Aspekte beschränken. Der Weg, der von der Anlage einer Konzeption bis zur Fixierung eines mathematischen Apparates führt, ist in ihnen kaum erkennbar. Akademische Geschichten der Elektrizität (z.B. Hoppe 1884; Whittaker 1973; Kaiser 1981) wenden sich an Wissenschaftshistoriker und setzen mithin erhebliches Wissen schon voraus. Diese Geschichten der Elektrizität lassen sich nicht als Textbuch verwenden, da sie wohl in die Geschichte, nicht aber in die physikalischen Zusammenhänge einführen. Historisch orientierte Lehrbücher liegen bislang kaum vor. Zu erwähnen ist der "Project Physics" Kurs (Rutherford/Holton/ Watson 1970), der jedoch nicht für den Hochschulunterricht, sondern für die gymnasiale Oberstufe gedacht und geeignet ist. Das für die Hochschule konzipierte Buch von Helm (1904) beschränkt sich auf die Darstellung der wissenschaftsinternen Entwicklung und entspricht deshalb den hier verfolgten Zielsetzungen nicht. Der Text von Longair (1986) beschäftigt sich im Bereich der Elektrodynamik nur mit der Konstruktion der Maxwellschen Gleichungen.

In Kap. 3 wird die Geschichte der Elektrodynamik den genannten allgemeinen Kriterien gemäß in didaktischer Absicht rekonstruiert. Der zu bearbeitende Zeitraum wird dabei auf das 19. Jahrhundert begrenzt; Thema der Rekonstruktion ist die Entwicklung von den ersten formalisierten Theorieansätzen (1) bis zur Herausbildung der "klassischen Theorie" in den 90er Jahren. Dabei wird speziell der Aspekt der Tragfähigkeit, Fruchtbarkeit und Plausibilität der verschiedenen Modelle und Konzeptionen berücksichtigt. Dies geschieht erstens wegen der generellen Bedeutung von Modellen in der Physik und zweitens im Hinblick auf den Gegenstand, da sich die sinnlich kaum zugängliche Elektrizität als elektrische Kraft, Ladung oder elektrisches Feld nur vermöge konzeptgeleiteter Betrachtung erschließt, ja durch sie zuallererst in spezifischer Form erscheint. Drittens bietet sich diese Wahl um so mehr an, als herkömmliche Lehrbuchdarstellungen der Elektrodynamik gerade in dieser Hinsicht problematisch erscheinen. Schließlich wird viertens auf diese Weise gezeigt, wie auch in den scheinbar bloße Naturgesetzlichkeit wiedergebenden mathematisch-formalen Strukturen der subtile Druck gesellschaftlicher Umstände seinen Niederschlag als "Sinn" oder "Aspekthaftigkeit" fand.

---

(1) Auch die ihnen zugrundeliegenden Modelle waren nicht einfach da, sondern hatten eigene Geschichte. Ich werde ihr nicht nachgehen, sondern verweise auf die Dissertation von Sibum (1989), die mit ähnlicher Methode der Geschichte der Elektrizität im 18. Jahrhundert nachgeht.

3. Elektrodynamik im 19. Jahrhundert - Zeitgeist und Theorieentwicklung

Die Geschichte der Elektrodynamik begann und endete nicht im 19. Jahrhundert. Auf der Grundlage älterer Erfahrungen und Theorieansätze entstanden zu Anfang des Jahrhunderts erste mathematische Theorien der Elektrizität. An seinem Ende lag die sogenannte "klassische Elektrodynamik" im Grunde vollständig vor. Zwar gibt sie nach heutiger Auffassung - von quantenmechanischen Effekten abgesehen - richtige Beschreibungen der Phänomene; dennoch wurde (und wird) sie in der weiteren Entwicklung der Physik immer wieder anders interpretiert.

Die Physiker des 19. Jahrhunderts setzten sich mit den elektrischen Phänomenen auf der Basis unterschiedlicher Weltbilder auseinander: Die Anhänger der Newtonschen Physik faßten elektrische Kräfte als Fernwirkungen besonderer elektrischer Teilchen auf, die Dynamisten betrachteten sie als Manifestationen einer Ur- oder Allkraft und die Theoretiker des Ätherplenums deuteten sie als Effekte von Spannungs- und Bewegungszuständen in einem mechanischen Kontinuum. Jedes dieser Programme lehrte die Phänomene aus einem spezifischen Blickwinkel zu betrachten, erlaubte ein je besonderes Verständnis der Zusammenhänge und gab so Hinweise auf denkbare theoretische Sätze wie möglicherweise produzierbare empirische Daten. Zwar nahm die klassische Theorie Elemente der divergierenden Forschungstraditionen auf. Dennoch wurden vormals erfolgreiche Entwicklungslinien abgeschnitten oder unterdrückt, Gedanken aufgegeben oder nur in verstümmelter Form tradiert: Die Entwicklung hatte in diesem Sinne keinen Fluchtpunkt und die älteren Theorien wurden in der klassischen Elektrodynamik nicht zusammengefaßt.

3.1 Die mechanistische Physik zu Beginn des Jahrhunderts

Als "mechanistisch" bezeichnet man Theorien, in denen alle Erscheinungen auf die Wirkung von Materie zurückgeführt werden. Es gibt zwei Möglichkeiten, diese Reduktion durchzuführen: Entweder begreift man die physikalischen Kräfte in Analogie zum Newtonschen Gravitationsgesetz als der Materie inhärente Fernkräfte, oder man faßt sie als Scheinkräfte auf, die durch die ziehende oder schiebende Wirkung von bewegter Materie entstehen. Die Anfang des 19. Jahrhunderts von französischen Physikern entwickelten Theorien der Elektrizität und des Magnetismus waren mechanistisch im ersten Sinne. In ihnen wurden die Erscheinungen der Elektro- und Magnetostatik mit Hilfe der Analogie zum Gravitationsgesetz mathematisiert - ein Ansatz, der dann in der Mitte des Jahrhunderts von den deutschen Physikern übernommen und weiterentwickelt wurde.

Mathematisierung als Programm: Die Laplacesche Physik

Im 18. Jahrhundert wurden die Bereiche der Mechanik - also Statik, Dynamik, Hydrostatik, Hydrodynamik und Astronomie - der angewandten Mathematik zugeordnet und entsprechend von Mathematikern bearbeitet. Mit den physikalischen Disziplinen Elektrizität, Magnetismus, Wärme und Optik beschäftigten sich dagegen Ärzte, Geistliche, Philosophen, Chemiker und Amateure, die überwiegend qualitativ arbeiteten (Frankel 1977, S.35). Ende des 18. Jahrhunderts wandten sich in Frankreich erstmals in den exakten Wissenschaften (Mathematik, Astronomie, Ingenieurwissenschaften) ausgebildete Fachleute den physikalischen Disziplinen zu. Ihr Programm und letztlich auch ihr Erfolg bestand in der Mathematisierung der Physik. In England und Deutschland setzten entsprechende Bewegungen erst etwa drei Jahrzehnte später ein, und besonders im Hinblick darauf wird die französische Physik als in der Zeit von etwa 1800 bis 1830 in Europa führend angesehen (z.B. Rosenberger 1965, Bd.3, S.18; Home 1983, S.239; Fox 1970, S.429).

Die Bewegung zur Mathematisierung der Physik begann in Frankreich in den 1780er Jahren. Damals verfaßte der Mathematiker Pierre-Simon Laplace (1749-1827) gemeinsam mit dem Chemiker Antoine Laurent Lavoisier (1743-1794) eine Abhandlung über die Wärme, in der erste Anstrengungen unternommen wurden, der Wärmelehre den Rang einer mathematischen Wissenschaft zu verschaffen (Frankel 1977, S.35f). Ähnliches leistete der Ingenieur Charles Augustin Coulomb (1736-1806) in den folgenden Jahren in den Bereichen von Elektrizität und Magnetismus. Mit eigens konstruierten und im Bereich der Elektrophysik einen neuen Standard experimenteller Präzision setzenden Drehwaagen (Abb. 3.1.1, 3.1.2) verifizierte er die schon von anderen gehegte Vermutung, daß sich elektrisch geladene Kugeln mit einer Kraft anziehen bzw. abstoßen, die dem Quadrat ihres Abstands umgekehrt proportional ist. Er ermittelte auf experimentellem Wege auch die Verteilung statischer Elektrizität auf leitenden Körpern, zeigte, daß die Kraft in der unmittelbaren Nähe eines geladenen Leiters proportional zu seiner Ladungsdichte ist und wies das Gesetz des umgekehrten Abstandsquadrates auch für die Kräfte zwischen magnetischen Polen nach (vgl. Whittaker 1973, S.57ff).

Während der Napoleonischen Ära von 1799 bis 1815 waren Laplace, der wohl in der Geschichte der Naturwissenschaften zu den einflußreichsten Persönlichkeiten gehört (Gillespie 1978, S.273), und der Chemiker Claude Louis Berthollet (1748-1823) die führenden Köpfe der neuen Physik. Sie dominierten die Pariser und damit die gesamten französischen Naturwissenschaften (Fox 1970, S.429). Ihr Einfluß rührte nicht nur aus eigenen wissenschaftlichen Leistungen, sondern ebenso aus ihren Verbindungen zu den politischen Machthabern her (Frankel 1977, S.42): Das "Institut de France", d.h. die der Académie Royal des Sciences nach der Revolution nachfolgende Institution, hatte Bonaparte 1797 zum Mitglied gemacht. Nach seiner Machtergreifung 1799 wählte er Laplace zu seinem Innenminister, der diesen Posten jedoch wegen offenkundiger Unfähigkeit im Amt nur sechs Wochen innehatte. Daraufhin ernannte Bonaparte ihn (wie auch Berthollet) zum Mitglied des Staatsrates, 1803 zu dessen Vorsitzenden. Diese Stellung brachte offenbar wenig Arbeitsbelastung mit sich, sicherte Laplace jedoch bis zum Ende der Napoleonischen Herrschaft ein großzügig bemessenes Einkommen sowie politischen Einfluß (vgl. Gillespie 1978, S.346; Sutton 1980/81, S.350). So konnte er staatliche Finanzierung für seine Forschungsvorhaben gewinnen und seinen Schülern einträgliche Posten vermitteln (Frankel 1977, S.42). Durch seinen Einfluß am Institut war er in der Lage, die in Preisaufgaben gestellten Themen maßgeblich mitzubestimmen (Fox 1974, S.103).

Das Einkommen als Mitglied des Staatsrats ermöglichte es Berthollet, 1801 außerhalb von Paris in dem Dorf Arcueil ein Haus zu kaufen und als Labor einzurichten. Hier gründete er 1807 gemeinsam mit Laplace die "Société d'Arcueil", eine private Forschungsgesellschaft, in der sie die Besten des wissenschaftlichen Nachwuchses versammelten und im Sinne ihrer Vorstellungen von der neuen Physik weiterbildeten (Hannaway 1969, S.580f). Das Programm dieser Gesellschaft umfaßte etwa folgende Punkte:

- Quantifizierung bislang nur qualitativer Größen mit Hilfe neuer Meßinstrumente
- Verbesserung der Meßgenauigkeit durch neue Meßverfahren und Fehlerbetrachtungen
- Beschreibung der Daten durch Formeln
- Anpassung der Begriffe und Formalismen an die Konzeption zwischen materiellen Teilchen wirkender Fernkräfte.
- Entwurf neuer Modelle auf der Basis von kurz-reichweitigen Kräften zwischen den kleinsten Teilchen der Substanzen, um bislang unverstandene Phänomene zu erklären (Frankel 1977, S.46f).

Mitglieder der Gesellschaft waren beispielsweise Jean-Baptiste Biot (1774-1862), Simeon Denis Poisson (1781-1840), François Arago (1786-1853) und Étienne Louis Malus (1775-1812). Die Methoden und Ergebnisse des Programms kodifizierte Biot in seinen Lehrbüchern, dem "Traité des physique mathématique et experimentale" (1816) und dessen elementarer Fassung, dem "Précis élémentaire des physique expérimentale" (1817). Insbesondere der für den Unterricht an den öffentlichen Schulen Frankreichs eingeführte Précis, von dem auch zwei deutsche Übersetzungen erschienen, trug zur Verbreitung der Methoden und konzeptionellen Grundlagen der Laplaceschen Physik bei.

Das System ponderabler und imponderabler Substanzen - die Welt aus der Sicht des französischen Mechanisten

Nach dem damaligen Verständnis gingen die physikalischen Konzeptionen des Laplaceschen Programms aus der Newtonschen Physik hervor. Zwar hatte Newton selbst - z.B. in den Bereichen Elektrizität und Magnetismus - kinetische Modelle verwandt. Im 18. Jahrhundert waren seine Anhänger jedoch bestrebt, schließlich alle Wirkungen in der Natur mit instantan und zentral wirkenden Fernkräften, also in Analogie zum Newtonschen Gravitationsgesetz, zu erklären. Nun konnte man nicht alle physikalischen Kräfte der normalen, sicht- und fühlbaren Materie zuordnen. Denn ein und derselbe Körper konnte beispielsweise je nach Zurichtung neben der Gravitationskraft auch elektrische oder magnetische Kräfte hervorbringen.

"Danach blieb nur übrig, für alle die verschiedenen Attractions- und Repulsionskräfte auch verschiedene Materien zu construiren, deren jeder eine bestimmte Kraft als Urqualität eigenthümlich war, und die sich unter einander vereinigen oder von einander trennen, gegenseitig binden oder auch gegenseitig lösen konnten. So erhielt man, neben der sichtbaren, tastbaren, gestalteten Materie, noch andere Urstoffe, wie die elektrischen, die magnetischen Flüssigkeiten, den Licht- und den Wärmestoff, die diese Eigenschaften in geringem Maasse oder gar nicht besassen." (Rosenberger 1965, Bd.3, S.3)

Da sich keine dieser Materien mit der Waage nachweisen ließ, mußte es sich um unwägbare, imponderable Substanzen handeln. Mithin wurde die Gravitationskraft nur von gewöhnlicher, ponderabler Materie erzeugt und wirkte auch nur auf diese. Von den elektrischen und den magnetischen Flüssigkeiten sollten die elektrischen und magnetischen Kräfte ausgehen; der Wärmestoff rief die Wärmeempfindung hervor und war Sitz einer abstoßenden Kraft, die die thermische Ausdehnung der Körper verursachte. Leuchtende Körper sandten den Lichtstoff aus, die Bahnen der Lichtteilchen wurden durch die Kräfte normaler Materie, beispielsweise bei der Lichtbrechung und -reflexion beeinflußt. Trafen die Teilchen des Lichtstoffs auf das Auge, lösten sie Lichtempfindungen aus.

Diese gegen Ende des 18. Jahrhunderts weit verbreiteten Vorstellungen wurden dann im Rahmen der Laplaceschen Physik präzisiert, mathematisiert und insbesondere auch auf den mikroskopischen Bereich angewandt (Fox 1974, S.93ff). So beschrieb G.T. Fechner, einer der beiden deutschen Übersetzer des Biotschen "Précis" die konzeptionellen Grundlagen dieses Werks auf etwa folgende Weise (vgl. Fechner in Biot 1828 Bd.1, S.396ff)(1):
Grundlegend ist die Annahme, daß alle ponderablen Körper Aggregate sehr kleiner Teilchen, der Atome, sind, die in jeweils bestimmten Abständen voneinander schweben. Die Bezeichnung "Atom" impliziert keine absolute Unteilbarkeit. Mit ihr ist lediglich gemeint, daß diese kleinsten Teilchen durch keine irdischen Kräfte weiter zerlegt werden können. Die Gestalt der Atome, ihre Masse, die Entfernungen, die sie voneinander haben, und die von ihnen ausgehenden Kräfte bestimmen Aggregatzustand und physikalische Eigenschaften der Körper. Beispielsweise sind die Atome in vielen Substanzen so weit voneinander entfernt, daß sich Licht- und Wärmestoff ungehindert zwischen ihnen hin-

(1) Generell scheute sich Fechner nicht, das Original durch Kommentare und Hinweise auf neuere Entwicklungen zu verbessern. Deshalb wird im Folgenden zwischen Textpassagen von Fechner und Biot unterschieden.

durchbewegen können. Der Theorie von Laplace und Biot zufolge sind die Aggregatzustände der Körper ebenfalls von den Abständen der Atome bestimmt. Denn im festem Zustand sind die Atome so dicht gepackt, daß sie - ihrer jeweiligen Form entsprechend - einander jeweils die Seiten stärkster wechselseitiger Anziehung zukehren. Im flüssigen oder gasförmigen Zustand sind sie so weit voneinander entfernt, daß man sie als punktförmig betrachten kann. Ihre Form spielt dann für ihre Anordnung keine Rolle, daher kann der Körper verschiedene Gestalten annehmen, solange nur das Gleichgewicht der inneren Kräfte gewahrt bleibt. Bei chemischen Verbindungen zweier Substanzen lagern sich die Atome der einen vermöge wechselseitiger Kräfte zwischen die der anderen Substanz. Von einer Mischung unterscheidet sich die chemische Verbindung darin, daß es sich nicht um eine zufällige, sondern um eine regelmäßige Anordnung der Atome handelt. Sie ist durch das Gleichgewicht der Kräfte konstituiert und gekennzeichnet.

Es kann keinen Zweifel geben, so Fechner, daß man den Atomen der ponderablen Materie tatsächlich eine molekulare Anziehungskraft zuordnen muß. Dies belegen der Zusammenhalt gleichartiger Atome in den Körpern (Kohäsion), die Anziehung, durch die Stoffe aus Lösungen in regelmäßigen Formen auskristallisieren, die Adhäsion zwischen festen und flüssigen Substanzen und schließlich die Kräfte, durch die sich ungleichartige Atome zu neuen Körpern vereinigen, d.h. die chemische Affinität (Fechner in Biot 1828, Bd.1, S.404). Wie aus den Erscheinungen des freien Falls und den Bewegungen der Himmelskörper auf eine Gravitationskraft zwischen den Körpern geschlossen werden kann, ergibt sich die Realität der anziehenden Molekularkraft aus den genannten Erscheinungen. Weitere Erwägungen zeigen, daß diese Kraft unter Umständen auch zwischen den Atomen der ponderablen und denen der imponderablen Materien wirkt: Die Brechung des Lichts beim Eintritt in einen Körper resultiert aus einer Kraft, die die Lichtteilchen zum optisch dichteren Medium hin beschleunigt (1). Auch die Tatsache, daß sich der Wärmestoff als "latente Wärme" mit Substanzen verbindet, weist auf eine Affinität zwischen ponderabler und imponderabler Substanz hin. Die von den Atomen ausgehende Molekularkraft kann mit

---

(1) Man konnte deshalb erwarten, aus der Messung von Brechungsindizes eine Tabelle für die Affinität verschiedener Substanzen zum Licht zu gewinnen. Die Universalität der molekularen Anziehungskraft vorausgesetzt, mußten sich aus dieser Tabelle auch Hinweise auf die Affinitäten verschiedener ponderabler Substanzen ergeben. Wirklich haben sich Arago und Biot 1806 mit der Messung von Brechungsindizes befaßt (vgl. Fox 1974, S.102).

der Graviation nicht identisch sein. Zwar muß das Gravitationsgesetz auch für Atome gelten; es läßt sich aber zeigen, daß die Molekularkraft sehr viel stärker wirkt (Fechner in Biot 1828, Bd.1, S.407).

Es gibt keinen Grund, so Fechner, für die Annahme, es existierten auch abstoßende Kräfte zwischen den kleinsten Teilchen der ponderablen Substanz. Wo sich scheinbar die Wirkungen solcher Kräfte feststellen lassen, liegt tatsächlich die Wirkung imponderabler Substanzen vor, die sich zwischen den Atomen der ponderablen Stoffe befinden oder an sie geheftet sind. In den meisten Fällen ist es der Wärmestoff, der die Atome ponderabler Körper auseinandertreibt. Seine kleinsten Teilchen üben aufeinander abstoßende Kräfte aus und drängen die Atome der ponderablen Substanz auseinander. Der Abstand der Atome resultiert aus dem Gleichgewicht von anziehender Molekularkraft und abstoßender Kraft des Wärmestoffs (Fechner in Biot 1828, Bd.1, S.405).

Die bislang geschilderten Konzeptionen betrafen die Physik der ponderablen Materie und deren Verhältnis zu den unwägbaren Substanzen. Die Physik der Imponderablen im engeren Sinne, also z.B. der elektrischen und magnetischen Fluida vervollständigte dieses System.

Theorie der elektrischen Fluida

Zu Beginn des 19. Jahrhunderts kannte man die elektrostatischen Kraftwirkungen geladener Körper, die Erscheinungen der Influenz bzw. "elektrischen Verteilung", der Fortleitung und Isolation der Elektrizitäten, wie die mit Funkenüberschlägen einhergehenden Phänomene. Nach damaligem Verständnis war durch die Experimente von C.A. Coulomb das nach ihm benannte Gesetz für die Kraftwirkungen zwischen geladenen Kugeln oder punktförmig anzunehmenden Körpern bewiesen worden (Abb. 3.1.1; 3.1.2).

Diese Erscheinungen systematisierte Biot mit dem Modell zweier elektrischer Flüssigkeiten, des positiven und negativen Fluidums. Er kennzeichnete dieses Modell als solches, wies aber zugleich darauf hin, daß es nur durch neue experimentelle Fakten widerlegt werden könne (Biot 1829, Bd.2, S.199, 208): Die beiden Elektrizitäten - so Biot - sind "vollkommen bewegliche Flüssigkeiten", die sich im Leiter mit "außerordent-

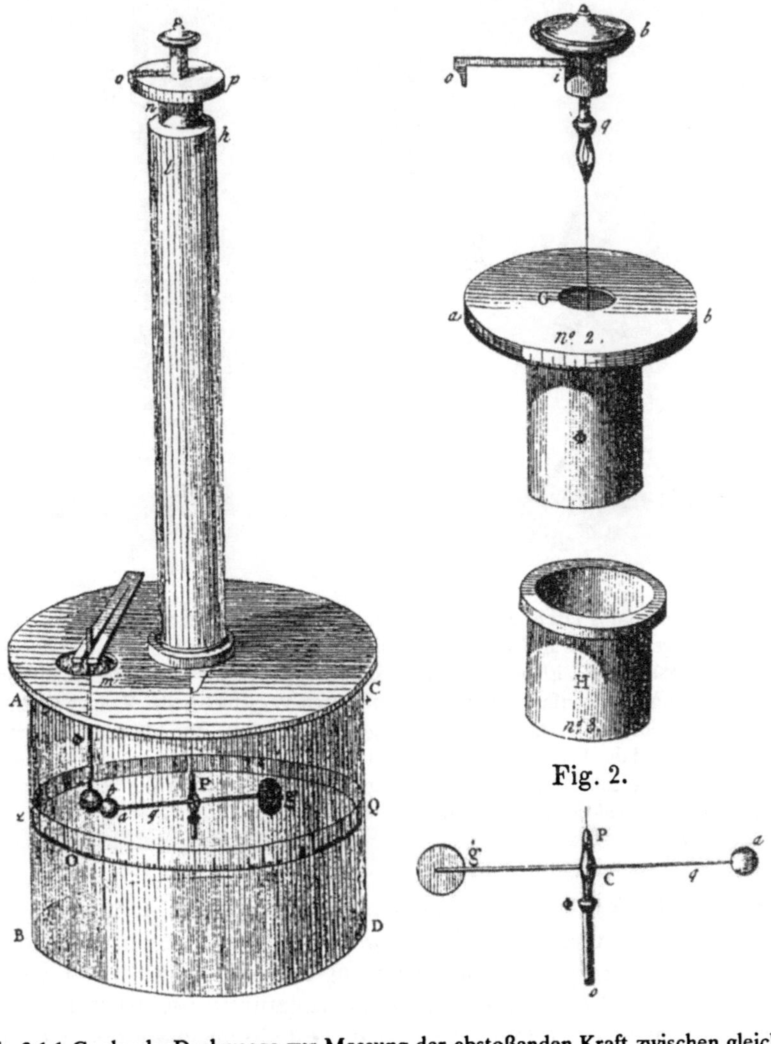

Abb. 3.1.1 Coulombs Drehwaage zur Messung der abstoßenden Kraft zwischen gleichnamig geladenen Kugeln (1785). Der große Glaszylinder ABCD hat etwa 32 cm Durchmesser und Höhe; die auf ihm befestigte Glasröhre ist ca. 65 cm lang. In ihr hängt ein feiner Silberdraht, der am oberen Ende verdrehbar gelagert ist, am unteren das Stäbchen mit der Probekugel a (ca. 5 mm Durchmesser) trägt. Die zweite, stationäre Kugel wird von oben in den großen Zylinder eingehängt. Zur Messung werden beide Kugeln nebeneinandergestellt und gleichnamig geladen. Nachdem sie sich voneinander entfernt haben, wird die bewegliche Kugel durch Torsion des Drahts auf die gewünschte Distanz zur ruhenden gebracht. Der dazu notwendige Drehwinkel ist das Maß für die wirkende Kraft.

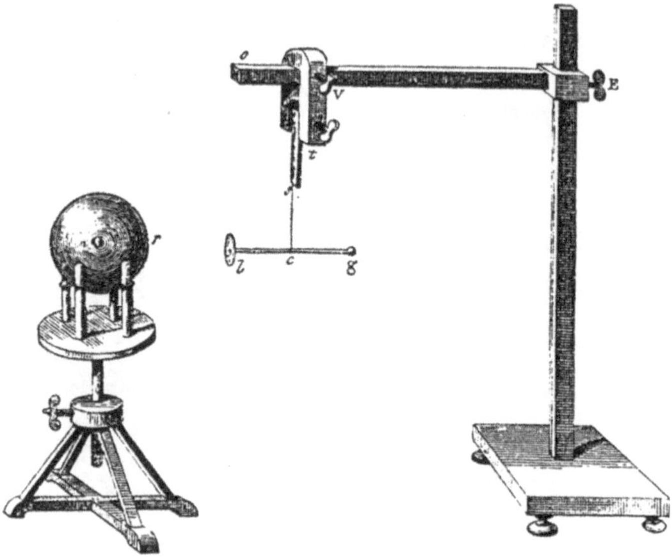

Abb. 3.1.2 Coulombs Drehwaage zur Messung anziehender elektrischer Kräfte (1785). Die isoliert gelagerte Kugel G aus leitendem Material hat etwa 32 cm Durchmesser. Das Probescheibchen l ist an der Schellacknadel lg befestigt, die wiederum an einem etwa 2 cm langen Seidenfaden aufgehängt ist. Durch Verschieben der Zwinge v läßt sich der Abstand des Probescheibchens zur Kugel G einstellen. Zur Messung werden die große Kugel und das Probescheibchen ungleichnamig geladen und die Schellacknadel in Schwingungen versetzt. Aus der Schwingungsdauer wird dann auf die Stärke der elektrischen Kraft geschlossen (vgl. Coulomb 1890, S.4ff, 15ff).

licher Leichtigkeit" bewegen können (ebenda S.199). Sie haben atomistische Struktur und ihre Teilchen sind mit anziehenden bzw. abstoßenden Kräften begabt. Wie die Erfahrung zeigt (ebenda S.182f), verteilt sich die einem Konduktor, d.h. Leiter, zugeführte Elektrizität in einer dünnen Schicht auf seiner Oberfläche, weshalb angenommen wird, daß die gleichartigen Teilchen eines elektrischen Fluidums aufeinander eine abstoßende Wirkung ausüben. Zudem sind die elektrischen Flüssigkeiten unelastisch, denn im Leiter bildet sich jeweils eine begrenzte elektrische Oberflächenschicht heraus (ebenda S.200). Für die Kräfte zwischen den elektrischen Flüssigkeiten wird das Coulombsche Gesetz angenommen:

"Jedes der el. Prinzipe ist ein unzusammendrückbares Fluidum, dessen vollkommen bewegliche Theilchen sich wechselseitig abstoßen, dagegen die des anderen Fluidums anziehen, mit einer Kraft, welche dem Quadrat des Abstandes umgekehrt proportional ist. Ferner, bei gleichem Abstand ist das Vermögen der Anziehung dem Vermögen der Abstoßung gleich." (ebenda S.200f).

Im ungeladenen Zustand enthalten Leiter gleiche Mengen der beiden Elektrizitäten "in einem Zustand der Verbindung, der ihre Neutralisation bedingt" (ebenda S.194), womit der "natürliche Zustand" der Körper bezeichnet ist. Durch die Wirkung elektrischer Kräfte kann ein Teil der neutralisierten Elektrizität eines Leiters in zwei gleiche Quantitäten der beiden elektrischen Flüssigkeiten "zersetzt" werden. (ebenda S.195)

Das Modell gab keinen Hinweis darauf, welche Kraft die elektrischen Flüssigkeiten im Leiter festhielt bzw. am Ausströmen hinderte. Nun war aber bekannt, daß trockene Luft einen geladenen Leiter isolierte, Abpumpen der Luft aber ab einem gewissen Verdünnungsgrad die Elektrizität ausströmen ließ (ebenda S.154). Deshalb schloß Biot, der Druck der umgebenden Luft verhindere das Ausfließen der Elektrizität (ebenda S.154, 199). Der Leiter war ein poröses, einem Schwamm vergleichbares Medium, in dessen Hohlräumen sich die elektrischen Fluida befanden (vgl. Fechners Anmerkung, ebenda S.184) und dessen äußere Öffnungen die Luft verschloß. Leiter waren nicht mehr als "Gefäße", in denen sich die elektrischen Flüssigkeiten nach den ihnen inhärenten Kräften verteilten. Nur in Nichtleitern existierte offenbar eine zusätzliche und nicht näher bekannte Kraft, die Bewegungen der Elektrizität verhinderte (ebenda S.214).

Lagrange hatte 1777 gezeigt, daß sich die Gravitationskraft eines Körpers auf eine Einheitsprobemasse als Gradient der heute sogenannten Potentialfunktion berechnen ließ. Ebenfalls war bekannt, daß die Potentialfunktion die sogenannte Laplacesche Differentialgleichung erfüllte (vgl. Whittaker 1973 S.61). Und Poisson zeigte noch, daß diese Gleichung nur für Aufpunkte im von Materie freien Raum gültig war. Denn andernfalls mußte $\Delta V(\underline{x}) = -\rho(\underline{x})$ gesetzt werden, wobei $\rho(\underline{x})$ die Dichte der Materie in $\underline{x}$ bezeichnete (vgl. Costabel 1978, S.478). Biots Modell zufolge und im Einklang mit experimentellen Erfahrungen verteilte sich die einem Konduktor zugeführte Elektrizität in einer dünnen Schicht unter dessen Oberfläche. In den Jahren 1811/12 stellte sich Poisson die Aufgabe, die Stärke dieser Schicht zu bestimmen. Zu ihrer Lösung verwertete er die durch Analyse der Gravitationskraft gewonnenen mathematischen Zusammenhänge mit Hilfe einer elektrischen Potentialfunktion: Wenn sich der geladene Konduktor in einem bleibenden Zustand befand, mußte die Summe der Wirkungen aller Teilchen der elektrischen Schicht im Innern des von ihr umschlossenen Raumes verschwinden. Denn andernfalls würde im Konduktor noch weitere neutrale Elektrizität zersetzt; war das System noch nicht zur Ruhe gekommen. Also nahm die Potentialfunktion unter statischen Verhältnissen im Innern des von der elektrischen Schicht umschlossenen Raums einen konstanten Wert an. Es gelang Poisson, aus dieser Bedingung die Geometrie der elektrischen Schicht für einige regelmäßig geformte Leiter zu bestimmen (vgl. Hoppe 1884, S.189f). Beispielsweise wies die Schicht in der Oberfläche einer geladenen Kugel überall dieselbe Stärke auf. Im Falle eines Ellipsoids war sie an den Enden der langen Achse dicker als an denen der kurzen Achse (Biot 1829, Bd.2, S.203; Abb. 3.1.3).

Die elektrische Schicht eines geladenen Konduktors wirkte abstoßend bzw. anziehend auf alle außen liegenden elektrischen Fluida. Dachte man sich nun die Schicht in mehrere dünne Hüllen zerlegt, dann erfuhren die Teilchen der äußeren Hüllen eine von den inneren herrührende Kraft, die sie nach außentrieb. Diese "Repulsivkraft" erreichte auf der Oberfläche des Körpers ihr Maximum und durch sie übte das elektrische Fluidum Druck auf die umgebende Luft aus. Er war an jeder Stelle der Oberfläche des geladenen Konduktors proportional zur lokalen Stärke der elektrischen Schicht (Biot 1829, Bd.2, S.204). Nun konnte erklärt werden, warum bei zu starker Ladung des Konduktors Funken überschlugen, d.h. das elektriche Fluidum aus ihm herausbrach:

"Ist dieser Druck allenthalben geringer, als der Widerstand, den die Luft leistet, so wird die Elektricität in dem Gefäß, das die Luft um sie bildet, zurückgehalten und vermag nicht zu entweichen. Erhält dagegen der Druck an irgend einer Stelle der Oberfläche das Uebergewicht über den Widerstand der Luft, so platzt hier das Gefäß und das el. Fluidum fließt wie durch eine Oeffnung aus. Dies geschieht am Ende von Spitzen und den scharfen Kanten ekkiger Körper, denn es läßt sich darthun, daß an der Spitze z.B. eines Kegels, der Druck des el. Fluidums unendlich werden würde, wenn die El. sich daselbst anhäufen könnte". (ebenda S.204)

Beim Ausfließen der elektrischen Flüssigkeiten wurden dann die Teilchen des umgebenden isolierenden Mediums mit außergewöhnlicher Kraft auseinandergetrieben (ebenda S.260).

Zur Erzeugung von Influenzeffekten brachte man einen ungeladenen Leiter in die Nähe eines geladenen Gegenstands. Durch die elektrischen Kräfte wurde im Leiter neutrale Elektrizität zersetzt. Es entstanden jeweils gleiche Mengen beider Fluida, die sich auf ihm verteilten. Mithin wurden nun auch deren elektrische Kräfte wirksam, was weitere Zersetzung neutraler Elektrizität herbeiführte. Schließlich mußte sich aber ein bleibender Zustand herausbilden, bei dem die Summe der Kräfte aller Fluida des Gesamtsystems an jedem Punkt im Innern des Leiters verschwand (ebenda S.205f). Mit Hilfe dieser Gleichgewichtsbedingung gelang es Poisson 1812, die Verteilung der Fluida in elektrostatischen Systemen aus zwei Leitern für einige Spezialfälle zu berechnen. Seine Ergebnisse stimmten mit den 25 Jahre zuvor von Coulomb angestellten Messungen überein (vgl. Home 1983, S.253).

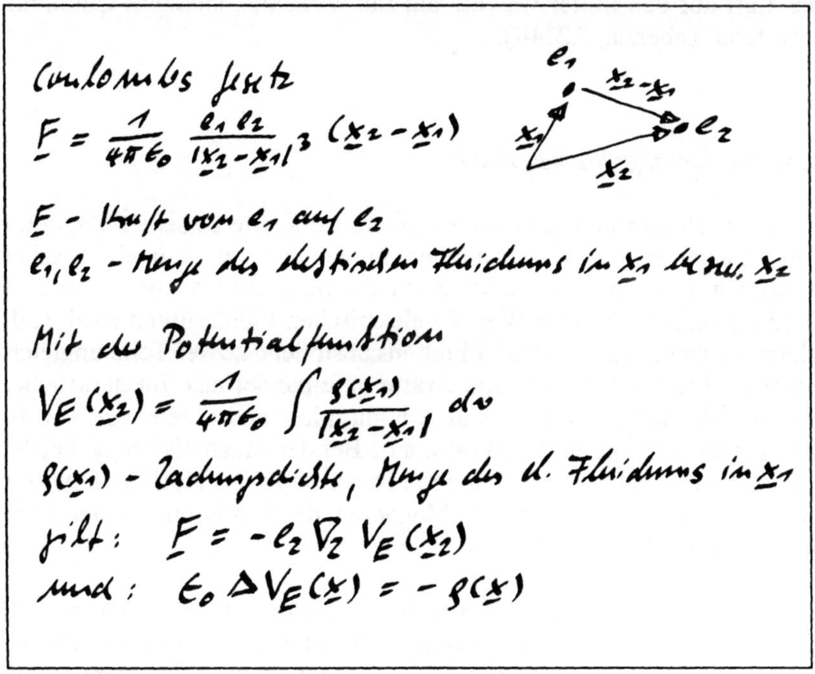

Abb. 3.1.3 Ergebnisse von Poissons Untersuchungen zur Elektrostatik. Hier wie im Folgenden sind die Gleichungen modernisiert: Es werden die Vektornotation, internationale Einheiten und die rationale Schreibweise der Gleichungen verwandt (vgl. zu meiner Darstellung: Weizel 1949).

Biots Modell zufolge wirkten die elektrischen Kräfte auf die Teilchen der elektrischen Fluida. Es war mithin zu erklären, warum sich diese Kräfte auf den ponderablen Träger der Fluida übertrugen. Bei geladenen Nichtleitern bereitete diese Konstruktion des makroskopischen Coulombgesetzes keine Schwierigkeiten. Da die elektrischen Fluida im Isolator durch eine Kraft, die eben das Isolationsvermögen bedingte, festgehalten wurden, übertrug sich die auf sie wirkende Kraft auf den sie tragenden Körper. Schwieriger war die Konstruktion im Fall eines geladenen Leiters. Die Fluida in ihm wurden zur Quelle der wirksamen Kraft hin- bzw. von ihr weggetrieben. Der Druck, den sie dabei auf die umgebende Luft ausübten, hatte wegen der Abstandsabhängigkeit der elektrischen Kraft auf den verschiedenen Seiten des Leiters einen je verschiedenen Betrag. Deshalb wurde der auf ihm lastende Luftdruck auf der der Kraftquelle zu- bzw. abgewandten Seite in jeweils verschiedenem Maße kompensiert. Die Differenz der beiden Rest-Druckkräfte der Luft auf den Leiter war die auf ihn wirkende, meßbare Coulombsche Kraft (ebenda, S.214ff).

Theorien der magnetischen Fluida

Ende des 18. Jahrhunderts war es üblich, die Kräfte zwischen Magneten bzw. magnetisierten Gegenständen in Analogie zu den elektrischen Kräften auf zwei besondere Materien, das magnetische Nord- bzw. Südfluidum zurückzuführen: Wie die elektrischen Fluida übten zwei Teile gleichnamigen magnetischen Fluidums abstoßende, zwei Teile ungleichnamigen Fluidums anziehende Kräfte aufeinander aus. Im natürlichen Zustand der Körper waren beide Fluida miteinander vereinigt; von ihnen gingen dann keine Fernkräfte aus. Bei der Magnetisierung wurden sie nach den Enden des Magneten hin getrennt; das Nordfluidum konzentrierte sich einen Hälfte des Magneten, das Südfluidum in der anderen (Lamont 1867, S.12ff).

Auf der Basis dieses Modells bestimmte Coulomb 1785 das mathematische Gesetz, "nach dem das magnetische Fluidum anziehend oder abstoßend wirkt" (Coulomb 1890, S.20). Einer derartigen Experimentaluntersuchung mußte die Bestimmung des räumlichen Zentrums des magnetischen Fluidums vorausgehen, mit dem jede Hälfte des Magneten "geladen" war (ebenda S.25). Coulomb verwandte dazu magnetisierte

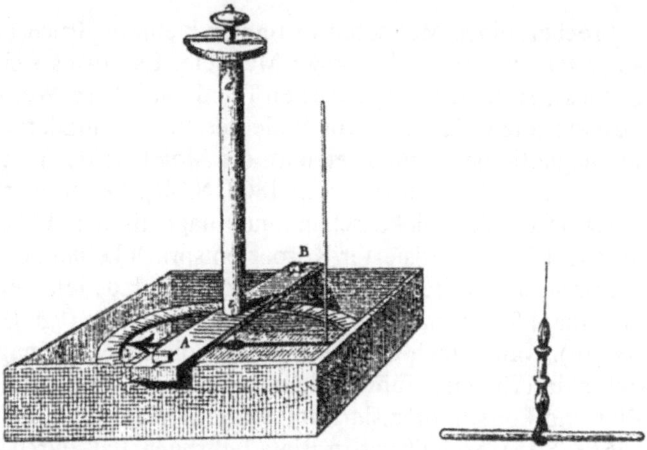

Abb. 3.1.4 Drehwaage zur Messung magnetischer Kräfte (1785). Der große Holzkasten hat etwa 97 cm Seitenlänge und 49 cm Höhe; das Rohr mit dem Trosionsdraht ist etwa 81 cm lang. Der verdrehbar gelagerte Draht trägt den ca. 65 cm langen, aus Stahldraht hergestellten Probemagneten. Zur Messung wird der Magnet bei unverdrilltem Torsionsdraht in den magnetischen Meridian gestellt. Im Vorversuch ermittelt man, welche Verdrillung notwendig ist, den Magneten um verschiedene Winkel aus dem Meridian auszulenken. Für kleine Auslenkungen ergibt sich dabei eine Proportionalität von Auslenkungs- und Torsionswinkel. Nun wird der zweite, stationäre Magnet senkrecht und mit einem Pol unmittelbar an den gleichnamigen Pol des Probemagneten gestellt. Der drehbare Magnet schwingt aus; durch Torsion des Drahtes wird ein kleiner Auslenkungswinkel eingestellt. Aus dem Vorversuch ist die in dieser Stellung zur Kompensation der erdmagnetische Kraft benötigte Verdrillung bekannt. Die Summe aus ihr und dem zusätzlich notwendigen Drehwinkel ist das Maß für die bei dem eingestellten Abstand zwischen beiden Polen wirksamen Kraft (Coulomb 1890, S.33ff).

Stahldrähte, die etwa 60 cm lang und 3 bis 4 mm dick waren (ebenda z.B. S.23). Bei solchen Magneten ließen sich die Zentren der Fluida kurz vor den Enden des Drahts lokalisieren (ebenda S.25). Und so konnten anschließend die Kräfte zwischen ihnen in Abhängigkeit von ihrem jeweiligen Abstand bestimmt werden. Die Experimente - so Coulomb - bewiesen, daß "die anziehende und abstoßende Kraft des magnetischen Fluidums, genauso, wie beim elektrischen Fluidum, in geradem Verhältnis zu den Dichtigkeiten und im umgekehrten Verhältnis zum Quadrat der Abstände der magnetischen Moleküle steht" (ebenda S.42; Abb. 3.1.4)(1).

(1) Damals wurden die Begriffe "Atom" und "Molekül" synonym gebraucht (vgl. Fechner in Biot 1828, Bd.2, S.399, 404).

Beim Zerbrechen eines Magneten in immer kleinere Bruchstücke, erhielt man jeweils wieder vollständige Magnete. Es erwies sich als unmöglich, eines der beiden magnetischen Fluida auf diese Weise zu isolieren. Deshalb setzte sich noch vor Ende des 18. Jahrhunderts die Idee durch, die magnetischen Fluida seien an die Moleküle der magnetisierbaren Substanzen gebunden (Lamont 1867, S.14f). Damit war nun die Analogie zwischen den elektrischen und magnetischen Flüssigkeiten eingeschränkt: Ein magnetisierter Körper entsprach keinem durch Verteilung elektrisierten Leiter, sondern etwa einer geladenen elektrischen Säule, d.h. einem Stapel metallisch belegter Glasplatten (vgl. Biot 1829, Bd.4, S.14, 16). Namentlich Coulomb scheint die Idee der magnetisierbaren Moleküle 1791 eingeführt zu haben; sie wurde später insbesondere von Biot und Poisson präzisiert und ausgeführt (Gilmor 1971, S.445; Lamont 1867, S.15). So heißt es in Biots Lehrbuch, daß durch magnetische Kräfte in den Teilchen des magnetisierten Stabes eine "Zersetzung der natürlichen Magnetismen" (Biot 1829, Bd.4, S.17) hervorgerufen wird, ein Vorgang, der im Innern jedes Teilchens geschieht, denn "von einem zum anderen findet eine völlige Unwegsamkeit statt" (ebenda S.16). In seiner Theorie des Magnetismus (1824) schrieb Poisson den magnetischen Molekülen eine kugelförmige Gestalt zu. Je nach Magnetisierungsfähigkeit enthielt ein magnetisierbarer Körper eine größere oder kleinere Anzahl solcher Moleküle. Der Bruchteil des von ihnen eingenommenen Volumens war das mathematische Maß der Magnetisierbarkeit (Lamont 1867, S.35; Maxwell 1891, §430). Die Trennung der Magnetismen führte, der elektrischen Verteilung entsprechend, zur Ausbildung einer magnetischen Schicht in der Oberfläche eines jeden Moleküls; die eine Hälfte erhielt einen Überzug aus positivem, die andere aus negativem magnetischem Fluidum (Lamont 1867, S.163).

Nun unterschieden sich die magnetisierbaren Substanzen auch nach ihrem Vermögen, eine Magnetisierung überhaupt anzunehmen, bzw. eine einmal angenommene festzuhalten. Weiches Eisen ließ sich leicht magnetisieren und verlor den Magnetismus ebenso schnell; gehärteter Stahl dagegen hielt eine einmal angenommene Magnetisierung über längere Zeiträume. Mithin gab es eine besonders dem Stahl zukommende "Ursache", die "Coerzitivkraft", die den Kräften der magnetischen Fluida Widerstand leistete (Biot 1829, Bd.4, S.16).

Die nur scheinbar von den Polen eines magnetisierten Körpers ausgehende Kraft mußte nun aus den Kräften der in den einzelnen Molekülen getrennten Fluida rekonstruiert werden. Dazu ging Poisson etwa folgendermaßen vor: Jedes magnetisierte Molekül ist ein magnetischer Dipol; man kann ihm ein magnetisches Moment und der von ihm ausgeübten Kraft ein Potential zuordnen. Die Potentialfunktion des Gesamtmagneten ergibt sich dann durch Integration über die Beiträge der magnetischen Moleküle. Durch partielle Integration erhält man aus diesem Ansatz einen Ausdruck, der sich formal als Potential einer fiktiven Oberflächen- und Volumenverteilung magnetischen Fluidums auffassen läßt (vgl. Lamont 1867, S.164f, 169f, 172; Abb. 3.1.5). In den Aufpunkten außerhalb des Magneten ergibt sich die magnetische Kraft als Gradient der Potentialfunktion. In seinem Innern kann sinnvollerweise nur von der magnetischen Kraft die Rede sein, die ein Probepol in einer Aushöhlung erfährt. Diese Kraft ist auch im Grenzwert verschwindenden Höhlenvolumens von der Geometrie der Höhle abhängig.

Das Hauptproblem der Theorie bestand aber darin, die vorübergehende Magnetisierung eines gegebenen Körpers aus den wirksamen magnetischen Kräften und seiner Geometrie zu bestimmen. Denn jede Verteilung der magnetischen Fluida blieb bestehen, falls nur die Summe der magnetischen Kräfte im Inneren jeden Moleküls kleiner als die dort wirksame Koerzitivkraft war (Biot 1829, Bd.4, S.17)(1). Im allgemeinen konnte ein Körper deshalb viele verschiedenen Magnetisierungen annehmen, und welche sich tatsächlich einstellte, hing von der Art des Magnetisierungsprozesses (z.B. Anlegen an oder Streichen mit einem Magneten), also dem Vorgehen des Experimentators ab. Poisson setzte sich mit der induzierten Magnetisierung nur für den Fall eines ideal weichmagnetischen Materials mit verschwindender Coerzitivkraft auseinander. Denn in diesem Idealfall war eine eindeutig bestimmte Gleichgewichtsbedingung angebbar: In jedem Molekül mußte die Summe der äußeren magnetisierenden Kraft und der durch die Magnetisierung erst erzeugten inneren Kräfte verschwinden (Lamont 1867, S.167). Es gelang Poisson, auf diese Weise Differentialgleichungen für die Magnetisierung abzuleiten. Sie erwiesen sich jedoch für alle realen Verhältnisse als unbrauchbar (Lamont 1867, S.173).

(1) Biot verwendet den Begriff "Coerzitivkraft" in doppelter Bedeutung: Einmal ist von einer die Bewegung der Fluida hemmenden Kraft die Rede (Biot 1829, Bd.4, S.16), einmal von einer Schwelle, ab der die Bewegung der Fluida einsetzt (ebenda S.17).

Coulombs Gesetz

$$\underline{F} = \frac{1}{4\pi\mu_0} \frac{m_1 m_2}{|\underline{x}_2 - \underline{x}_1|^3} (\underline{x}_2 - \underline{x}_1)$$

$\underline{F}$ - Kraft vom m_1 auf m_2

m_1, m_2 - Menge des magnetischen Fluidums in $\underline{x}_1, \underline{x}_2$

Potentialfunktion des magnetischen Pols m_1:

$$V_M(\underline{x}_2) = \frac{1}{4\pi\mu_0} \frac{m_1}{|\underline{x}_2 - \underline{x}_1|}$$

Potentialfunktion eines magn. Dipols:

$$V_M(\underline{x}_2) = \frac{m}{4\pi\mu_0} \nabla_1 \left(\frac{1}{|\underline{x}_2 - \underline{x}_1|} \right) \underline{ds} \qquad \overset{-m}{\bullet} \xrightarrow{\underline{ds}} \overset{+m}{\bullet}$$

$$= \frac{1}{4\pi\mu_0} \nabla_1 \left(\frac{1}{|\underline{x}_2 - \underline{x}_1|} \right) \underline{M} \quad \text{mit } \underline{M} := m\,\underline{ds}$$

$\underline{M}$ - magn. Moment

Potentialfunktion eines Magneten:

$$V_M(\underline{x}_2) = \frac{1}{4\pi\mu_0} \int \nabla_1 \left(\frac{1}{|\underline{x}_2 - \underline{x}_1|} \right) \underline{I}(\underline{x}_1)\, dv$$

mit $\underline{I}$ - Magnetisierung $= \frac{\text{magn. Moment}}{\text{Volumen}}$

$$= \frac{1}{4\pi\mu_0} \int \frac{\underline{I}(\underline{x}_1)\, d\underline{A}}{|\underline{x}_2 - \underline{x}_1|} + \frac{1}{4\pi\mu_0} \int \frac{-\nabla_1 \underline{I}(\underline{x}_1)}{|\underline{x}_2 - \underline{x}_1|} dv$$

Interpretation:

$\underline{I}\, d\underline{A}$ - Oberflächenverteilung
$-\nabla_1 \underline{I}(\underline{x}_1)$ - Volumenverteilung
} gedachte magn. Substanz

Für jede Potentialfunktion gilt:

$$\underline{F} = -m_2 \nabla_2 V_M(\underline{x}_2)$$

Abb. 3.1.5 Ergebnisse der Poissonschen Magnetismustheorie

Natur und Eigenschaften des galvanischen Fluidums

Die Entstehung des Galvanismus, des damals jüngsten Zweigs der Elektrophysik, ging auf das Jahr 1780 zurück. Damals entdeckte der Italiener Luigi Galvani (1737-1798), daß die Schenkel eines Froschs in heftige Zuckungen gerieten, sobald man deren Nerv und Muskel durch einen - in der Regel aus zwei verschiedenen Metallen zusammengesetzten - Schließungsdraht verband. Galvani erklärte diese Erscheinung mit der Hypothese, vom Muskel zum Nerv ströme durch den Leiter eine besondere Flüssigkeit und löse dabei die Kontraktionen aus. Die Flüssigkeit identifizierte er mit elektrischem Fluidum, das vom tierischen Gewebe hervorgebracht und durch den Leiter entladen wurde (Whittaker 1973, S.69).

Unter den Naturforschern, die Annahmen zu Ursache und Natur dieser Effekte äußerten, tat sich Anfang der 90er Jahre besonders Galvanis Landsmann Alessandro Volta (1745-1827) hervor. Im Gegensatz zu anderen stimmte er Galvani in der Ansicht zu, es handele sich bei der galvanischen Flüssigkeit nicht um eine neue Substanz, sondern um gewöhnliches elektrisches Fluidum. Zudem vertrat er aber die Auffassung, daß die galvanische Elektrizität keineswegs durch Lebensprozesse, sondern vielmehr durch den bloßen Kontakt anorganischer Substanz entstand. Und gerade dies glaubte er 1800 mit einer eigenen Erfindung, der galvanischen Säule, beweisen zu können. Dieser Apparat war nicht mehr als ein Stapel abwechselnd geschichteter Kupfer- und Zinkplatten, wobei jedes Kupfer-Zink-Plattenpaar von dem anschließenden durch eine von Wasser, Salzlösung oder verdünnter Säure getränkte Pappscheibe getrennt war. Wurden die oberste Zink- und die unterste Kupferplatte, die Pole der Säule, mit dem eigenen Körper in leitende Verbindung gebracht, konnte man die typisch galvanischen Effekte, d.h. schwache elektrische Schläge, Reizung des Geschmacksinns oder des Gehörs erzeugen. Weiterhin produzierte die Säule aber auch die von statischer Elektrizität bekannten Phänomene. Zwischen den an den Polen der Säule angeschlossenen Leitern ließen sich Funken und anziehende Kräfte nachweisen (Sutton 1980/81, S.333).

Volta erklärte diese Erscheinungen mit der Annahme, an jeder Kupfer-Zink-Trennfläche würden die elektrischen Fluida getrennt und fortwährend angetrieben. Die Pappscheiben sollten sie weiterleiten, ohne selbst eine besondere Kraft auf sie auszuüben. Deshalb mußten sich die Antriebskräfte aller Kupfer-Zink-Kontakte einer Säule addieren. Beim Schließen der Säule durch eine leitende Verbindung ihrer Pole ergab sich dann eine kontinuierliche Strömung der Elektrizität (Brown 1969, S.64, 71).

Unter den Pariser Wissenschaftlern fand Voltas Theorie zunächst wenig Anerkennung. Selbst als die Wirkungen der Säule bekannt geworden waren, wurde noch an der Identität von galvanischer und elektrischer Flüssigkeit gezweifelt. Denn beispielsweise ließen sich durchaus Unterschiede zwischen den von gewöhnlicher und galvanischer Elektrizität hervorgerufenen Empfindungen nachweisen. Ebenso zeigte eine geschlossene Säule keinerlei Anzeichen statischer Elektrizität (Brown 1969, S.65). Und zudem wurden schon in den ersten Monaten nach dem Bekanntwerden der Voltaschen Erfindung neue Phänomene entdeckt, die seine Theorie offenbar nicht beschrieb. Die Briten William Nicholson (1735-1815) und Anthony Carlisle (1768-1840) zeigten, daß galvanische Elektrizität, wenn sie durch Wasser geleitet wurde, es in Wasserstoff und Sauerstoff zersetzte. Auch in der Säule selbst spielten sich offenbar, besonders wenn sie geschlossen war, chemische Prozesse ab. Deshalb vertrat namentlich Humphry Davy (1778-1829) die Ansicht, nicht der Kontakt der verschiedenen Metalle, sondern die chemischen Vorgänge in der Säule seien die wirkliche Ursache der galvanischen Elektrizität (Whittaker 1973, S.74f). Die Frage, welche der beiden Theorien der Säule vorzuziehen sei, die Kontakttheorie oder die chemische, blieb während des 19. Jahrhunderts offen. In der ersten Jahrhunderthälfte fand die Kontakttheorie stärkeren Anklang, in der zweiten die chemische Theorie (Kaiser 1984, S.34, 41).

Schon wegen der chemischen Effekte schien manchem der französischen Naturwissenschaftler Voltas Theorie allzu simpel. In Paris bildete sich eine Fraktion analytischer Chemiker, die die galvanische Flüssigkeit als eine chemische Substanz auffaßten und untersuchten. Sie versuchten herauszufinden, mit welchen ponderablen Substanzen das galvanische Fluidum Verbindungen einging, d.h. zu welchen es eine chemische Affinität besaß (Sutton 1980/81, z.B. 339ff). Im Gegensatz dazu verfolgten Laplace und seine Anhänger das Ziel, die galvanischen Phänomene mit den Konzepten der Elektrostatik zu erklären. Nicht zuletzt aufgrund der Napoleonischen Wissenschaftspolitik gewannen sie gegenüber den Chemikern die Überhand (Sutton 1980/81, S.353). Und so wurde ab etwa 1803 eine im wesentlichen von Biot aus den Voltaschen

Auffassungen entwickelte "elektrostatische Theorie" der Säule von den französischen Physikern allgemein anerkannt (Sutton 1980/81, S.358f, Brown 1969, S.76).

Der Versuch, die galvanische Elektrizität nach den neuen Maßstäben exakt meßbar zu machen, verengte den Blickwinkel, von dem aus Biot die Erscheinungen betrachtete. Denn die chemischen Wirkungen der Säule, geschweige denn Erhitzung oder Verbrennen der Schließungsdrähte, ließen keine hinreichend genauen Messungen zu (Frankel 1977, S.51). Nur die Coulombsche Drehwaage schien geeignet, verlässliche Daten über die elektrische Aktivität der Säule zu ermitteln. Da aber elektrostatische Kräfte überhaupt nur an offenen Säulen nachweisbar waren, theoretisierte Biot nicht die an geschlossenen Kreisen beobachtbaren Erscheinungen, sondern die an offenen Säulen unter verschiedenen Umständen nachweisbaren elektrischen Kräfte (Frankel 1977, S.51; Sutton 1980/81, S. 356):
Die elektrische Bewegkraft, so Biot, trennt die Elektrizität (Brown 1980/81, S.71). Durch sie wird in einer Kupfer-Zink-Kombination das Zink positiv und das Kupfer negativ geladen. Diese Bewegkraft besitzen vermutlich alle Substanzen; bei dem Kontakt von Flüssigkeiten untereinander oder mit Metallen ist sie jedoch verschwindend gering (Biot 1819, Bd.1, S.819). Deshalb übt die feuchte Pappe zwischen den einzelnen Plattenpaaren keine Bewegkraft auf die Elektrizität aus; sie wirkt lediglich als Leiter.

"Legt man nun auf dieses erste System ein anderes ähnliches, so daß seine Kupferfläche auf der feuchten Scheibe liegt, so wird dieses zweite System bald als leitender Körper den Ueberschuß der Elektricität der ersten Zinkfläche theilen; überdieß wird die zweite Zinkfläche einen neuen Ueberschuß von Elektricität die ebenfalls [positive, d. V.] Glaselektricität ist, annehmen, die durch die elektrische Bewegkraft des Kupfers mit dem sie zusammengelöthet ist, hervorgebracht wurde. Legt man nun nach und nach verschiedene dieser Systeme, eines über das andere, so wird man eine Vorrichtung haben, bei der der elektrische Zustand der auf einander folgenden Flächen von unten nach oben mit der Zahl der darüber befindlichen Schichtungen zunehmen wird" (Biot 1819, Bd.1, S.822f).

Wegen der abstoßenden Kraft zwischen den Teilchen der elektrischen Flüssigkeiten ist an den Polen der Säule eine elektrische Repulsionskraft wirksam. So können Leydener Flaschen mit (an einem Pol geerdeten) Säulen geladen werden, "bis die Zurückstossungskraft ihrer freien Elektricität derjenigen, die sich am oberen Theile der Säule befindet, das Gleichgewicht hält" (Biot 1819, Bd.1, S.830). Die in der Flasche gesammelte Elektrizität, bzw. ihre Repulsionskraft, kann dann mit der Coulombschen Drehwaage gemessen werden.

Werden die Pole der Säule leitend verbunden, bricht der Spannungszustand zusammen; es setzt eine Serie von Entladungs- und Wiederaufladungsvorgängen ein. Sie entsprechen nur scheinbar Voltas kontinuierlicher Strömung:

"Berührt man zuerst mit einer Hand die unterste, mit der anderen die oberste Platte der Säule, so werden sich alle Ueberschüsse der Elektricität +1 +2 +3 ... der verschiedenen Stücke durch die Organe des menschlichen Körpers in den gemeinschaftlichen Behälter [d.h. den Erdboden d. V.] entladen. Nimmt man an, daß der Durchgang der Elektricität im Innern der Säule vollkommen frei sey, oder wenigstens im Vergleich mit dem Durchgange durch die Organe sehr rasch, so wird diese Entladung wie die der Leidner Flasche eine Erschütterung hervorbringen müssen, allein mit dem merkwürdigen Unterschiede, daß die Empfindung davon stetig zu seyn scheint. Denn da die Säule auf Kosten des Bodens sich ungleich schneller ladet, als die Organe sie entladen können, so wird das obere Stück fast immer so stark geladen seyn als vor der Berührung" (Biot 1819, Bd.1, S.827).

Dies war der Kern der elektrostatischen Theorie der Säule, die in Frankreich bis etwa 1820 anerkannt wurde. Wegen der nicht zu leugnenden chemischen Prozesse in der Säule sah sich Biot genötigt, in seinen Lehrbüchern nachträgliche ad-hoc-Modifikationen einzuführen. So schrieb er die geschilderte Theorie nur dem Idealfall einer perfekt leitenden Säule zu (Biot 1819, Bd.1, S.854). Bei realen Säulen stellte er sekundäre chemische Veränderungen fest, die deren elektrische Aktivität bis zum völligen Ausbleiben reduzieren konnten (Biot 1819, Bd.1, S.850ff; Brown, 1969 S.80f).

Die Société d'Arcuiel existierte bis 1813; mit dem Ende der Napoleonischen Herrschaft verloren Laplace und Berthollet ihre dominierende Stellung in der Gemeinschaft der französischen Wissenschaftler. Anfang der 20er Jahre wurden dann im Rahmen des Programms der romantischen Physik, dem ganz andere methodische Normen und Konzeptionen zugrunde lagen, Entdeckungen gemacht, die sich offenbar nur mit Mühe in die Laplacesche Physik integrieren ließen. Die französischen Naturwissenschaftler der folgenden Generation fühlten sich an die Grundlagen des Laplaceschen Programms nicht gebunden. So setzte zwischen 1815 und 1825 dessen Niedergang ein (Fox 1974, S.91; vgl. Kap. 3.3).

3.2 Romantische Physik: Die Einheit der Naturkräfte

Mit "Romantik" bezeichnet man eine Bewegung, die zu Anfang des 19. Jahrhunderts das europäische Geistesleben erfaßte. Literatur, Philosophie, Geschichtswissenschaft, bildende Künste und auch die Naturwissenschaften waren von ihr beeinflußt. Die ihren Ideen nahestehenden Physiker vertraten andere Auffassungen von naturwissenschaftlicher Methodik und andere Konzeptionen als ihre mechanistisch eingestellten Kollegen. Sie waren Anhänger des sogenannten dynamistischen Systems. Und obwohl sich letztlich die mechanistische Fraktion durchsetzte, konnte doch die dynamistische eine Reihe von Erfolgen für sich verbuchen: Ihr Programm führte zur Entdeckung grundlegender Phänomene der Elektrophysik.

Philosophische Kritik der mechanistischen Physik: Die romantische Naturphilosophie

In den ersten zwei Jahrzehnten des 19. Jahrhunderts wurde - hauptsächlich in Deutschland - Kritik an der zeitgenössischen mechanistischen Physik und dem mit ihr verbundenen Naturbild geäußert. Diese Kritik war in erster Linie philosophisch begründet. Ihr wort- und erfolgreichster Vertreter war der deutsche Philosoph Friedrich Wilhelm Joseph von Schelling (1775-1854). Seine Vorwürfe gegen die mechanistische Physik lassen sich grob in der folgenden These zusammenfassen: Die mechanistische Physik verachtet die Natur. Sie betrachtet diese als totes Objekt und untersucht die Naturgesetze lediglich mit dem Ziel, sie für den Menschen nutzbar zu machen (vgl. Kirchhoff 1982, S.63). Schon deshalb wird sie dem Wesen der Natur nicht gerecht und führt auch zu keiner wahren Naturerkenntnis. Diese Kritik war nicht unbegründet; sie hat bis heute nichts an Aktualität eingebüßt: In der mechanistischen Physik wurde zur Erklärung der verschiedenen physikalischen Kräfte, des Lichts und der Wärme, die Existenz bestimmter Materien angenommen. Ihre Anhänger forderten weiter, daß diese jeweils bestimmte Wirkungen ausübten. Aus diesen Hypothesen wurden Schlüsse gezogen und deren Ergebnisse mit den beobachtbaren Phänomenen verglichen. Ergab sich Übereinstimmung, galten die Phänomene als erklärt und die Erklärung wurde als Beweis für die benutzten Hypothesen angesehen. Direkte Beweise für die Existenz der hypothetischen Materien, z.B. die elektrischen Fluida, waren aber bisher nicht gegeben worden. Es blieb deshalb offen, ob nicht andere Annahmen zu ebenso guten Erklärungen führen könnten. Zwar wurden denkbare Erklärungen der Phänomene angeboten; über das Wesen, die Natur der Erscheinungen, aber waren keine Aussagen möglich. Mithin, so Schelling, wurde im Grunde keine naturwissenschaftliche Erkenntnis geboten (Kirchhoff 1982, S.67, 71). Selbst Schelling bestritt nicht, daß die mathematischen Gesetzmäßigkeiten der mechanistischen Physik zum Teil glänzend bestätigt wurden und treffende Aussagen über den Ablauf der Naturvorgänge erlaubten. Gerade deshalb konnte man sie nutzbringend zur Beherrschung der Natur einsetzen. Das aber hielt er für ein verwerfliches Ziel. Will man Vorgänge in der Natur mathematisch beschreiben, dann darf man zudem nur quantifizierbare Eigenschaften der Dinge in Betracht ziehen. Eine mathematische Physik kann deshalb viele Qualitäten nicht erfassen. Lediglich den passiven Teil der Natur, den Inbegriff des Mechanismus, kann eine solche Physik beschreiben. Sie betrachtet die Natur als ein lebloses Objekt und scheitert an der Erklärung von Qualitäten wie Schönheit, Bewußtsein und Leben.

"Wir müssen es sagen: der Grund der geistigen Gemeinheit aller Art ist selbst der Mangel jener Anschauung, dadurch uns die Natur als selbstlebendig erscheint; ja dieser Mangel führt früher oder später den völligen, durch keine Künste weiter zu bemäntelnden Geistestod herbei. Es liegt in ihm etwas Unheilvolles (wir erkennen es gern); denn alle Heilkraft ist nur in der Natur. Diese allein ist das wahre Gegengift der Abstraktion. Sie ist der ewige Quell der Begeisterung und einer immer wiedergeschehenden Verjüngung" (Schelling 1979, Bd.VII, S.19).

Das logische Gerüst der mechanistischen Physik ist die Kausalkette. Aus einer Tatsache wird auf eine andere geschlossen, aus dieser folgt wieder eine dritte usw.. Man geht also von einzelnen Fakten aus, setzt diese in Beziehung und versucht so, das Ganze zu verstehen. Wird dieses Vorgehen aber überhaupt dem Wesen der Natur gerecht? Schelling betrachtete die Natur als eine geschlossene Einheit, einen lebendigen Organismus. Eine wahre Naturwissenschaft mußte dem gerecht werden und vom Ganzen ausgehend die Teile erklären. Der Versuch, von den Teilen ausgehend das Ganze zu verstehen, war seiner Meinung nach zum Scheitern verurteilt (vgl. Kirchhoff 1982, S.71f).

Schelling hatte ein eigenes, philosophisch gefärbtes Naturbild entwikkelt. Seiner Kritik der physikalischen Methoden folgend war es auf qualitativem Wissen und intuitivem Denken aufgebaut. Es war ein kompliziertes, weitverzweigtes Gedankengebäude, das er zudem immer wieder veränderte: Überall in der Natur stellt der Naturphilosoph Ordnung, sinnvolle Gestaltung fest. Dem muß das Walten einer von einem geistigen Prinzip geleiteten, lebendigen Kraft zugrunde liegen. Nun ist die Natur eine organische Einheit; es kann sich deshalb nur um eine einheitliche Urkraft handeln, die sowohl in der organischen wie in der scheinbar toten, anorganischen Natur waltet (vgl. Hartmann 1960, S.114f). Wie kann die eine Urkraft die vielfältigen Erscheinungen der physikalischen Welt hervorbringen? Das Schlüsselwort ist Polarität, das Gesetz des Gegensatzes. Die Urkraft äußert sich stets in polaren Kräften: Es gibt anziehende und abstoßende magnetische Kräfte, genauso wie es zwei Arten von Elektrizität mit unterschiedlichen Wirkungen gibt. In der Chemie haben Säuren und Basen entgegengesetzte Wirkungen. Im Bereich der höheren Lebewesen findet man stets zwei Geschlechter, in dem der Moral Gut und Böse. All diese Kräfte sind sich nicht wesensfremd, sind sie doch Erscheinungen einer grundlegenden Kraft. Trotzdem haben sie jeweils entgegengesetzte Wirkungen, stehen im Konflikt miteinander. Dieser führt aber nicht zu ihrer gegenseitigen Vernichtung, durch ihn entsteht vielmehr stets eine höher entwickelte Form (Hartmann 1960, S.116f).

Nach Schellings Auffassung ist die Natur unendliche Produktivität und Produkt zugleich. In einem nicht-zeitlichen dynamischen Prozeß treibt die Allkraft aus absoluter Indifferenz die verschiedenen Formen in sukzessiver Stufung hervor: Der erste Konflikt der Allkraft mit sich selbst erzeugt die Materie, der zweite die polaren elektrischen, magnetischen und chemischen Kräfte. Ihr Wechselspiel führt zu den besonderen Eigenschaften der verschiedenen Substanzen; es stattet Materie mit Qualitäten aus. Dabei bleibt es jedoch nicht. Die Urkraft treibt immer wieder den Konflikt von Kräften aus sich hervor. Die folgenden dynamischen Prozesse schaffen die höheren, spezialisierteren Formen und Lebewesen in der Natur, und der Endpunkt eines individuellen Evolutionsprozesses bestimmt die realisierte Bildung, das geschaffene Produkt (Zeltner 1954, S.123 ff). - In diesem Naturbild wurden Erscheinungen als Ergebnis dialektischer Entwicklungen verstanden. Hinter jedem Phänomen war das Wirken polarer Kräfte zu vermuten. Ihr Wechselspiel schuf die beobachtbare Form. "Kraft" - sowohl als Lebenskraft wie auch im Sinne der Physik verstanden - war das Grundkonzept in diesem Naturbild. Materie im Sinne des toten, harten Atoms wurde aus der Natur entfernt.

War Schellings Naturphilosophie in den Augen seiner Zeitgenossen als Grundlage einer neuen Physik geeignet? In ihr war eine starke Neigung zu spekulativer Interpretation angelegt, wie ein Zug zum Mystischen. Die Natur als lebendigen Organismus zu begreifen hieß auch, überall Leben, das Wirken geheimer Kräfte, zu vermuten. Im ersten Drittel des 19. Jahrhunderts lösten solche Gedanken in Deutschland Begeisterung aus. Man war mit der rein rationalen, abstrakten Betrachtung der Natur, wie sie in der Aufklärung verbreitet worden war, vielfach unzufrieden. Statt dessen zog das Mystische, das "innere Wesen" der Dinge die Aufmerksamkeit auf sich. Gefordert wurde die Vereinigung von Geist und Natur, von Kunst und Wissenschaft. Es wurde ein einfühlendes, intuitives Erkennen der Natur angestrebt (z.B. Snelders 1970, S.194, für ein literarisches Beispiel siehe Hoffmann 1984, S.34ff). "Romantische Gedanken" erfaßten auch Physiker. So gab es in Deutschland eine starke "romantisch infizierte" Fraktion unter ihnen. Auch in der Physik anderer europäischer Länder ist der Einfluß der Romantik nachweisbar. Lediglich die französischen Physiker blieben ihr gegenüber weitgehend immun (Breger 1982, S.99, 103).

Grundgedanken der romantischen Naturphilosophie fanden Konkretionen in einer älteren physikalischen Tradition: Das dynamistische System oder Weltbild war ein Gegenmodell zum atomistischen, d.h. mechanistischen System. Seine Wurzeln lassen sich bis weit in das 18. Jahrhundert zurückverfolgen; prägnant formuliert wurde es erstmalig 1786 in I. Kants "Metaphysischen Anfangsgründen der Naturwissenschaft". Das Erscheinen dieser Schrift löste die sich dann bis zur Mitte des 19. Jahrhunderts hinziehende Auseinandersetzung zwischen dynamistisch und atomistisch eingestellten Physikern aus (Kaiser 1984, S.78), die mit fast religiösem Eifer geführt wurde (Hermann 1976, S.320).

Dem Atomisten gelang die Erklärung der Verschiedenartigkeit der Substanzen, indem er deren makroskopische Eigenschaften auf die der sie konstituierenden Atome zurückführte. Gegen dieses Verfahren wandten die Dynamisten ein, daß die atomistische Erklärung ein ausnehmend kleines Verhältnis zwischen dem Volumen der Atome und dem zwischen ihnen befindlichen leeren Raumes erforderte. Zudem bemängelten sie die Zirkularität der atomistischen Argumentation, was besonders im Hinblick auf das System der Imponderabilien geschah. Denn man legte den Teilchen der Imponderablen bei, was makroskopisch erklärt werden sollte (Kaiser 1984, S.89).

Kants Analyse ging nun von der Tatsache aus, daß Materie eigentlich nur vermöge ihrer Undurchdringbarkeit feststellbar wird: Eine abstoßende Kraft leistet dem Eindringen anderer Körper Widerstand; Materie füllt den Raum durch abstoßende Kräfte. Wären aber nur sie wirksam, würde Materie unendlich weit spürbar sein, sich beliebig weit in den Raum hinein erstrecken. Also muß es eine weitere, eine anziehende Kraft geben, die die Wirksamkeit der abstoßenden begrenzt und so den Gegenständen eine klare Kontur verschafft. Materie wird als Wechselspiel zweier Grundkräfte denkbar; sie wird in eine Art Kraftfeld aufgelöst (Rosenberger 1965, Bd.3, S.30ff). Aus diesem als Programm verstandenen Materiemodell ergaben sich die Grundsätze des dynamistischen Systems:

* Materie ist raumfüllend vermöge zweier Grundkräfte, der anziehenden und der abstoßenden Kraft.
* Sie ist deshalb nicht absolut, sondern nur relativ undurchdringbar und besitzt keine atomistische Struktur, sondern füllt den Raum stetig. Sie ist bis ins Unendliche teilbar.
* Die Eigenschaften einer Substanz ergeben sich aus den Intensitäten der beiden Grundkräfte und deren wechselseitigem Verhältnis. Der absolut leere Raum ist ein Grenzfall ohne empirische Signifikanz.
* Es gibt keine imponderablen Materien; primär sind Kräfte oder "Tätigkeiten" von stets polarer Natur (Gower 1973, S. 320f; Kaiser 1984, S.77ff, 123).

Schelling hatte es verstanden, diese Gedanken in sein System einzubinden. Er gab ihnen eine zusätzliche philosophische Rechtfertigung und verband sie mit seiner an intuitivem Erkennen orientierten Methodik. Deshalb waren die romantisch eingestellten Physiker auch Anhänger der dynamistischen Physik. Doch nicht jeder Dynamist verstand und befürwortete die Schellingsche Philosophie im engeren Sinne.

Vor dem Hintergrund der Schellingschen Naturphilosophie untersuchten die romantischen Physiker Naturphänomene vorwiegend qualitativ. Sie neigten zur spekulativen Interpretation experimenteller Fakten, wodurch sie sich die Verachtung ihrer nüchtern eingestellten Kollegen zuzogen. Materie begriffen sie als ein kontinuierliches, von Kräften aufgespanntes Medium. Hinter allen Effekten vermuteten sie das Wirken polarer Kräfte, die sie als Erscheinungsformen einer Urkraft auffaßten. Demnach mußte es möglich sein, die einzelnen Kräfte ineinander zu verwandeln oder zumindest Beziehungen zwischen ihnen nachzuweisen.

Der experimentelle Nachweis der Einheit der Naturkräfte, die Verwandelbarkeit von Licht, magnetischer, elektrischer und chemischer Kraft ineinander machte das Programm und schließlich auch den Erfolg der "romantisch infizierten" Physiker aus (Breger 1982, S. 102). Unter den prominenten Physikern der ersten Hälfte des 19. Jahrhunderts verfolgten u.a. Johann Wilhelm Ritter, Thomas Seebeck sowie der Däne Hans Christian Oersted das Programm dieser Physik. Auch die Briten Humphry Davy und Michael Faraday können als von der romantischen Naturphilosophie beeinflußt gelten (1).

Sternstunde der romantischen Physik - Oersteds Entdeckung des Elektromagnetismus

Hans Christian Oersted (1777-1853), Sohn eines Apothekers in Rudköbing, studierte ab 1794 in Kopenhagen Pharmazie (2). Neben seinen naturwissenschaftlichen Studien interessierte er sich für Philosophie; insbesondere setzte er sich mit Kants Schriften auseinander. Er gab eine Zeitschrift zur Verbreitung der Kantschen Philosophie heraus; seine Doktorarbeit (1799) war eine Diskussion von Kants "Metaphysischen

---

(1) Schon wegen den Schwierigkeiten, die eine Grenzziehung zwischen Dynamismus und romantischer Naturphilosophie aufwirft, scheint es kaum möglich, eine sichere Einschätzung von Verbreitung und Einfluß romantischer Gedanken zu geben. Ich folge der Einschätzung von Breger, derzufolge der Begriff der einheitlichen, wandelbaren Allkraft auf Schelling zurückgeht oder zumindest erst in dessen Formulierung weite Verbreitung fand (Breger 1982, S.98): Die romantische Naturphilosophie fügt dem Dynamismus auch auf physikalischer Ebene ein eigenes Element hinzu und wird aufgrund dieser Tatsache rehabilitiert. Dagegen behauptet Hermann (1877, S.49ff), die Wirksamkeit der Naturphilosophie habe sich darauf beschränkt, den Dynamismus aufzugreifen und gegen das mechanistische System zu verteidigen. Gower (1973, S.302, 346ff, 349) bestreitet jeden nennenswerten Einfluß der Naturphilosophie auf die Physik. Entsprechend widersprüchlich fallen die Einschätzungen über die Verbreitung naturphilosophischer Gedanken aus. Das Spektrum der Meinungen erstreckt sich von der Ansicht, die Dynamisten seien als verwirrte Außenseiter betrachtet worden, bis hin zu der, fast alle Naturwissenschaftler hätten romantische Ideen geteilt (siehe Hermann 1976, S.312; Hermann 1971, S.48f; Snelders, 1970 S.195, 213f; Breger 1982, S.99, 103, 106). Stichhaltige Hinweise auf eine wirklich weite Verbreitung zumindest dynamistischer Gedanken scheinen mir der Erfolg von Oersteds "Ansicht der chemischen Naturgesetze" (Meyer 1920, S.LII) wie die Faszination, die sein elektromagnetischer Effekt auf Naturwissenschaftler wie die gebildete Öffentlichkeit ausübte (Muncke 1827, S.478), zu geben.

(2) Die folgenden Anmerkungen zu Oersteds Biographie basieren allgemein auf Meyer 1920, Williams 1974 und Nielsen 1939.

Anfangsgründen der Naturwissenschaft", dem Klassiker der dynamistischen Physik. Zur Abrundung seiner wissenschaftlichen Ausbildung unternahm Oersted 1801 eine zweieinhalbjährige Studienreise durch Deutschland und Frankreich. Auf diese Weise lernte er führende romantische Philosophen und Naturwissenschaftler kennen und befreundete sich mit Johann Wilhelm Ritter (1776-1810), dem bekanntesten Physiker der romantischen Schule.

Gerade zu diesem Zeitpunkt hatten Nicholson und Carlisle die Elektrolyse entdeckt, und Oersted mag an der Begeisterung teilgehabt haben, die dieses Ereignis im Lager der Romantiker auslöste: Die mechanistischen Physiker hatten bislang angenommen, eine gravitationsähnliche Molekularkraft sei der Ursprung der chemischen Affinität (vgl. Kap.3.1). Diesem Ansatz folgend war aber kaum zu verstehen, wie das zwischen den Molekülen hindurchströmende elektrische Fluidum die Wirksamkeit der Molekularkraft aufheben und so eine Zersetzung der Substanz bewirken konnte (vgl. Williams 1966, S.49). Zum anderen aber belegte der Effekt aus Sicht der Romantiker die Einheit von elektrischer und chemischen Kraft, d.h. chemischer Affinität.

So entwickelte sich Oersted während seines Deutschlandaufenthalts zum Verteidiger von Ritters recht spekulativen Theorien, zum Anhänger der romantischen Physik. Wie auch Ritter begeisterte er sich für die Spekulationen des ungarischen Chemikers Jakob Joseph Winterl, in denen der Versuch gemacht wurde, die gesamte Chemie auf zwei hypothetischen Substanzen, "Andronia" und "Thelyke", den Prinzipien von Säure bzw. Alkalität, aufzubauen. Winterls Gedanke, Wärme, Licht, Säuren und Basen, Elektrizität und Magnetismus seien ein und desselben Ursprungs sprach Oersted besonders an. Noch während der Reise gab er unter dem Titel "Materialien zu einer Chemie des 19. Jahrhunderts" eine Bearbeitung des Winterlschen Textes heraus (Meyer 1920, S.XXVIff). In Paris, seiner nächsten Station, trat er als Sprecher für Ritters Theorien und Entdeckungen auf. Nun erwiesen sich einige der Ritterschen Experimente als nicht reproduzierbar. Die Blamage scheint Oersteds Sinn für seriöse experimentelle Beweise und Interpretationen geschärft zu haben. Zwar hielt er an Grundgedanken des romantischen Naturbildes zeitlebens fest; von der allzu spekulativen Praxis der Naturphilosophen hat er sich jedoch in den Jahren um 1810 distanziert (Stauffer 1957, S.38f; Meyer 1920, S.XLVI).

Der während seiner Reise erworbene Ruf des Naturphilosophen wirkte sich bei Oersteds Rückkehr nach Kopenhagen für sein berufliches Fortkommen negativ aus: Erst 1806 wurde er zum außerordentlichen Professor für Physik ernannt. In dieser Stellung machte er sich dann durch unermüdliche Lehrtätigkeit, die Durchsetzung eines eigenständigen Physikstudiengangs (bislang wurde Physik in Kopenhagen nur als Service für Mediziner und Pharmazeuten unterrichtet), die Herausgabe eines eigenen Textbuchs und didaktischer Schriften verdient. Später setzte er sich auch für eine flächendeckende Verbreitung naturwissenschaftlicher Kenntnisse ein, wie für die Gründung einer Art technischer Hochschule, des "Polytechnischen Instituts". Diese Schule wurde 1829 eingerichtet und Oersted ihr erster Präsident (Nielsen 1839, S.13f, 18f). Obwohl Oersteds wissenschaftliche Leistungen später durch mechanistische Physiker in ein schlechtes Licht gerückt wurden (vgl. z.B. Meyer 1920, S.CIII), war er eine angesehene Persönlichkeit, Physiker, Dynamist und mit Einschränkung romantischer Naturphilosoph.

Auch in Oersteds Überarbeitung und selbst im romantisch eingestellten Deutschland hatte Winterls elektrochemische Theorie schlechte Kritiken erhalten (Meyer 1920, S.XXVIII). Als es Oersted nicht gelang, die Andronia mit eigenen Experimenten chemisch darzustellen, gab er Winterls Theorie auf. Dennoch hielt er an deren Grundgedanken fest und verarbeitete sie in einer 1812 veröffentlichten Schrift mit dem Titel "Ansicht der chemischen Naturgesetze". In Deutschland fand seine Theorie allgemeine Anerkennung, in Frankreich erregte sie zumindest soviel Aufsehen, daß auch eine französische Ausgabe erschien (Meyer 1920, S.LII). Oersted konkretisierte in ihr das dynamistische Weltbild aus der Sicht des Chemikers und belegte es mit einer Vielzahl experimenteller Evidenzen. Die Theorie wies alle Züge dynamistischer Naturwissenschaft auf; sie war rein qualitativ und handelte von Einheit, Polarität und Wandelbarkeit der Naturkräfte, von der Auflösung der Materie in das Wechselspiel anziehender und abstoßender Kräfte, vom Schema der dialektischen Entwicklung (1):

---

(1) Verschiedene Autoren kritisieren eine begriffliche Unschärfe der Oerstedschen Argumentation (Meyer 1920, S.XLIV; Gower 1973, S.341) und in der Tat scheint der Kraftbegriff über Gebühr strapaziert. Es bereitet Schwierigkeiten, den Text schlüssig auszulegen. Vermutlich ist es jedoch unangemessen, Oersted dies anzulasten, denn offenbar verstanden und schätzten seine mit dem Dynamismus vertrauten Zeitgenossen den Text. Möglicherweise spielt Oersted zwischen den Zeilen auf damals anerkannte

* Chemismus und Materialität

Es gibt, so Oersted, in der Chemie zwei Grundkräfte, die "Brenn-" und die "Zündkraft". Vermöge der ersteren besitzt ein chemisches Element die Eigenschaft, in einer Sauerstoffatmosphäre zu verbrennen, vermöge der zweiten ist es sauerstoffähnlich, oxydieren andere Substanzen in ihm. Jedes Element enthält beide Kräfte, und deren jeweils spezifisches Mischungsverhältnis bestimmt seine chemischen und physikalischen Eigenschaften. So überwiegt in Sauerstoff die Zündkraft, in Wasserstoff die Brennkraft; Edelmetalle besitzen beide in einem annähernd ausgewogenen Verhältnis. Die Reaktion zweier unterschiedlicher Elemente entsteht durch das "Vereinigungsstreben" der in ihnen jeweils überwiegenden Brenn- bzw. Zündkraft. Bei der Verbrennung heben sich beide Kräfte gegenseitig auf, denn es sind "entgegengesetzte Kräfte". Dabei heißt "Aufhebung" keineswegs "gegenseitige Vernichtung", vielmehr werden die Kräfte in einen gebundeneren, latenten Zustand überführt, in dem ihre Wirksamkeit nur unmerklicher wird (Oersted 1812, S.73f). Mit der Verbrennung geht die Erzeugung einer neuen Qualität einher: Das entstandene Produkt gehört nicht in die Reihe der chemischen Elemente, sondern in die der Säuren und Alkalien. In ihr sind "Acidität" und "Alkalität" die wirksamen Kräfte, die jedes Verbrennungsprodukt in einem bestimmten Verhältnis besitzt. Beide sind Erscheinungen der chemischen Grundkräfte, jedoch in einem neuen Gewand, nämlich "unter der Form der Verbranntheit" (ebenda, S.77). Wo trotz der gebundeneren Form der Kräfte die Brennkraft noch ein Übergewicht besitzt, liegt eine Lauge vor; die chemische Eigenschaft einer Säure resultiert aus dem Überwiegen der Zündkraft. Reagieren nun zwei Substanzen der zweiten Reihe miteinander, entsteht wieder eine neue Qualität, denn das Produkt gehört in die dritte Reihe der Salze.

Bedeutungen seiner Begriffe an, die sich einer rückblickenden Deutung entziehen. Jede Rekonstruktion eines so fremden Weltbildes muß mehr oder minder fragmentarisch bleiben.

Nun identifiziert Oersted Brenn- und Zündkraft mit den Grundkräften, die in Kants Theorie die Materialität von Körpern im mechanischen Sinne bedingen: Wasserstoff und Sauerstoff, die je eine der chemischen Kräfte in besonderem Maße aufweisen, sind Gase. Die Metalle, die beide Kräfte zu gleichen Teilen besitzen, zeichnen sich durch besondere Solidität aus. Oersted schließt daraus, daß jede der chemischen Grundkräfte als einzelne ausdehnend wirkt, daß beide wegen ihrer wechselseitigen Anziehung im Zustand der Vereinigung eine zusammenziehende Wirkung bedingen (ebenda, S. 85).

"Beide [Brenn- und Zündkraft, d. V.] sind für sich ausdehnend, in ihrer Vereinigung aber zusammenziehend. Durch diese Zusammenziehung sehen wir die verschiedensten Cohäsionsgrade bewirkt, ... Hier sind wir nun bei einem sehr wichtigen Punkte angelangt, einem Punkte nämlich, wo die mechanischen und chemischen Kräfte in ihrer Einheit erscheinen. Zum mechanischen Bestehen der Materie ist erforderlich: eine ausdehnende Thätigkeit, um den Raum zu erfüllen: und eine zusammenziehende, um die Raumfüllung zu begrenzen. Jene finden wir in beiden chemischen Kräften, diese in der wechselseitigen Anziehung derselben. Die Cohäsion ist nur eine Erscheinung dieses durch die ganze Materie hindurchgehenden Zusammenhaltens." (ebenda, S.87)

Mithin sind Zünd- und Brennkraft als die "allgemeinen Grundkräfte der Körperwelt" (ebenda, S.88) identifiziert.

* Elektrizität

Wie die chemischen Affinitäten werden die elektrischen Kräfte durch die beiden Grundkräfte hervorgebracht. Sie zeigen sich, sobald in einer Substanz das Gleichgewicht von Brenn- und Zündkraft vorübergehend und reversibel gestört wird (ebenda, S.99). Ein in diesem Modus entstandenes Übergewicht von Brennkraft bedeutet eine negative elektrische Kraft, ein Übergewicht von Zündkraft eine positive (vgl. ebenda S.89f). Jede der elektrischen Kräfte wirkt auf sich selbst zurückstoßend, auf die entgegengesetzte aber anziehend. Es handelt sich mithin um entgegengesetzte Kräfte, die sich gegenseitig zu binden vermögen, und jeder Körper enthält große Mengen beider elektrischen Kräfte im gebundenen, latenten Zustand (ebenda, S.114).

Die Diskussion der Influenzeffekte führt nun zum Strommodell: Wird ein neutraler Körper in die Nähe eines elektrisierten gebracht, hebt dessen elektrische Kraft das Gleichgewicht der Kräfte im neutralen auf. Die positive Kraft nimmt in einem Teil überhand, die negative in einem anderen. Seien nun beide Körper recht nah aneinander gebracht; die elektrisierende Kraft wird sich mit der von ihr in ihrer unmittelbaren Nähe erzeugten entgegengesetzten Kraft binden und lediglich die an einem entfernteren Punkt erzeugte gleichnamige Kraft wird spürbar bleiben. So entsteht der Eindruck, die elektrisierende Kraft sei in den neutralen Körper hinübergeflossen. Das Modell erklärt nun auch das (nur scheinbare) Fließen elektrischer Kraft durch Leiter:

"Wenn also eine der electrischen Kräfte sich durch den Raum verbreitet, so geschiehet dieses so, dasz sie gleich in der nächsten Zone die entgegengesetzte Kraft anziehet, diese bindet, und selbst davon wiederum eine Verminderung erleidet, wodurch nun also die nächste Zone wirklich das Uebergewicht derselben Kraft, die sich verbreitet, erhalten hat, selbst aber eine neue Zone der entgegengesetzten erregt, um sie doch auch wieder aufzuheben, u. s. w. Man könnte dieses dadurch ausdrücken, dasz man sagt: die Electricität verbreitet sich undulatorisch. In den guten Leitern heben sich diese Gegensätze so geschwinde, dasz keine Wahrnehmung davon möglich ist; in den schlechten Leitern aber kann man sie mit dem Electrometer entdecken, und viele durch einander erregte Abwechselungen von +E und -E darin entdecken." (ebenda, S.98f)

So ist Leitung einer elektrischen Kraft eine rasche Folge von Wellenbewegungen, in denen das Gleichgewicht der Grundkräfte kurzzeitig gestört und wiederhergestellt wird, und elektrischer Strom besteht in der Überlagerung von zwei gegenläufigen Wellenbewegungen, mit denen positive und negative elektrische Kraft vermittelt werden.

* Wärme und Licht

Wärme ist ein Zustand, bei dem das Gleichgewicht der Grundkräfte in einem Körper so nachhaltig gestört ist, daß es durch deren Wirksamkeit, sozusagen auf normalem Wege, nicht wieder hergestellt werden kann:

"Dieser Zustand nun, wo das Gleichgewicht in jedem Punkte des Körpers gestöhrt ist, aber so, dasz es zu keiner sinnlich erkennbaren Trennung der Kräfte gekommen ist, giebt uns die Erscheinung der Wärme. Diese Stöhrung des Gleichgewichts ist natürlicherweise mit einem Streben nach Wiederherstellung verbunden, das zwar nicht befriediget wird, aber doch eine grosze innere lebendige Thätigkeit unterhält. Dieses veranlaszt uns auch, die Wärme als einen innern Wechselkampf der entgegengesetzten Kräfte anzusehen." (ebenda, S.110f)

Wärme kann beispielsweise durch Leitung elektrischer Kräfte erzeugt werden: Es gibt für jeden Körper und jede Intensität, d.h. Spannung der elektrischen Kräfte gewisse Kraftmengen, die sozusagen zwanglos, selbständig übertragen werden. Wärme entsteht, wenn eine noch größere Kraftmenge durch den Körper hindurchgezwungen wird. Es liegt dann eine Art Überlastung seiner Leitfähigkeit vor, die das Zurückspringen der Grundkräfte in ihren gebundenen Zustand unmöglich macht (ebenda, S.110). Nun ist einleuchtend, daß die Innigkeit, in der die Grundkräfte miteinander gebunden sind, durch Wärme geschmälert wird. Deshalb wirkt Erwärmung ausdehnend, Abkühlung zusammenziehend (ebenda, S.114).

Licht entsteht durch noch gravierendere Störungen des Gleichgewichts der Kräfte. Es ist dann ein solches Maß an Gegensätzlichkeit erreicht, daß ein spontaner Ausgleichsvorgang, ein Überschlagen der Kräfte einsetzt:

"Wir sehen aber in unsern gewöhnlichen electrischen Versuchen, und es folgt auch aus der Natur der Sache, dasz wenn die Gegensätze ihr höchstes Maasz erreicht haben, sie den Widerstand überwinden, welchen die Unvollkommenheit der Leiter [d. h. die Begrenzung der zwanglos vermittelbaren Kraftmenge, d. V.] ihnen entgegensetzt, überschlagen, und sich ausgleichen. Dasselbe musz nun auch mit jenen durch die Natur des Leiters bestimmten kleinsten möglichen Gegensätzen Statt finden, und eine andere Erscheinung hervorbringen, als die blosze Stöhrung des Gleichgewichts. Der electrische Funke, wie auch jedes andere Glühen, ist ein durch den ganzen Raum fortgesetztes Ueberschlagen." (ebenda , S.134)

Die Verbreitung von Licht geschieht wie die der elektrischen Kräfte durch "dynamische Undulationen", mit denen Oersted die "ununterbrochne Abwechselung der entgegengesetzten Kräfte" (ebenda, S.136) meint.

* Magnetismus
Es gelingt Oersted nicht, die magnetischen Kräfte in sein Schema einzugliedern. Von der Tatsache abgesehen, daß es keine Fortleitung der magnetischen Kräfte gibt, d.h. im Fall statischer Verhältnisse, entsprechen sich die Eigenschaften der elektrischen und magnetischen Kräfte. Deshalb werden beide offenbar durch dieselben Grundkräfte hervorgebracht. Aber ein Hauptproblem jeder den Magnetismus mitumfassenden Theorie besteht im offensichtlichen Fehlen einer Kraftwirkung zwischen elektrisierten und magnetisierten Körpern (ebenda, S.146). Zur Lösung dieser Schwierigkeit führt Oersted den Gedanken an, daß stets nur Kräfte gleicher Wirkungsform, d.h. gleichen Grades an Gebundenheit aufeinander zu wirken im Stande sind. Denn offenbar ist die magnetische Kraft einer stark, die elektrostatische hingegen einer schwach gebundenen Wirkungsform zuzurechnen. Eine Wechselwirkung wird mithin bestenfalls zwischen stark gebundener Elektrizität - darunter

versteht Oersted Elektrizität in der Form des Galvanismus - und Magnetismus zu erwarten sein.

"Zugleich sollte man versuchen, ob man nicht in einem von den Zuständen, worin die Electricität sehr gebunden vorkommt, einige Wirkung auf den Magnet als Magnet hervorbringen könne. Die Sache würde nicht ohne Schwierigkeit seyn, weil die Electricität auch auf den magnetischen Körper wie auf unmagnetische wirken würde; vielleicht wäre es aber doch möglich, durch Vergleichung magnetischer und unmagnetischer Nadeln einige Auskunft hierüber zu bekommen." (Ebenda, S.148f)

Als Oersted die "Ansicht der chemischen Naturgesetze" verfaßte, war er in erster Linie mit den Problemen der Chemie befaßt. Dem Gedanken der Beziehung zwischen Elektrizität und Magnetismus ging er auch in den folgenden Jahren nicht näher nach. Intensiv beschäftigte er sich mit ihm erst wieder anläßlich einer Vorlesung über Elektrizität, Galvanismus und Magnetismus im Frühjahr 1820. Bei seinen Vorbereitungen - so berichtete er später (vgl. Oersted 1821, S.201f) - kam er auf den entscheidenden Einfall: Die naheliegende Idee, daß elektrischer Strom eine Kraft in Richtung des Leiters auf einen Magnetpol ausübte, hatte sich in unzähligen Versuchen als unzutreffend erwiesen. Also konnte eine Kraft höchstens quer zur Richtung des Leiters wirken, und dementsprechend war der Versuch einzurichten. Irgendein Umstand hinderte ihn daran, das Experiment vor der Vorlesung durchzuführen. Während des Vortrags wuchs sein Zutrauen zu der neuen Idee so stark, daß er das Experiment an Ort und Stelle durchführte. Tatsächlich hatte er Erfolg. Der stromdurchflossene Draht übte eine schwache, jedoch erkennbare Wirkung auf eine zu ihm parallel ausgerichtete Magnetnadel aus.

Oersted war vorsichtig. Nur zu oft hatten auf Spekulationen begründete Erwartungen Physiker in die Irre geleitet. In den folgenden zwei Monaten widmete er sich erst einmal genaueren Untersuchungen des Phänomens. Sein Effekt aber erwies sich als reproduzierbar. Im Sommer 1820 informierte er die Öffentlichkeit von seinen Beobachtungen: Er hatte über und parallel zu einer Magnetnadel einen mit den Polen einer Batterie verbundenen Draht installiert. Die ursprünglich in Nord-Süd-Richtung angeordnete Magnetnadel wurde durch die Wirkung des Stroms in Ost-West-Richtung ausgelenkt. Das geschah derart, daß der Pol der Nadel, der ursprünglich dem mit dem negativen Pol der Batterie verbundenen Leiterende zugewandt war, nach Westen gedreht wurde, der andere entsprechend nach Osten (Oersted 1820, S.4). Offensichtlich handelte es sich um keine Anziehung oder Abstoßung der Pole durch den Leiter, denn je nachdem, ob sich der Draht rechts oder links neben der Nadel befand, wurde derselbe Magnetpol einmal zu ihm hin, einmal von ihm weg gedreht (ebenda, S.5). Eine zwischen zwei Kraftzentren wirkende Kraft kann aber nicht einmal anziehend, dann wieder abstoßend wirken, wenn nur deren räumliche Lage verändert wird.

Oersted schloß, daß der "Konflikt" der elektrischen Kräfte nicht auf den Leiter beschränkt blieb, sondern auch den umgebenden Raum erfaßte. Dabei nahmen die elektrischen Kräfte eine andere Wirkungsart an, die er als elektromagnetisch bezeichnete:

"Der elektrische Conflict vermag nur auf die magnetischen Theile der Materie zu wirken. Alle nicht magnetischen Körper scheinen für den elektrischen Conflict durchgängig zu sein, die magnetischen Körper dagegen, oder vielmehr ihre magnetischen Theilchen, dem Hindurchgehen dieses Conflicts zu widerstehen, und daher kommt es, dass sie durch den Stoss der kämpfenden Kräfte in Bewegung gesetzt werden können. ... Es lässt sich aus dem, was beobachtet worden schliessen, dass dieser Conflict in Kreisen fortgehe; denn es scheint ohne diese Annahme nicht zu begreifen zu sein, wie derselbe Theil des verbindenden Drahtes, der unter einem Pole der Magnetnadel gestellt, diese nach Osten treibt, sie nach Westen bewegen sollte, wenn er sich über diesem Pole befindet; eine Kreisbewegung geht aber in den beiden entgegengesetzten Enden eines Durchmessers nach entgegengesetzten Richtungen vor sich. Es scheint überdem, es müsse die Kreisbewegung, verbunden mit der fortschreitenden Bewegung nach der Länge des Leiters, eine Schneckenlinie oder Spirale beschreiben, ... Alle hier angegebenen Wirkungen auf den Nordpol der Nadel lassen sich leicht verstehen, wenn man annimmt, dass die negativ elektrische Kraft oder Materie eine rechts gewundene Spirale durchläuft, und den Nordpol fortstösst, auf den Südpol aber nicht wirkt; und eben so alle Wirkungen auf den Südpol, wenn man der positiv elektrischen Kraft oder Materie eine Bewegung in entgegengesetzter Richtung, und das Vermögen auf den Südpol und nicht auf den Nordpol der Nadel zu wirken, zuschreibt" (Oersted 1820, S. 7f).

In dieser Erklärung blieben Fragen offen: Oersted erläuterte nicht, worin der elektrische Konflikt bestand, wie man ihn sich vorstellen konnte; er behauptete lediglich, daß er zu einer spiralförmigen Kraft um den Leiter führte, die auf magnetische Pole wirkte. Die spiralförmige Kraft allerdings erklärte - im Sinne der Romantiker - das Verhalten der Magnetnadel. So verschwommen diese Vorstellungen auch anmuten, in ihnen lag der Keim einer völlig neuen Auffassung elektromagnetischer Wirkungen: Oersted nahm an, daß elektrische bzw. magnetische Kräfte im Raum lokalisiert und wirksam waren (vgl. Williams 1966, S.61f).

Es soll nicht unerwähnt bleiben, daß die romantische Bewegung schon im folgenden Jahr einen weiteren Erfolg für sich verzeichnen konnte.

Thomas Johann Seebeck (1770-1831), für längere Zeit ein Mitglied des Kreises um Schelling, entdeckte 1821 den "Thermomagnetismus"; d.h. den thermoelektrischen Effekt: Wurden zwei Drahtenden aus verschiedenen Metallen zu einem geschlossenen Leiterkreis verlötet und wurde eine der Lötstelle erwärmt, so daß zwischen beiden eine Temperaturdifferenz bestand, übte der Leiterkreis Kraft auf die Magnetnadel aus. Man schloß daraus, daß in ihm elektrischer Strom floß und mithin Wärme in elektrische Kraft verwandelt wurde. Mit dem Phänomen war ein weiterer Beleg für die Einheit der Naturkräfte gegeben.

3.3 Ampères einheitliche Theorie der magnetischen Kräfte

Rezeption der Oerstedschen Entdeckung

Im August 1820 traf die Veröffentlichung des Oerstedschen Effekts in Paris, dem Zentrum der mechanistischen Physik ein. Seine Beobachtungen wurden daraufhin mit Hilfe eines besonders starken galvanischen Apparats, der sich in Genf befand, und in Anwesenheit von fünf renommierten Wissenschaftlern als Zeugen überprüft. Zu deren Verwunderung erwies sich Oersteds Effekt tatsächlich als reproduzierbar. Nach Paris zurückgekehrt referierte einer der Zeugen, François Arago, am 4.9.1820 die Ergebnisse des Genfer Experiments vor der Akademie der Wissenschaften (vgl. Blondel 1982, S.44). Seine Mitteilung wurde jedoch recht kühl aufgenommen; man vermutete eine Träumerei der Deutschen, die sich wie vormals die Entdeckungen von Ritter als nicht stichhaltig erweisen würde (ebenda; Caneva 1980, S.124). Schließlich hatte Coulomb bewiesen, daß die elektrischen und magnetischen Flüssigkeiten sich zwar ähnlich, aber doch keineswegs identisch waren. Denn nach seiner Theorie befanden sich die elektrischen Flüssigkeiten zwischen den Molekülen der Körper und konnten sich dort je nach Leitfähigkeit mehr oder minder leicht bewegen, während die magnetischen Flüssigkeiten in den Molekülen der magnetisierbaren Körper eingeschlossen waren. Wegen dieser Unterschiedlichkeit der physikalischen Eigenschaften mußte es sich bei den elektrischen und magnetischen Fluida um verschiedene Materien handeln, was eine Wechselwirkung zwischen ihnen ausschloß (vgl. Williams 1962/63, S.113f). Ja, es waren ganze Bücher über den Nichtzusammenhang von Elektrizität und Magnetismus geschrieben worden (Muncke 1836, S.895). In Kenntnis dieser Zusammenhänge ließen sich die Pariser Physiker erst von der Realität des Oerstedschen Effekts überzeugen, als Arago das Experiment in der folgenden Sitzung der Akademie vorführte. Dann aber setzte unter ihnen, wie überall in den naturwissenschaftlich interessierten Kreisen, eine hektische Betriebsamkeit ein.

"Kaum waren aber diese Nachrichten ins Publicum gekommen, als nicht bloß alle Physiker, sondern auch eine Menge Naturforscher, Aerzte, Dilettanten und sogar solche, welchen wissenschaftliche Forschungen übrigens fremd zu seyn pflegen, sich mit einer unerhörten Leidenschaftlichkeit der neuen Entdeckung bemächtigten. Man kann den damaligen allgemein erregten Enthusiasmus füglich demjenigen vergleichen, welcher sich äußerte, als die ersten aërostatischen Maschinen ein bis dahin für unmöglich gehaltenes Problem löseten ..." (Muncke 1827, S.478; vgl. auch Rosenberger 1965, Bd.3, S.119).

Die Intensität, mit der nun allgemein in diesem neuen und zudem mit wenig Hilfsmitteln leicht zugänglichen Erfahrungsbereich experimentiert wurde, führte dann binnen kurzem zur Entdeckung einer Reihe weiterer Sachverhalte: Man erkannte, daß nicht die Anzahl der Plattenpaare der Säule, sondern deren Flächen für die Intensität des elektromagnetischen Effekts ausschlaggebend war. Die Richtwirkung des Leiters auf die Nadel wurde intensiviert, indem man den Leiter als Spule mehrfach um die Nadel herumführte ("Multiplikator"). Es wurde nachgewiesen, daß eine lange Nadel in unmittelbarer Nähe des Leiters von diesem als ganze angezogen, daß eine Nadel im Innern einer stromdurchflossenen Spule magnetisiert wurde und daß elektromagnetische Wechselwirkungen auch zwischen elektrischen Lichtbögen und Magneten auftraten (vgl. Blondel 1982, S.48ff).

Auf theoretischer Ebene stellte Oersteds Entdeckung einen großen Erfolg der dynamistischen Physik dar. Umso mehr war er eine Herausforderung für die mechanistisch eingestellten Physiker: Erstens hatte schon Oersted darauf hingewiesen, daß sich der Effekt offenbar nicht durch anziehende oder abstoßende Kräfte zwischen dem Leiter und den Polen der Magnetnadel erklären ließ. Und zweitens war Oersteds Erklärung des Effekts mit Hilfe des kreisförmigen Konflikts mit den Grundsätzen mechanistischer Physik kaum vereinbar; für die Pariser Physiker war sie schlicht indiskutabel (vgl. Brown 1969, S.82; Meyer 1920, S.CXIV; Muncke 1827, S.605ff). Für sie stellte sich die Aufgabe, den neuen Effekt mit den eigenen Konzepten zu beschreiben und zu erklären.

Systematische Untersuchungen der elektromagnetischen Kräfte wurden von Faraday, Biot und Ampère angestellt. Ihre Überlegungen repräsentierten die verschiedenen denkbaren Deutungsmöglichkeiten des Oerstedschen Effekts:

* Reduktion der elektromagnetischen Kraft auf Kräfte zwischen magnetischen Fluida, Beibehaltung des Systems der imponderablen Flüssigkeiten (Biot).
* Reduktion der elektromagnetischen Kraft auf eine neue Wirkung elektrischer Flüssigkeiten (Ampère).
* Anerkennung der Einheit von elektrischer und magnetischer Kraft, wie der kreisförmigen Wirkungsweise (Faraday, siehe Kap.3.4).

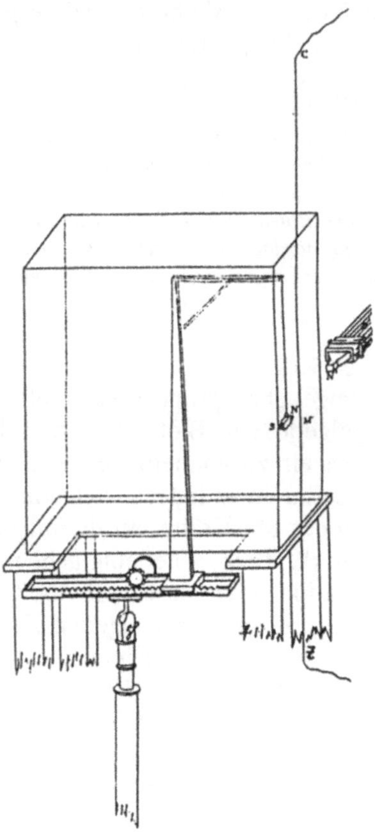

Abb. 3.3.1 Versuchsaufbau zur Messung der elektromagnetischen Kraft (Biot, Savart 1920). CZ ist der stromdurchflossene Leiter, SN die Magnetnadel, die an einem ungedrehten Seidenfaden aufgehängt ist, S'N' der Magnet zur Kompensation der erdmagnetischen Kraft. Die Durchführung des Versuches verlangte erhebliche Geschicklichkeit, da damals keine konstanten Stromquellen zur Verfügung standen (vgl. Biot 1829, Bd.4, S.158ff).

Biots Theorie des Transversalmagnetismus

Ende Oktober 1820 legte Biot ein Papier über die Wirkungsweise der elektromagnetischen Kraft vor. Er hatte - gemeinsam mit Felix Savart - die Kraft gemessen, die ein Magnetpol in der Nähe eines geraden, langen und stromdurchflossenen Leiters erfuhr (Abb. 3.3.1): Er kompensierte die erdmagnetische Kraft am Ort der Magnetnadel mit Hilfe eines zusätzlichen Magneten, so daß sich die Nadel gemäß der elektromagnetischen Kraft des Leiters ausrichtete. Nun wurde sie in kleine Schwingungen versetzt. Aus den bei verschiedenen Abständen zwischen Nadel und Leiter meßbaren Schwingungsdauern schloß Biot auf die jeweils auf die Pole der Nadel wirkende elektromagnetische Kraft. Es ergab sich, daß die Kraft auf die Teilchen des magnetischen Nord- bzw. Südfluidums stets senkrecht auf der kürzesten Verbindungslinie jedes Teilchens zum Draht wirkte (Biot 1829, Bd.4, S.164). Für ihre Orientierung gab Biot folgende Regel an:

"Wenn man sich einen Beobachter im Draht selbst liegend denkt, mit dem Kopf nach dem Kupferende, mit den Füßen nach dem Zinkende [konventionelle Stromrichtung vom Kopf zu den Füßen, d.V.], mit dem Gesichte nach der Nadel zugekehrt, so wird die ... Kraft die Elemente vom südlichem Magnetismus ... von derrechten nach der linken Seite dieses Beobachters hin sollicitieren, und die Elemente von nördlichem Magnetismus ... von seiner Linken nach seiner Rechten, senkrecht auf die kürzesten Abständen dieser Elemente vom Draht" (ebenda, S.174).

Die Intensität der elektromagnetischen Kraft erwies sich dem Abstand zwischen Magnetpol und Leiter umgekehrt proportional (ebenda, S.170). Einer Anregung von Laplace folgend, ging Biot bald darauf dazu über, die Kraft des gesamten Leiters als ein zusammengesetztes Ergebnis zu deuten: Man denkt sich den Leiter in infinitesimal kleine Abschnitte, die Stromelemente zerlegt. Jedes übt Kräfte auf die magnetischen Fluida der Nadel aus. Die Gesamtkraft eines beliebig gebogenen Leiters ergibt sich dann durch Integration über diese Einzelbeiträge. Gemäß einer Berechnung von Laplace und mit einer eigenen Experimentaluntersuchung bestimmte Biot die Kraft eines Stromelements auf ein Teilchen magnetischen Fluidums. Er erhielt für die Kraft $\underline{F}$ des gesamten Leiters auf einen Pol der Nadel folgenden Ausdruck (vgl. ebenda, S.194, Einheiten und Schreibweise sind modernisiert):

$$\underline{F} = \frac{im}{4\pi} \int \frac{\underline{ds} \times (\underline{x}_2 - \underline{x}_1)}{|\underline{x}_2 - \underline{x}_1|^3}$$

$\underline{ds}$ - Stromelement mit Strom i, in konventioneller Stromrichtung notiert und am Punkt $\underline{x}_1$; m - Menge des magnetischen Fluidums (Polstärke) am Punkt $\underline{x}_2$

Nun galt es, diese elektromagnetische Elementarkraft auch physikalisch zu erklären. Biot vertrat die Ansicht, daß der elektrische Strom den Leiter zum Magneten machte. In nicht näher bekannter Weise wurden die magnetischen Flüssigkeiten in den Teilchen des Leiters getrennt und deren magnetische Gesamtwirkung, mithin ein nur sekundärer Effekt des Stroms, war die elektromagnetische Kraft des Leiters (1). Oersteds kreisförmige Kraft sollte sich durch Summation der Kräfte der im Leiter getrennten magnetischen Fluida ergeben und war mithin im Prinzip auf Coulombs Kraftgesetz zurückgeführt. Die Verteilung der magnetischen Fluida im Leiter war unbekannt; Biot zweifelte jedoch nicht, daß eine geeignete Anordnung angegeben werden könne, und daß sie transversaler Natur (die erzeugten Dipole stehen quer zur Leiterachse) sei (vgl. Biot 1829, Bd.4, S.156, 214f).

"Wenn man die Wirkung berechnet, welche eine Magnetnadel von unendlich kleiner Länge, und die fast auf ein Theilchen zurückkäme, ausüben würde, so wird man leicht sehen, daß sich Verbindungen solcher Nadeln bilden lassen, die transversaler Kräfte fähig sind. Die einzige, aber freilich sehr große, Schwierigkeit ist die, solche Systeme so zu combiniren, daß für die Schnitte eines Verbindungsdrahtes von merklicher Dicke genau die Gesetze transversaler Wirkungen herauskommen, welche uns die Erfahrung hat kennen gelehrt, ..." (ebenda, S.215).

Diese Theorie - eigentlich nicht mehr als ein Programm, das dann doch nie verwirklicht werden konnte (vgl. Hofmann 1982, S.248, 253) - versprach die Erklärung der neuen Effekte durch Anwendung der traditionellen Konzepte der Fluidaphysik. Sie ließ das gesicherte Wissen unangetastet und basierte - verglichen mit Ampères Theorie - auf wenig zusätzlichen Hypothesen. Sie wurde zumindest anfänglich (außerhalb Frankreichs in einer vergröberten, rein qualitativen Version) von der Mehrheit der Physiker akzeptiert (vgl. Blondel 1982, S.46, 102; vgl. die wertende Darstellung in Gehlers Wörterbuch: Muncke 1827, S.640ff).

---

(1) Mutmaßlich ergab sich die Plausibilität dieses Gedankens aus der elektrostatischen Theorie der Säule. Muncke schrieb, daß die Elektrizität den Leiter "nicht als ein Continuum, sondern in einzelnen Pulsen, welche aber in unmeßbar kurzen Zeiträumen auf einander folgen" (Muncke 1827, S.642) durchströmt. Möglicherweise, fuhr er fort, wird der neutrale Magnetismus durch sie "auf ähnliche Weise, als eine mechanische Erschütterung diese Trennung im Stahle bewirkt "(ebenda), getrennt.

Biot vertrat das Programm der Laplaceschen Physik, und eben diesem Kontext läßt sich seine Theorie der elektromagnetischen Kraft zuordnen. Eine ähnlich simple Einordnung lassen weder die Person, noch die Arbeiten seines Pariser Opponenten, des exzentrischen Mathematikers und Physikers André-Marie Ampère (1775-1836) zu: In der abschließenden Darstellung seiner Theorie stellte er sich als Anhänger Laplace-Newtonscher Physik dar (Ampère 1826, S.1ff, 138) und wirklich scheint sein Elementargesetz (s.u.) den Zentralkraftgesetzen der Fluidaphysik nachgebildet zu sein. Obwohl Ampère mit Biot geradezu verfeindet war, hat sich Laplace selbst offenbar wohlwollend mit Ampères Theorie beschäftigt (Blondel 1982, S.107). Zum anderen aber war Ampère seit seiner Jugend ein Gegner des Konzepts der Fernkraft (ebenda, S.168). Er war mit Augustin Jean Fresnel (1788-1827) befreundet, der in Opposition zu der Teilchentheorie Laplacescher Prägung anfang der 20er Jahre eine von Ampère hochgeschätzte Ätherwellentheorie des Lichts vorlegte. Ampère war überzeugt, daß auch den elektrodynamischen Phänomenen Bewegungsvorgänge in einem Äther zugrundelagen und dieses dem ersten geradezu entgegengesetzte Konzept hat die Konstruktion seiner Theorie ebenfalls beeinflußt. Schließlich übernahm Ampère auch Gedanken von Oersted und Kant (Williams 1970, S.140; Blondel 1982, S.64, 121f, Caneva 1980, S.128ff): Bei der Genese seiner Theorie haben mehrere divergente Konzeptionen und als Randbedingungen der Druck des noch mächtigen Laplaceschen Programms wie die begrenzte Verfügbarkeit mathematischer Hilfsmittel eine Rolle gespielt (vgl. Caneva 1980, S.122).

Mit geradezu verblüffender Schnelligkeit gelang Ampère nach dem Bekanntwerden der Oerstedschen Entdeckung die Darstellung neuer Phänomene und der Entwurf einer eigenen Theorie. Zeitweilig konnte er fast wöchentlich neue Ergebnisse vor der Akademie der Wissenschaften vortragen und das Grundgerüst seiner Theorie war schon im Januar 1821 fertiggestellt - ein kühnes und in wesentlichen Teilen hypothetisches Gesamtsystem. Ihre deduktive Rekonstruktion, logische und experimentelle Absicherung nahm dann noch fünf Jahre in Anspruch. Erst 1826 erschien seine Schrift "Théorie mathématique des phénomènes élektro-dynamiques uniquement déduite de l'expérience" in der er seine Theorie sorgsam geglättet, von den Spuren aller Spekulation gereinigt und auf der Basis erst nachträglich ersonnener Experimente darstellte.

Am Anfang der Überlegungen, die ihn zur Entdeckung neuer Phänomene und theoretischer Einsichten führte, stand nach eigenem Bekunden folgende Idee: Die Reihenfolge, in der verschiedene Phänomene bekannt werden, kann für deren Interpretation nicht ausschlaggebend sein. Angenommen, zuerst wäre die Wirkung des elektrischen Stroms auf die Nadel und dann die Tatsache entdeckt worden, daß sich die Nadel auf der Erde ausrichtet. In dieser Situation hätte man auf Kreisströme geschlossen, die im Erdinnern entlang des Äquators von Ost nach West fließen. Wenn aber Ströme die erdmagnetische Kraft erzeugen, ist in ihnen auch die Ursache der von Magneten ausgehenden Kräfte zu sehen. So ergibt sich die Hypothese, Magnete seien Anordnungen elektrischer Ströme, nämlich konzentrischer Ringströme in auf der Achse des Magneten senkrechten Ebenen (vgl. Blondel 1982, S.69). Dieser Idee folgend mußte es möglich sein, die von Magneten ausgehenden Kräfte mit geeigneten Anordnungen elektrischer Ströme nachzuahmen. Tatsächlich konnte Ampère noch im September 1820 demonstrieren, daß ein in Art einer Uhrfeder spiralförmig gewickelter, stromdurchflossener Leiter anziehende bzw. abstoßende Kräfte auf Magnetpole ausübt. Die Spirale wirkte wie ein kurzer Stabmagnet, dessen Pole sich vor bzw. hinter der Spiralenfläche befanden, wobei die Orientierung dieses künstlichen Magneten durch die jeweilige Stromrichtung gegeben war (ebenda, S.75;). Das Experiment gelang ebenfalls mit zwei Spiralen, die sich wie Magnete anzogen bzw. abstießen. Dem Gedanken der Reduktion magnetischer Kräfte auf Wirkungen von Strömen folgend, mußte die Interpretation dieses Experiments auf die Wechselwirkung zwischen Strömen zurückgreifen. So ist verständlich, daß Ampère folgende, damals nur teilweise gerechtfertigte "Folgerungen" aus seinen Experimenten angab:

* Gleichsinnig durchflossene Leiter ziehen einander an, gegensinnig durchflossene stoßen einander ab. Alle magnetischen und elektromagnetischen Kräfte sind auf solche zwischen elektrischen Strömen, d.h. "elektrodynamische" Kräfte zurückführbar.
* Wenn zwei stromdurchflossene (gerade) Leiter in parallelen Ebenen rotieren können, richten sie sich vermöge ihrer wechselseitigen Kraft parallel und mit gleichsinniger Stromrichtung aus (ebenda, S.77; Williams 1970, S.144).

Sowohl die anziehenden bzw. abstoßenden Kräfte zwischen parallelen Leitern, als auch die wechselseitige Ausrichtung zweier gegeneinander rotierender Leiter konnte Ampère am 9.10.1820 experimentell nachwei-

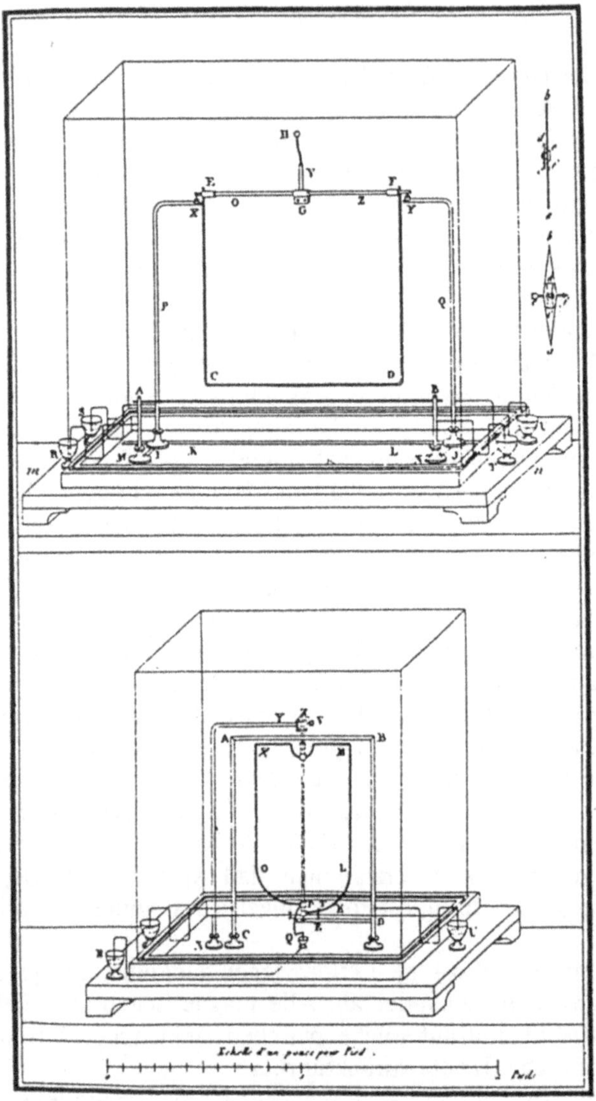

Abb. 3.3.2 Oben: Versuchsaufbau zur elektrodynamischen Kraft zwischen geraden, parallelen Leitern (Ampère 1820). Das offene Drahtviereck ECDF ist in X und Y beweglich gelagert. Der Leiter AB übt auf CD je nach Stromrichtung eine anziehende oder abstoßende Kraft aus (Ampère nach Tricker 1974, S.190).
Unten: Versuchsaufbau zum Drehmoment zwischen gegeneinander verdrehten Leitern (Ampère 1820). Der feste Leiter CABD wirkt auf den um die Senkrechte drehbaren ONML. Ampère beachtete nur die Abschnitte AB und NM. Bei gleichsinnigen Strömen in AB und NM war die Anordnung stabil; bei gegensinnigen Strömen drehte sich der Leiter NM um 180° (vgl. Blondel 1982, S.80).

sen (Abb. 3.3.2). Damit war nun eine Strategie zur Mathematisierung der elektrodynamischen Kräfte gegeben: Ein allgemeines Kraftgesetz konnte sich nur auf die Kräfte zwischen zwei Stromelementen beziehen. Die elektrodynamische Kraft zwischen Leiterkreisen und entsprechend die elektromagnetischen und magnetischen Kräfte mußten sich dann durch Integrationen dieses Elementargesetzes ergeben.

Konstruktion des elektrodynamischen Elementargesetzes

Offenbar betrachtete Ampère die Stromelemente wie Massepunkte, d. h. den Teilchen imponderabler oder ponderabler Materie vergleichbare Dinge (Blondel 1982, S.83): Er nahm an, daß sich die mechanische Wirkung zwischen zwei Stromelementen auf eine Zentralkraft zwischen ihren Mittelpunkten beschränkte, womit er eine drehende Wirkung, d.h. ein Kräftepaar ausschloß. Ebenfalls wegen der Analogie zu den konventionellen Kraftgesetzen mußte die elektrodynamische Kraft mit dem inversen Abstandsquadrat abnehmen (Blondel 1982, S.84, 98; Hofmann 1982, S.262). Und schließlich nahm Ampère die Intensität der Kraft als proportional zum Produkt der Stromstärken an, wobei er "Stromstärke" als die auf eine Zeiteinheit bezogene Durchflußmenge der elektrischen Fluida definierte (Blondel 1982, S.92). Mit diesen Annahmen erschöpfte sich aber schon der konventionelle, Newtonsche Charakter des elektrodynamischen Elementargesetzes.

Aus dem in Abb. 3.3.2 (unten) dargestellten Experiment schloß Ampère, daß die Stärke der elektrodynamischen Kraft zwischen (makroskopischen) Leitern nicht nur von ihrer Entfernung, sondern ebenso von ihrer relativen räumlichen Lage abhing. Denn die anziehende Kraft zwischen den Leitern war maximal, falls diese parallel und gleichsinnig durchströmt waren. Sie verringerte sich, wenn die Leiter gegeneinander verdreht wurden, und verschwand, wenn sie senkrecht aufeinander standen. Wurde der eingeschlossene Winkel weiter vergrößert, wechselte die elektrodynamische Kraft das Vorzeichen, d.h. sie wirkte nun abstoßend, und im Fall gegensinnig durchströmter paralleler Leiter nahm sie dann wieder ein Maximum an. Ampère interpretierte diese rein qualitativen Ergebnisse mit der Annahme, daß die Kraft zwischen auf ihrer Verbindungslinie senkrecht stehenden Leitern durch den Cosinus des von ihnen eingeschlossenen Winkels modifiziert wurde. Er schloß von diesem, an makroskopischen Leitern gewonnen Ergebnis auf das Verhalten von infinitesimalen Stromelementen (Hofmann 1982, S.263; Blondel 1982, S.84): Die Kraft zwischen parallelen gleichsinnig durchströmten Elementen wurde zum Normal der Erklärung, auf das der allgemeine Fall beliebig gegeneinander verwinkelter Stromelemente mit Hilfe von Winkelfunktionen zurückgeführt werden mußte (1).

Ampère löste diese Aufgabe mit Hilfe zweier übergeordneter Hypothesen: Bei Experimenten mit lose gewickelten langen Spulen hatte er erkannt, daß sich deren elektrodynamische Kraft aus zwei Beiträgen zusammensetzte. Der erste entsprach der von einem geraden axialen Leiter ausgehenden Kraft und rührte offenbar von der Steigung der einzelnen Windungen her. Der zweite war der Kraft eines Stabmagneten analog und wurde offenbar von ebenen Kreisströmen gebildet. Aus diesem singulären experimentellen Fakt und der Annahme, die elektrodynamische Kraft sei durch Ätherbewegungen vermittelt (s.u.), schloß Ampère auf die Validität eines Superpositionsprinzips: Die elektrodynamische Gesamtkraft zweier Stromelemente entsprach der Wirkung eines Stromelements, das aus beiden durch vektorielle Addition gebildet wurde (Blondel 1982, S.83, 88). Mit dieser Hypothese war nun eine Grundlage seiner Gesamtstrategie gegeben. Denn sie garantierte, daß die von ganzen Leitern ausgeübten Kräfte durch Integration über die Beiträge der Stromelemente berechnet werden konnten. Sie zeigte zudem, daß auch die Längen beider Stromelemente in die elektrodynamische Kraft eingehen mußten (Hofmann 1982, S.449f). Die zweite Hypothese besagte, daß die elektrodynamische Kraft zwischen orthogonalen Stromelementen verschwand. Ampère rechtfertigte sie zunächst mit dem beobachteten Verhalten makroskopischer Leiter (siehe oben). Später versuchte er sie noch auf andere Weise zu begründen, so z.B. durch eine Symmetrieargumentation: Im Fall orthogonaler Stromelemente läßt sich die Stromrichtung in einem von ihnen umkehren, ohne damit die physikalische Situation zu verändern. Denn durch eine Spiegelung der gesamten Anordnung wird der vorherige Zustand wieder hergestellt. Die Stromumkehr zieht nun einen Vorzeichenwechsel der Kraft nach sich, während die Identität beider Situationen Gleichheit der Kräfte erfordert. Beides zugleich kann nur wahr sein, wenn die Kraft den Betrag Null besitzt (Blondel 1982, S.93).

(1) Die Stromelemente wiesen mithin recht widersprüchliche Eigenschaften auf: Wegen ihrer Winzigkeit wirkten keine Drehmomente auf sie. Zum andern waren sie aber doch so groß, daß ihre räumliche Orientierung für die Intensität der Kraft eine Rolle spielte (vgl. Hofmann 1982, S.449)

Im Normalfall paralleler und senkrecht auf ihrer Verbindungslinie stehender gleichsinniger Stromelemente (Abb. 3.3.3, i.) war die anziehende elektrodynamische Kraft den geschilderten Überlegungen zufolge durch den Ausdruck $-(1/r^2)\cdot i_1 i_2 ds_1 ds_2$ gegeben. Auf diesen Idealfall führte Ampère den allgemeineren zurück, bei dem die Parallelität der Stromelemente nicht mehr gegeben war (Abb. 3.3.3 ii.): Die beiden Stromelemente werden nach dem Superpositionsprinzip in ein System von vier Stromelementen zerlegt, die paarweise parallel bzw. orthogonal sind. Die Kräfte zwischen den orthogonalen Stromelementen verschwinden, und die zwischen den parallelen sind durch Fall i. gegeben. Die Summation der Kräfte zwischen den parallelen Stromelementen ergibt: $-(1/r^2)\cdot i_1 i_2 ds_1 ds_2 \cdot \cos\gamma$. Dabei bezeichnet γ den von ds_1 und ds_2 eingeschlossenen Winkel.

Im allgemeinen Fall (Abb. 3.3.3 iii.) war nun auch der Winkel zwischen den Stromelementen und ihrer Verbindungslinie beliebig. Ampère bearbeitete ihn folgenderweise: Durch die Stromelemente und ihre Verbindungslinie wird je eine Ebene gelegt und jedes Stromelement in seiner Ebene zerlegt. Es entstehen jeweils zwei Stromelemente, eins steht senkrecht auf der Verbindungslinie, und eins fällt in sie hinein. Die Kraft zwischen den beiden auf der Verbindungslinie senkrechten Stromelementen ist durch Fall ii. gegeben, und beträgt $-(1/r^2)\cdot i_1 i_2 ds_1 ds_2 \cdot \sin\alpha\ \sin\beta\ \cos\gamma$. Die Kraft zwischen kollinearen Stromelementen tritt hier zum ersten Mal auf und ist noch in keiner Weise empirisch bestimmt. Sie wird als $-k(1/r^2)\cdot i_1 i_2 ds_1 ds_2 \cdot \cos\alpha\ \cos\beta$ angesetzt. k ist eine noch unbekannte Konstante; sie bezeichnet das Verhältnis der Kraft zwischen zwei parallelen (Fall i) und der zwischen zwei kollinearen Stromelementen (vgl. Blondel 1982, S.92ff).

Damit hatte Ampère folgendes Elementargesetz konstruiert, das er am 4. Dezember 1820 der Akademie der Wissenschaften vorlegte (1):

$$dF = -\frac{i_1 i_2 ds_1 ds_2}{r^2}[\sin\alpha\ \sin\beta\ \cos\gamma + k\ \cos\alpha\ \cos\beta]$$

---

(1) Die Formel ist gemäß der Konvention, anziehende Kräfte mit negativen, abstoßende mit positiven Beträgen darzustellen, modernisiert und die Kraft an dieser Stelle für elektrodynamische Stromeinheiten angegeben.

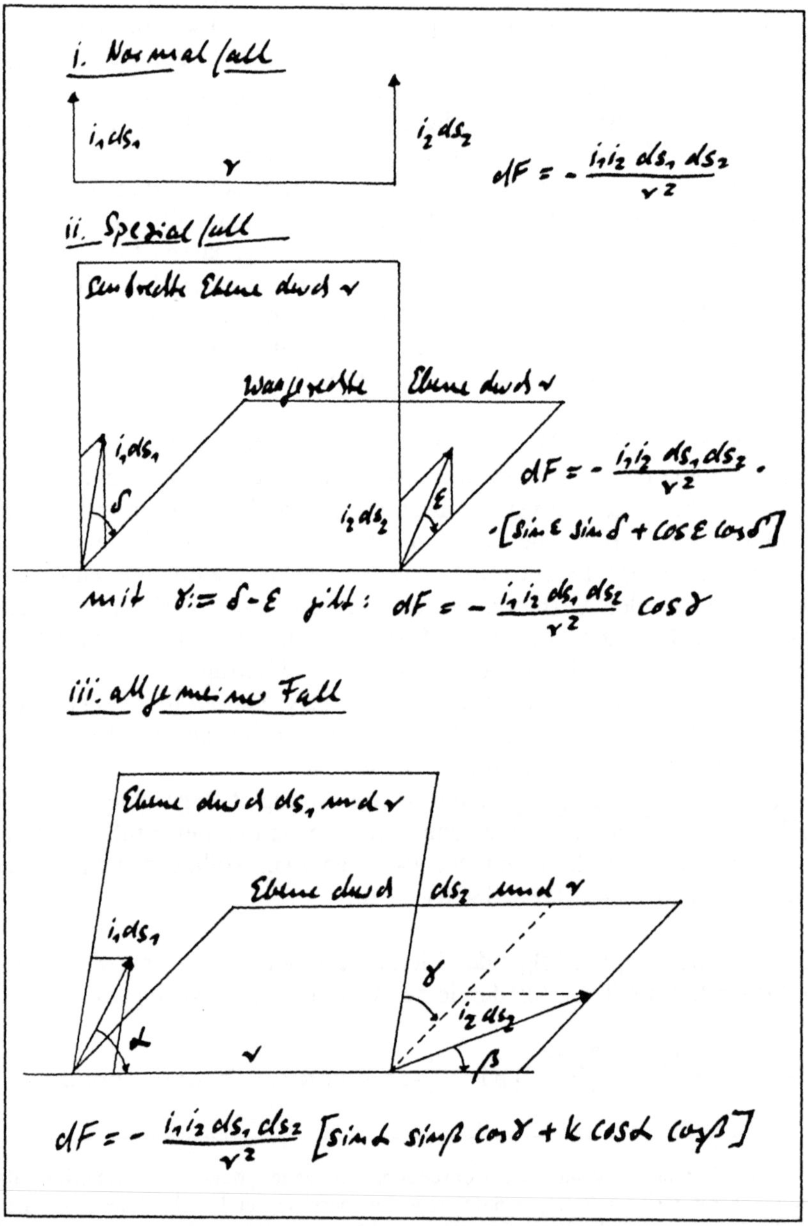

Abb. 3.3.3 Skizze zur Konstruktion des Elementargesetzes

Bis 1822 war Ampère der festen Überzeugung, die Konstante k sei Null, d.h. es gäbe keine elektrodynamische Kraft zwischen kollinearen Stromelementen. Die Auseinandersetzung mit Faradays Rotationsexperiment (siehe Kap. 3.4) führte ihn dann aber auf die mathematische Analyse eines sogenannten "Nullexperiments", das ihn zur Revision seiner Ansicht zwang (vgl. Hofmann 1982, Kap.VII, VIII): Zwischen zwei speziell geformten Leitern - hier war es ein zum Kreis gebogener und ein beliebig geformter, dessen Anschlüsse sich auf der Achse des Kreises befanden - wurde keine elektrodynamische Kraft festgestellt. Die mathematische Auswertung dieses Umstands, also die entsprechende Integration des Elementargesetzes, ergab eine Bestimmungsgleichung für die Konstante k: Falls der Exponent 2 im Nenner richtig war, mußte k den Wert -½ besitzen und demnach mußten sich kollineare Stromelemente gegenseitig abstoßen (Blondel 1982, S.127f). Diese Folgerung konnte Ampère im Herbst 1822 mit seinem "Haarnadelexperiment" (Abb. 3.3.4) rechtfertigen.

Bemerkenswerterweise hat Ampère sein auf recht intuitive Weise (1) entworfenes Gesetz offenbar nie mit direkten Messungen überprüft (ebenda, S.149). Solche Experimente warfen damals kaum lösbare technische Schwierigkeiten auf und verlangten sowohl manuelle Fähigkeiten als auch innere Einstellungen, die Ampère nicht besaß (ebenda, S.167). Statt dessen hat er immer wieder Anordnungen ersonnen und bis ins Detail geplant, mit denen man quantifizierende Messungen oder Nullexperimente hätte durchführen können, was tatsächlich aber nicht geschah. Auch von den in seiner abschließenden Darstellung der Theorie (1826) gegebenen vier Nullexperimenten, mit deren Hilfe er seine Formel deduzierte, hatte er eins nach eigenem Bekunden gar nicht realisiert (Ampère 1826, S.151). Ein anderes war wegen der relativ starken Reibung kaum aussagekräftig (Blondel 1982, S.147). Bis der Göttinger Physiker W. Weber 1846 Ampères Formel mit absoluten Messungen für

---

(1) "Es genügt die Schriften dieses großen Mathematikers durchzublättern, um zu erkennen, daß seine fundamentale Formel der Elektrodynamik vollständig durch eine Art Sehergabe gefunden wurde, daß die Experimente, auf die er sich beruft, nachträglich ersonnen und gerade deshalb kombiniert wurden, um gemäß der Newtonschen Methode eine Theorie, die tatsächlich auf Grund einer Serie von Potulaten aufgestellt wurde, darstellen zu können. ... Die elektrodynamische Theorie von Ampère ist daher keineswegs einzig aus der Erfahrung abgeleitet worden, sondern das Experiment hatte im Gegenteil nur einen sehr geringen Anteil an deren Ausbildung. Es war bloß die Gelegenheit, die die Intuition des genialen Physikers wachrief und diese Intuition tat das übrige." (Duhem 1978, S.265)

geschlossene Kreise verifizierte (siehe Abb. 3.5.2), war sie im Grunde nur durch die Plausibilität und Fruchtbarkeit der Gesamttheorie gerechtfertigt (ebenda, S.167).

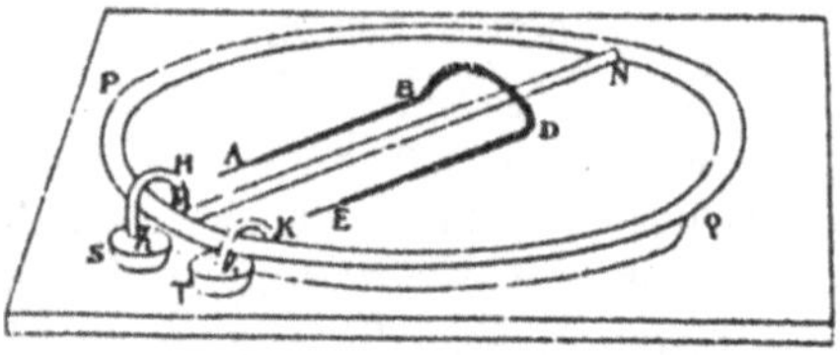

Abb. 3.3.4 Ampères Haarnadelexperiment (1822). Das Gefäß ist in der Mitte isolierend geteilt, beide Hälften sind mit Quecksilber gefüllt, auf dem der Leiter ABDE schwimmt. Wird bei S und T eine Stromquelle angeschlossen, driftet die Haarnadel nach N - ein Beweis für die abstoßende Kraft zwischen kollinearen Stromelementen (vgl. Hofmann 1982, S.470).

Die physikalische Realität hinter den elektrodynamischen Erscheinungen: Strommodell, elektrodynamisches Molekül, Äther

Ampère gab sich mit einer rein formalen Beschreibung der Erscheinungen nicht zufrieden, vielmehr wollte er auch die physikalische Realität hinter ihnen erschließen, von der dann eine definitive Theorie der elektrodynamischen Kräfte auszugehen hatte (Williams 1970, S.144). Insbesondere waren die Existenz permanenter Ströme in Magneten und die Mechanismen der Magnetisierungsprozesse zu erklären. Bei alledem hatte der Strombegriff zentrale Bedeutung, denn er mußte in Einklang mit der Magnetismustheorie stehen und eine Deutung des Elementargesetzes zulassen (Williams 1962/63, S.118).

Den herrschenden Auffassungen folgend war die Voltasäule als eine Leydener Flasche aufzufassen. Durch die in ihr wirksame elektromotorische Kraft wurden die elektrischen Fluida getrennt und damit sozusagen die Belegungen der Flasche geladen. Ab einer gewissen Intensität des so erzeugten Spannungszustandes setzte dann die Entladung durch den Leiter ein (s. o., vgl. auch Williams 1986, S.306); die Fluida flossen von den Polen der Säule in entgegengesetzte Richtung ab und neutralisierten sich gegenseitig an irgendeiner Stelle des Leiters (Blondel 1982, S.82). Elektrischer Strom bestand aus einer raschen Folge solcher Aufladungs- und Entladungsvorgänge. Von diesem Strommodell trennte sich Ampère schon zu Beginn seiner Untersuchungen, indem er strikt zwischen Spannungs- und Stromphänomenen unterschied: Die Erscheinungen der Spannung - so Ampère - treten auf, solange die Pole der Säule nicht verbunden sind. Werden sie dann leitend verbunden, verschwindet die Spannung und nun setzen die Stromphänomene ein. Dennoch bleibt die elektromotorische Kraft tätig. Sie beschleunigt die elektrischen Fluida in entgegengesetzte Richtungen, und so ergibt sich eine durch deren Trägheit und den hemmenden Widerstand des Leiters begrenzte kontinuierliche Doppelströmung. Um dennoch von einer Stromrichtung reden zu können, schlug Ampère die Konvention vor, als Stromrichtung die Bewegungsrichtung des positiven Fluidums anzugeben ("konventionelle Stromrichtung", Blondel 1982, S.81f).

Ampère hatte erkannt, daß mit der Magnetnadel ein neues Strommeßgerät - von ihm als "Galvanometer" benannt - gegeben war. Damit wies er nach, daß der Strom durch Säule und Leiter gleichermaßen hindurchfloß. Beide waren als ein System aufzufassen und der Strom als eine geschlossene, kontinuierliche Zirkulation der elektrischen Flüssigkeiten (Blondel 1982, S.73, 82). Ampères ersten Überlegungen zufolge sollten in Magneten (in auf der die Pole verbindenden Linie senkrechten Ebenen) konzentrische Kreisströme fließen. Ihre Bahnen waren in keiner Weise strukturiert und es gab deshalb keinen Grund, diese Strömungen als diskontinuierliche Prozesse anzunehmen. Möglicherweise hatte dieser Umstand den Schritt zum Modell der kontinuierlichen Strömung nahegelegt (vgl. Brown 1969, S.87).

Das Modell makroskopischer Kreisströme in Magneten wies nun offensichtliche Schwächen auf, auf die ihn Fresnel aufmerksam machte:
* Die Magnetisierung, die eine Nadel im Innern eines in Richtung seiner Achse magnetisierten Hohlzylinders annahm, war gerade andersherum, als das Modell makroskopischer Ströme erwarten ließ.
* Ein Längsschnitt durch die Wandung eines magnetischen Hohlzylinders sollte die Kreisströme in ihm unterbrechen und somit die Magnetisierung aufheben. Auch dies widersprach der Erfahrung.
* Mit der Magnetisierung eines Körpers mußte eine nie beobachtete Erwärmung einhergehen. Denn es war nicht einzusehen, warum die Kreisströme in Magneten im Gegensatz zu den gewöhnlichen Strömen keine Wärme hervorbringen sollten.

Fresnel schlug zugleich vor, statt der makroskopischen Ströme mikroskopische Kreisströme um die einzelnen Moleküle des Magneten anzunehmen (Blondel 1982, S.100; vgl. Williams 1962/63, S.120). Dieses Modell der "elektrodynamischen Moleküle" beseitigte in der Tat die genannten Probleme und war in Bezug auf die Äquivalenz von Spule und Magnet mit der alten gleichwertig. Ampère folgte Fresnels Anregung; ab 1821 vertrat er die Molekularstromhypothese.

Die Erklärung der Magnetisierungsvorgänge konnte nun prinzipiell auf zweierlei Art geschehen: Entweder existierten die Molekularströme permanent und wurden durch die Magnetisierung aus einem ungeordneten Zustand, in dem sie über merkliche Distanz keine Wirkung ausübten, in einen geordneten Zustand mit einheitlicher Ausrichtung überführt. Oder sie wurden durch die Magnetisierung erst erzeugt, wobei der Vorgang selbst eine gewisse Gleichförmigkeit ihrer Orientierungen bedingen mußte. Ampère ging dieser Frage 1821 mit Hilfe eines Experiments nach (Abb. 3.3.5). Er überprüfte, ob durch einen konstanten Strom in einer kurzen Spule mit großem Durchmesser ein zweiter permanenter Strom in einem die Spule eingehängten Kupferring induziert wurde. Das Experiment zeigte, daß dies offenbar nicht der Fall war und Ampère schloß auf fortwährende Existenz der Molekularströme (Blondel 1982, S.118f) (1).

Ampère kannte und schätzte Oersteds "Ansicht der chemischen Naturgesetze" seit langem und muß sich mit diesem Werk nach Oersteds Entdeckung noch einmal auseinandergesetzt haben (Blondel 1982, S.121; Caneva 1980, S.129). Er führte 1821 ein neues Strommodell ein, das gewisse Ähnlichkeit zum Oerstedschen aufwies: Zwischen den Molekülen der Leiter, so Ampère, befindet sich neutrales Fluidum, eine chemische Verbindung der beiden elektrischen Fluida. Es ist je nach Leitfähigkeit des Leiters mehr oder minder leicht zersetzbar. Elektrischer Strom besteht aus Serien von Zersetzungen und Wiedervereinigungen des neutralen Fluidums, die den Leiter entlanglaufen. Es handelt sich mithin um eine Art Wellenbewegung, die allerdings einem Doppelstrom entspricht (Blondel 1982, S.121f; Williams 1962/63, S.119; Ampère 1826, S.97ff).

---

(1) Es soll nicht verschwiegen werden, daß Ampère dieses Experiment 1822 wiederholte und ein positives Ergebnis erhielt. Da er sich nun aber schon für die Theorie permanenter Molekularströme entschieden hatte, erklärte er das Ergebnis für schlicht irrelevant und ging seiner Beobachtung nicht weiter nach. So entging ihm die Entdekkung der elektromagnetischen Induktion (vgl. Blondel 1982, S.119, 133; Teichmann 1984, S.174ff; Williams 1986).

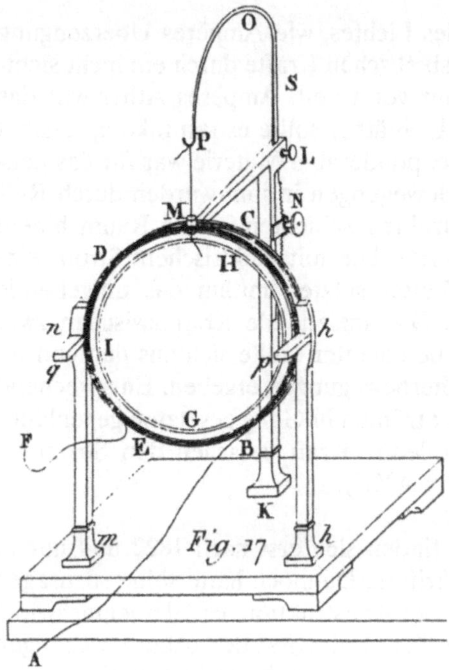

Abb. 3.3.5 Modellexperiment zur Magnetisierung (Ampère 1821). Der dünne, an einem Faden aufgehängte Kupferring GIH ist wegen der Spule EBDC von vielen gleichsinnigen Strömen umgeben. Mittels eines Magneten wird geprüft, ob sie gleichgerichtete Ströme im Kupferring erzeugen (vgl. Teichmann 1984, S.174f)

Wie konnte nun die permanente Existenz von Molekularströmen erklärt werde? Wegen der Heterogenität der in den Molekülen magnetisierbarer Substanzen verbundenen Teilchen entstand in ihnen eine elektromotorische Kraft, ein elektrisches Ungleichgewicht, das das umgebende neutrale Fluidum zersetzte. Ein elektrodynamisches Molekül war deshalb als eine kleine Voltasäule aufzufassen; elektrische Ströme verließen es an einem Punkt seiner Oberfläche, flossen um es herum und traten am entgegengesetzten Ende wieder hinein. Der Magnetisierungsprozeß bestand dann darin, daß die die Moleküle umgebenden Ströme durch elektrodynamische Kräfte im gesamten Körper einheitlich ausgerichtet wurden (vgl. Blondel 1982, S.121f) (1).

Das neutrale Fluidum hatte für Ampère noch weitergehende Bedeutung. In ihr schlug sich die Überzeugungskraft von Fresnels 1821 veröf-

(1) Es ist nicht möglich, Ampères elektrodynamisches Molekül kurz und treffend zu umschreiben. Ampère hat seine diesbezüglichen Ansichten häufig und durchaus radikal geändert (vgl. Blondel 1982, S.161); zudem lassen die überlieferten Quellen keine definitive Rekonstruktion seiner Auffassungen zu (Williams 1962/63, S.121).

fentlichter Ätherwellentheorie des Lichtes, wie Ampères Überzeugung nieder, schließlich seien alle physikalischen Kräfte durch ein nicht sicht- und tastbares Medium, den Äther vermittelt. Ampères Äther war das neutrale Fluidum. Wie Fresnels Lichtäther sollte es fast inkompressibel und allgegenwärtig sein. Normale, ponderable Materie war für das neutrale Fluidum durchlässig, und Bewegungen in ihm wurden durch Reibungskräfte zwischen seinen einzelnen Schichten in den Raum hinein fortgepflanzt (Blondel 1982, S.161f). Die mit elektrischem Strom einhergehenden Bewegungen im Leiter setzten mithin das umgebende neutrale Fluidum in Bewegung. Die anziehende Kraft zwischen zwei gleichsinnig durchströmten Stromelementen sollte sich aus den von ihnen erzeugten gleichsinnigen Ätherbewegungen ergeben. Entsprechend erzeugten die von gegensinnigen Strömen in Gang gesetzten gegenläufigen Ätherbewegungen die abstoßende Kraft zwischen den Stromelementen (ebenda; Hofmann 1982, S.425ff).

Hinweise auf diese Konzeption finden sich erst nach 1822 und nur in Ampères weniger bekannten Schriften. Dennoch hatte seine sozusagen "private" Überzeugung schon bei der Konstruktion der Elementarformel eine Rolle gespielt. Denn wegen der Additivität der Ätherbewegungen mußte eine Additivität auch für die elektrodynamischen Kräfte der Stromelemente gelten. Das Superpositionsprinzip war mithin nicht nur durch das angegebene Experiment, sondern auch durch das Äthermodell gerechtfertigt. Ein entsprechendes Argument garantierte zudem die Äquivalenz der makroskopischen und mikroskopischen Kreisströme in magnetisierter Materie (Blondel 1982, S.88, 100, 161).

Die mit seinem Elementargesetz gegebene, nur durch einen winkelabhängigen Term modifizierte instantane Fernkraft zwischen Stromelementen war für Ampère letztlich nicht mehr als eine vorläufige, empirische Beschreibung der Phänomene. Eine endgültige Theorie der elektrodynamischen Kräfte mußte stattdessen eine hydrodynamischen Theorie des Äthers sein. So schrieb er 1825 an Faraday:

"Je pense que tout ce qui s'est fait en physique depuis le travail du Dr. Young sur la lumière et la découverte de M. Oersted prépare une ère nouvelle à cette science et que les explications déduites des effets produits par le mouvement des fluides impondérables remplaceront successivement celles qui sont adoptées aujourd'hui et qui ont pour objet moins de faire connaître la véritable cause des phénomènes que de donner les moyens les plus sûrs de les calculer. Je crois que l'on doit chercher dans les mouvements des fluides répandus dans l'espace l'explication des faits généraux..." (zit. nach Blondel 1982, S.163).

Da damals die mathematischen Hilfsmittel für eine derartige Theorie nicht zur Verfügung standen, war Ampère nicht in der Lage, diese Ideen mathematisch zu präzisieren, ihnen eine Form zu geben, mit der sie in der wissenschaftlichen Gemeinschaft durchsetzbar waren (Blondel 1982, S.162ff; vgl. Hofmann 1982, S.1f). In der abschließenden Darstellung seiner Theorie (1826) trat er als Anhänger der Newtonschen Physik auf; die Rede ist von der instantanen elektrodynamischen Zentralkraft zwischen Stromelementen und den Ergebnissen, die die Integration der Elementarformel ergibt. Zwar wäre es ein Fortschritt, heißt es sinngemäß, die wirklichen Ursachen der elektrodynamischen Kraft herauszufinden, seine Formel sei jedoch rein empirisch gewonnen und von allen solchen weiterführenden Überlegungen unabhängig, eine immer wahre Beschreibung der Wirklichkeit (vgl. Ampère 1826, S.4f).

Mathematische Eigenschaften des elektrodynamischen Elementargesetzes

In Vektorschreibweise und bei Verwendung moderner Stromstärkeeinheiten erhält Ampères Gesetz folgende Darstellung:

$$\underline{dF} = -\frac{\mu_0}{4\pi} i_1 i_2 \underline{r}_{12} \left[2 \frac{\underline{ds}_1 \underline{ds}_2}{|\underline{r}_{12}|^3} - 3 \frac{(\underline{ds}_1 \underline{r}_{12})(\underline{ds}_2 \underline{r}_{12})}{|\underline{r}_{12}|^5} \right]$$

$\underline{dF}$ - elektrodynamische Kraft von $\underline{ds}_1$ auf $\underline{ds}_2$; $\underline{r}_{12} = \underline{x}_2 - \underline{x}_1$; $\underline{x}_1$ - Ort von $\underline{ds}_1$ mit i_1; $\underline{x}_2$ - Ort von $\underline{ds}_2$ mit i_2

Die Integration über einen geschlossenen Stromkreis S_1, so zeigte Ampère, ergibt:

$$\underline{dF} = \frac{\mu_0}{4\pi} i_1 i_2 (\underline{ds}_2 \times \underline{D}) \quad \text{mit:} \quad \underline{D} = \int_{S_1} \frac{\underline{ds}_1 \times \underline{r}_{12}}{|\underline{r}_{12}|^3}$$

(vgl. Ampère 1826, S.30). Die "directrice" $\underline{D}$ betrachtete er als mathematische Hilfsgröße, die die Gesamtwirkung von S_1 zusammenfaßte (1).

Darauf aufbauend entwickelte Ampère eine Reihe formaler Analogien zwischen seiner Theorie und der magnetischer Fluida:

* Es sei eine von vielen geschlossenen Strömen ummantelte Raumkurve gegeben. Die Ströme umfassen jeweils sehr kleine auf der Kurve senkrecht stehende Flächen. Sie besitzen alle denselben Flächeninhalt und sind entlang der Kurve äquidistant und unendlich dicht angeordnet (ebenda, S.73). Nun wird die elektrodynamische Kraft berechnet, die ein Endpunkt dieser Spule auf ein weiteres Stromelement ausübt. Das Ergebnis stimmt mit der von Biot angegebene Formel überein, wobei der Endpunkt der Spule das Teilchen magnetischen Fluidums vertritt (ebenda, S.76): Mit der Substitution des Spulenendpunkts durch ein geeignetes Quantum magnetischen Fluidums erhält man aus Ampères Gesetz das von Biot.

* Die elektrodynamische Kraft zwischen den Endpunkten zweier Spulen wirkt zentral zwischen ihnen und nimmt mit dem inversen Abstandsquadrat ab. Die Ersetzung der Spulenendpunkte durch Quantitäten magnetischen Fluidums ergibt Coulombs Gesetz (ebenda, S.81f).

Mithin, so Ampère, sind die Formeln von Biot und Coulomb mit dem elektrodynamischen Elementargesetz konsistent. Aber nur das elektrodynamische Elementargesetz gestattet eine einheitliche Erklärung der magnetischen, elektromagnetischen und elektrodynamischen Kräfte. Im Gegensatz zu Biots Kraft wirkt die elektrodynamische zwischen gleichartigen Dingen und genügt dem Wechselwirkungsaxiom. Mithin kann Biots Kraft nicht als wirklich elementar angesehen werden (ebenda, S.83f).

---

(1) Ampères Gesetz stimmt nach Integration über einen geschlossenen Kreis mit dem in der klassischen Theorie implizit enthaltenen Elementargesetz, das zuerst 1845 von Grassmann angegeben wurde, überein. Unterschiede ergeben sich bei der Anwendung der Elementarformel auf nur einen Kreis mit beweglichen Teilen: Ampères Formel gibt eine Kraft zwischen kollinearen Stromelementen, die man aus Grassmanns Formel nicht erhält. Ampères Formel ist mit dem Wechselwirkungsaxiom konsistent, die Grassmannsche nur dann, wenn man "Selbstkräfte" zuläßt, d.h. die Selbstbeschleunigung des Leiters. Die Diskussion um die Validität der Elementargesetze dauert bis heute an (vgl. Tricker 1961/62, S.461, 467f; Cleveland 1936, S.424; Pappas 1983, S.192ff; Graneau 1983, 1986).

* Ein infinitesimaler magnetischer Dipol übt magnetische Kräfte aus, die den elektrodynamischen eines infinitesimalen ebenen Stromkreises, auf dem der Dipol senkrecht steht, entsprechen. Deshalb kann eine dünne lange Spule durch eine Kette gleichbeschaffener magnetischer Dipole ersetzt werden (ebenda, S.146f).

* Ein geschlossener starrer Stromkreis (er darf keine beweglichen Teile besitzen) kann durch eine sogenannte "magnetische Doppelschicht" ersetzt werden. Darunter ist eine beliebige, vom Stromkreis berandete Fläche zu verstehen, die gleichmäßig mit kleinen magnetischen Dipolen belegt ist. Deren Achsen zeigen in Richtung der Flächennormalen; das Analogon der Stromstärke ist das auf die Flächeneinheit bezogene magnetische Moment der Doppelschicht (ebenda, S.111f, 116).

Dennoch lassen sich nicht alle elektrodynamischen Phänomene mit fiktiven Anordnungen magnetischer Fluida erklären. Faradays Rotationsphänomene (vgl. Kap. 3.4) entstehen bei Verwendung von Leiterkreisen mit beweglichen Teilen und können nicht durch die Kräfte gedachter Doppelschichten erklärt werden. In diesem Fall trägt nur das elektrodynamische Elementargesetz (ebenda, S.123). Waren alle anderen realen Experimente mit gedachten Anordnungen magnetischer Fluida so gut wie mit elektrodynamischen Kräften erklärbar, so versagen hier die Konzepte der Fluidaphysik: Jeder Erklärungsansatz mit magnetischen Fluida läuft auf die Anwendung der radialsymmetrischen Elementarkraft hinaus. Als konservative Kraft kann sie niemals eine kontinuierliche Rotation erzeugen. Eben dies, so Ampère, rechtfertigt die Annahme, die elektrodynamische Kraft sei von der Bewegung der Fluida abhängig, woraus sich die Winkelabhängigkeit der elektrodynamischen Elementarformel notwendig ergibt (Blondel 1982, S.125, 137; Ampère 1826, S.95ff, 123, 140).

Langsamer Erfolg der Ampèreschen Theorie

Weder in Frankreich, noch in Deutschland oder England fand Ampères Theorie sofort Anerkennung (Hofmann 19882, S.433; Caneva 1980; S.122, vgl. Muncke 1827, S.621, 641). Sie wurde von Dynamisten, namentlich Faraday, wie von Anhängern des Transversalmagnetismus kritisiert. Zwar war gegen ihren phänomenologischen Teil nichts einzu-

wenden (vgl. Muncke 1827, S.617), wohl aber einiges gegen ihre physikalischen Grundlagen:
* Sie basierte auf dem Modell der kontinuierlichen, geschlossenen Zirkulation elektrischer Fluida, das der anerkannten elektrostatischen Theorie der Voltasäule widersprach (vgl. Brown 1969, S.83, 92).
* Das elektrodynamische Elementargesetz war nach den Maßstäben Laplacescher Physik keineswegs elementar. Denn wegen dem winkelabhängigen Term handelte es sich um keine Zentralkraft zwischen punktförmigen Kraftzentren. Zwar behauptete Ampère, sein Gesetz könne zweifellos noch auf ein "echtes" Elementargesetz zurückgeführt werden (z.B. 1826, S.95, 138); dies hinderte seine Gegner jedoch nicht daran, das Gesetz als "nicht-Newtonsch" und allen bekannten (elementaren) Kraftgesetzen widersprechend zu diffamieren (Blondel 1982, S.168; Biot 1829, Bd.4, S.217. Ampère polemisierte entsprechend gegen Biots Kraftgesetz).
* Schließlich zog die aus Sicht der Fluidaphysik problematische Hypothese, die Bewegung elektrischer Fluida sei für die elektromagnetische Kraft ursächlich, die fast willkürlich erscheinende Annahme des elektrodynamischen Moleküls nach sich. Nicht zu Unrecht kritisierte Biot Ampères Theorie wegen Mangel an gedanklicher Ökonomie (Biot, a.a.O.). Das elektrodynamische Molekül war eine kaum akzeptable Hypothese (vgl. Lamont 1867, S.58; Williams 1970, S.145f).

So wurde Ampères Theorie nur nach und nach anerkannt. Ihr Erfolg, wie auch der der Fresnelschen Lichttheorie, muß im Zusammenhang mit dem Niedergang des Laplaceschen Programms und der Dominanz mechanistischer Theorien gesehen werden. Als elektrodynamische Fernwirkungstheorie (vgl. Blondel 1982, S.169), d.h. in der Version von 1826, hat sie die theoretische Entwicklung der Elektrodynamik im 19. Jahrhundert nachhaltig beeinflußt.

3.4 Kraft als Grundbegriff: Faradays Schritte zu einer dynamistischen Naturauffassung

Mit seinen Experimentaluntersuchungen leistete Faraday wesentliche Beiträge zur Erforschung von Elektrizität und Magnetismus. Geleitet von eigenen theoretischen Überlegungen entdeckte er eine Reihe wichtiger Phänomene. Ihre Vielfalt zeugt von der großen heuristischen

Kraft, die dem in seinen Theorien zentralen Konzept wandelbarer Kräfte zukam. Seine Entdeckungen lieferten das Material für die ersten umfassenden mathematischen Theorien der Elektrizität, die ab der Mitte des 19. Jahrhunderts entworfen wurden.

Michael Faraday - Karriere eines dynamistischen Physikers

M. Faraday wurde 1791 in den Londoner Slums geboren; seine Karriere erinnert an das Vom-Tellerwäscher-zum-Millionär-Klischee: Der Sohn eines Hufschmieds, der seine Familie eher schlecht als recht ernähren konnte, stieg zum namhaften Wissenschaftler auf, der, falls er es nur gewollt hätte, den Adelstitel erhalten hätte (vgl. Agassi 1971, S.35).

Faradays Schulausbildung beschränkte sich auf ein Minimum an Lesen, Schreiben und Rechnen. Als Buchbinderlehrling studierte er in den ihm zugänglichen Büchern, und eine elementare wissenschaftliche Ausbildung verschaffte er sich durch Besuche einer privaten wissenschaftlichen Gesellschaft wie einiger Abendveranstaltungen der Londoner Royal Institution. Nach seiner Lehrzeit wurde er 1813 von Sir Humphry Davy (1778-1829), dem damaligen Direktor der Royal Institution, einem fähigen und anerkannten Naturwissenschaftler, als Laborant eingestellt. Davy schätzte Faraday als äußerst geschickten Mitarbeiter und durch den engen Kontakt beider wurde Faraday in die Probleme und den damaligen Stand der Chemie eingeführt. Durch eigene Untersuchungen erwarb er sich bis 1820 den Ruf eines professionellen Chemikers. Eine Ausbildung in höherer Mathematik hatte Faraday nicht erhalten; er war nicht in der Lage, mathematischen Deduktionen im Stil der Ampèreschen Abhandlungen zu folgen. Seine eigenen Arbeiten schlossen theoretische Überlegungen ein, waren aber grundsätzlich qualitativ.

Das Ziel der 1799 gegründeten Royal Institution war die Förderung, Nutzbarmachung und Verbreitung praktischer naturwissenschaftlicher Kenntnisse. Sie stellte Wissenschaftler ein, denen Raum und Hilfsmittel für eigene Untersuchungen zur Verfügung standen. Mit der Anstellung verband sich die Verpflichtung zu naturwissenschaftlichen Vorlesungen, die sich an die interessierte Öffentlichkeit wenden sollten. Die Angestellten der Royal Institution unternahmen ferner Auftragsforschungen für den handwerklichen bzw. industriellen Sektor; sie wurden als Gutachter und Ratgeber von öffentlichen Einrichtungen, beispielsweise der Admiralität, herangezogen.

Seinen wissenschaftlichen Untersuchungen ging Faraday neben seiner professionellen Tätigkeit an der Royal Institution nach. Nach Davys Tod, im Jahre 1829, rückte er auf dessen Position auf. Bis er sich Ende der 50er Jahre aus Altersgründen zurückziehen mußte, war er in dieser Stellung tätig. Er starb 75jährig im Jahre 1867.

Faraday war Dynamist. Bei seinen Untersuchungen verwendete er einen dynamistischen Kraftbegriff, der sich von dem der mechanistischen Physiker radikal unterschied: Kräfte existierten für ihn als selbständige, unzerstörbare aber wandelbare Wesenheiten; sie hatten jeweils spezifische Eigenschaften, die sich qualitativ umschreiben ließen, und sie waren die Basis aller physikalischen Realität (vgl. Gooding 1980, S.8). Die Grundzüge seines Kraftkonzepts, das er im Laufe der Jahre entwickelte, können mit folgenden Annahmen rekonstruiert werden:
(i) Jede Verausgabung von Kraft ruft eine ihr äquivalente Reaktion hervor. Kräfte agieren gegeneinander, halten sich wechselseitig im Gleichgewicht.
(ii) Eine Wirkung existiert, indem sie sich gegen eine Reaktion, eine Gegenwirkung aufbaut. Nach (i) müssen Wirkung und Gegenwirkung einander entsprechen.
(iii) Kräfte werden in wohldefinierten Quantitäten verausgabt. Sie wirken über bestimmte Zeit und je kürzer diese ist, desto höher ist ihre Intensität.
(iv) Alle Kräfte sind Erscheinungsformen einer einzigen universellen Kraft.
(v) In der Natur herrscht ein Ökonomieprinzip, ein Gesetz des geringsten Zwangs, das die Tendenzen, nach denen sich Körper und Kräfte arrangieren, bestimmt.
(vi) Die Experimentalwissenschaft bezieht sich auf die manifesten Wirkungen der Naturkräfte (vgl. Gooding 1980, S.9f).

Es ist nicht eindeutig feststellbar, auf welchen Umständen Faradays dynamistische Einstellung beruhte. Mit Sicherheit kam seiner Religiösität einiges Gewicht zu. Denn als strenggläubiges Mitglied einer protestantischen Sekte betrachtete er Kraft als Ausdruck göttlicher Allmacht. Sie offenbarte Gottes Aktivität und Präsenz und war deshalb die Ursache aller Vorgänge in der Natur. Das Studium der Kraftwandlungen versprach Einsicht in die von Gott für den Menschen geschaffene Ordnung der Natur. Der Kraftbegriff war der richtige Ansatzpunkt solcher religiös inspirierten Physik (vgl. Gooding 1980, S.3, 5; Levere 1968, S.101). Ferner gab es eine englische Tradition dynamistischer Chemie, die durch die Verwendung des sogenannten "Punktatoms" gekennzeichnet war. Je nach Spielart bestand ein Punktatom aus einem kleinen materiellen Zentrum oder nur einem ausdehnungslosen Punkt, die jeweils von einer Reihe Sphären anziehender bzw. abstoßender Kräfte umgeben waren. Die äußerste Kraftatmosphäre wirkte dem Gravitationsgesetz entsprechend anziehend; die innerste war abstoßender Natur und definierte den elastischen, in seinem Zentrum undurchdringlichen Kern des Atoms. Mithin machten die Kräfte des Atoms erst seinen materiellen Charakter aus. Der Kraftbegriff war dem der Materie vorgeordnet. Der dynamistische Chemiker löste Materie in ein kontinuierliches Substrat auf, verwischte die Trennungslinie zwischen Atom und Leere, wie auch die zwischen zwei Atomen. Denn Punktatome konnten zumindest partiell überlagert werden und, inwieweit sich ihre Kraftatmosphären ineinander fügten, entschied über ihre wechselseitige Affinität (vgl. Heimann 1971, S.247ff). Davy vertrat die dynamistische Chemie und bekannte sich namentlich zum Punktatom des Jesuitenpaters R.J. Boscovich (1711-1787). Entsprechend lehnte er das System der imponderablen Flüssigkeiten zumindest zeitweilig ab (Levere 1968, S.96f; Williams 1971, S.529f). Wegen der engen Verbindung mit Davy kannte Faraday diese Auffassungen und die Vorzüge, die sie dem Chemiker boten (Levere 1968, S.98). In der Öffentlichkeit bezog er sich jedoch erst 1844 auf das Punktatom (1). Es ist nicht eindeutig auszumachen, welche Rolle es (gewichtet gegen die seines Kraftkonzepts) bei seinen Spekulationen spielte und schon zuvor gespielt hatte (2). Neben dem religiösen Element und dem Gewicht der dynamistischen Chemie kann noch der durch den mit Davy befreundeten Poeten und Metaphysiker S.T. Colderidge vermittelte Einfluß der deutschen Romantik als Quelle von Faradays dynamistischer Einstellung angenommen werden (vgl. Breger 1982, S.109).

---

(1) Faraday nannte Boscovich als Referenz. Dennoch entspricht seine Materievorstellung eher den Punktatomen von Priestley und Exley. Der Bezug auf Boscovich scheint auf eine damals übliche, unexakte Redeweise zurückzugehen (vgl. Heimann 1971, S.252f; Spencer 1967/68).

(2) Siehe dazu die unterschiedlichen Standpunkte von Heimann (1971, S.235f), Gooding (1978, S.117f) und Williams (1971, S.530, 532).

Das elektrodynamische Grundphänomen: Rotation von Polen oder Zentralkraft zwischen Strömen?

Oersteds Entdeckung und Ampères Theorie hatten eine Flut weiterer Hypothesen, Experimente und Theorien ausgelöst. Deshalb wurde Faraday 1821 von einem Freund um einen Zeitschriftenartikel gebeten, der eine kritische Übersicht über die vorliegenden Theorien geben sollte. Wie damals üblich, führte Faraday alle Experimente, auf die er sich in seinem Artikel bezog, noch einmal selbst durch (Agassi 1971, S.34, Williams 1986, S.307). Als er dabei die Wirkung eines stromdurchflossenen Leiters auf eine lange Magnetnadel prüfte, suggerierte ihm deren Verhalten, daß die elektromagnetische Kraft nicht nur kreisförmig wirkte, indem sie die Nadel ausrichtete, sondern auch in der Lage war, einen Magnetpol in Kreisen um den Leiter zu bewegen. Entsprechend mußte es auch möglich sein, den stromdurchflossenen Leiter um einen Magnetpol kreisen zu lassen (vgl. Faraday 1890, Bd.2, S.117). Um seine Vermutungen zu überprüfen, konstruierte Faraday den folgenden Apparat (Abb. 3.4.1, rechts): Auf dem Boden eines mit Quecksilber gefüllten Glasgefäßes war senkrecht stehend ein langer Stabmagnet befestigt. Der Nordpol des Magneten ragte über die Oberfläche des Quecksilbers hinaus. Über dem Magneten war an einem Kugelgelenk ein gerader Kupferdraht aufgehängt, dessen unteres Ende ein wenig in das Quecksilber eintauchte. Eine Batterie wurde einerseits durch ein Loch im Boden des Gefäßes mit dem Stabmagneten und andererseits mit der Lagerung des Kupferdrahtes verbunden. Der Strom floß vom einen Pol der Batterie durch den Draht, das Quecksilber und den Magneten zum anderen (ebenda, S.135f). Faradays Annahme erwies sich als zutreffend: Bei Verwendung einer kräftigen Batterie rotierte der Draht so rasch, daß man, wie Faraday berichtete (ebenda, S.133f), mit den Augen kaum folgen konnte. Die Drehrichtung hing also sowohl von der Art des Magnetpols über dem Quecksilber als auch von der Stromrichtung ab. In einer zweiten Versuchsanordnung gelang es ihm, auch einen Magnetpol um einen Leiter kreisen zu lassen (Abb. 3.4.1, links). War das nicht ein Beweis für die These, daß die elektromagnetische Kraft tatsächlich kreisförmiger Natur war? Faraday glaubte, damit das elektrodynamische Grundphänomen in reinster Form darzustellen.

In seinem Artikel "Ueber einige neue magnetische Bewegungen und über die Theorie des Magnetismus" (1821) behauptete er deshalb, die Rotation eines Magnetpols um den Leiter bzw. eines Leiters um den

Magnetpol seien einfache, die Anziehung bzw. Abstoßung zwischen Leitern und möglicherweise auch die zwischen Magneten seien hingegen zusammengesetzte Phänomene (ebenda S.117). Die kreisförmige Kraft machte er durch den Hinweis plausibel, er folge der Vorstellung seines Landsmannes Wollaston, dem damaligen Vorsitzenden der Royal Society, nach der der stromdurchflossene Leiter von einem magnetischen Strom, einer Art "wirbelförmigem Magnetismus" (ebenda, S.119) umgeben sei. Mutmaßlich verband er damit die Vorstellung im Raum befindlicher Kraft (vgl. Agassi 1971, S.51).

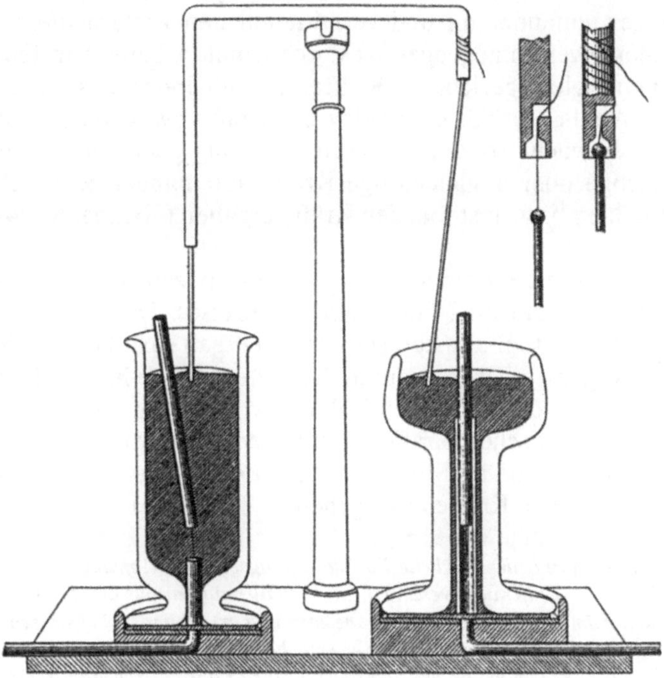

Abb.3.4.1 Faradays Rotationsapparat (1821). Die Batterie wurde an die Messingsäule mit den Halterungen und an die Bodenplatten der quecksibergefüllten Gefäße angeschlossen. Dann rotierte links der Stabmagnet um den Leiter, rechts der Leiter um den Magnet.

Nun mußten Ampères anziehende bzw. abstoßende elektrodynamischen Kräfte als Ergebnis kreisförmiger Wirkungen erklärt werden. Faraday machte dazu zwei Annahmen:

* Gleichartige (d.h. gleichgerichtete) magnetische Kräfte stoßen sich ab, ungleichartige (entgegengesetzt gerichtete) ziehen sich gegenseitig an (Faraday 1890, Bd.2, S.124). Dabei wirken die Kräfte in nicht näher beschriebener Weise auf ihre Quellen zurück.
* Die von einzelnen Leitern ausgeübten kreisförmigen Kräfte überlagern sich, so daß weitere Wirkungsformen entstehen.

Die erste Annahme erklärte Ampères elektrodynamische Zentralkraft. Wegen der kreisförmigen Wirkungsart trafen zwischen zwei gleichsinnig durchströmten parallelen Leitern entgegengesetzte Kräfte aufeinander. Sie zogen einander an und vermittelten den Leitern diese Wirkung. Zwischen zwei entgegengesetzt durchströmten Leitern trafen sich entsprechend gleichgerichtete Kräfte, die einander abstießen (ebenda S.119). Ähnlich erklärte Faraday die Kräfte zwischen den Polen von Spulen. Je nach Art der in Wechselwirkung gebrachten Pole wirkten gleichartige oder ungleichartige Kräfte aufeinander, wodurch sich die anziehenden bzw. abstoßenden Kräfte ergaben (ebenda, S.124).

Wurde nun ein Leiter zum Kreis gebogen, konzentrierten sich seine magnetischen Kräfte im Mittelpunkt des Kreises. Dort war die Wirkung auf den Magnetpol am stärksten und so ergab sich die ungleichförmige Kreisbewegung eines Pols durch die Leiterschleife hindurch und um sie herum, die an den einzelnen Bahnpunkten von jeweils unterschiedlich starken magnetischen Kräften aufrechterhalten wurde. Nur wegen der Kraftkonzentration im Mittelpunkt der Leiterschleife schienen von dort die magnetischen Kräfte auszugehen:

"Diese Stelle ist nun der wirkliche Pol dieses magnetischen Apparates. Von ihr scheinen wirklich mit der Entfernung veränderliche Kraftäusserungen auf den kreisenden Pol auszugehen, die ihn an der einen Seite heranziehen und an der anderen abstossen. Allein diese Kräfte sind bloss scheinbare; denn der eigentliche Sitz der Kraft ist in dem Ringe, und jene Stelle ist bloss der Ort, wo sie am stärksten aufgehäuft sind, ... "(ebenda, S.126).

Ähnlich addierten sich die kreisförmigen Kräfte der einzelnen Leiterschleifen einer langen Spule. An jedem Spulenende ergab sich ein Punkt starker Kraftkonzentration. Das waren die Pole der Spule, von denen die magnetischen Kräfte auszugehen schienen (ebenda, S.127). Tatsächlich überlagerten sich jedoch die kreisförmigen Kräfte der einzelnen Leiterschleifen zu geschlossenen Bahnen, die am einen Ende in die Spule hineingingen, sie durchquerten, am anderen Ende wieder verließen und, um sie herumgreifend, wieder zum ersten Spulenende zurückkehrten. Faraday demonstrierte diesen Zusammenhang folgenderweise: Auf eine Glasröhre wurde eine Spule gewickelt. Er befestigte sie waagerecht und halb eingetaucht in einem Gefäß mit Wasser. Die Wirkung der Spule auf einen Magnetpol prüfte er mit einer Magnetnadel, die so lang wie die ganze Spule war. Dazu befestigte er die Nadel auf einem Korken, so daß sie im Gefäß frei umherschwimmen konnte. Wurde nun der Spulenstrom eingeschaltet, bewegte sich der Nordpol der Nadel wie erwartet zum Südpol der Spule. Wenn die magnetischen Kräfte der Spule von deren Nord- bzw. Südpol ausgingen, mußte der Nordpol der Nadel am Südpol der Spule zur Ruhe kommen. Das aber geschah nicht. Der Nordpol der Nadel bewegte sich in die Spule hinein bis zu deren anderem Ende, so daß sich die ganze Nadel in der Spule befand. Dann erst kam sie zur Ruhe. Ein entsprechendes Verhalten zeigte der Südpol der Nadel, wenn er zu Beginn des Experiments in die Nähe des Nordpols der Spule gebracht wurde (ebenda, S.128f).

Diese Beobachtungen ließen sich leicht mit der Theorie der kreisförmigen Kräfte erklären: Ein einzelner Nordpol wäre beim Südpol der Spule in sie eingetreten, hätte sie zu ihrem Nordpol hin durchquert, sie dort wieder verlassen und wäre in einem großen Bogen zum Südpol zurückgekehrt. Die Bewegung hätte anschließend von neuem begonnen. Eine Magnetnadel besitzt aber zwei Pole; die Kräfte auf sie wirken in entgegengesetzten Richtungen. Solange sich nur ein Pol in der Nähe der Spule befindet, überwiegt die Kraft auf ihn. Wenn sich aber beide Pole in der Spule befinden, sind die Kräfte auf sie gleich groß und neutralisieren sich. Die Nadel kommt zur Ruhe, sobald sie sich ganz in der Spule befindet (ebenda, S.129).

Die so beschriebenen Bahnen konnten auch mit anderen Experimenten darstellt werden. Schon lange war bekannt, daß sich Eisenfeilspäne auf einem Blatt Papier, unter dem sich ein Magnet befand, in Linien anordneten. Faraday nannte sie später "magnetische Kraftlinien": Sie verdichteten sich an den Polen, ja schienen diesen zu entspringen. Von einem Pol ausgehend umfaßten sie den Magneten auf beiden Seiten und liefen zum anderen Pol. Auch stromdurchflossene Spulen erzeugten solche Linienmuster, die den Mustern normaler Stabmagnete weitgehend entsprachen (ebenda, S.127). Man konnte die Kraftlinien auch im Innern einer Spule erkunden, wenn man ein mit Eisenspänen bestreutes Papier in sie hineinschob. Es ergab sich, daß die Kraftlinien in der Spule und um sie herum genau den Bahnen entsprachen, auf denen sich nach Faradays Theorie isolierte Magnetpole bewegten (ebenda).

Die Erfindung des Rotationsapparats machte Faraday mit einem Schlag zu einem bekannten Physiker (Agassi 1971, S.60); zugleich aber zog er sich mit ihr die Mißgunst seines Lehrers Davy zu (Williams 1965, S.160). Mit seinen Theorieansätzen führte er sich nicht gerade als Freund der Newtonschen Physik ein: Der Newtonschen Mechanik (wie auch Ampères Theorie) widersprach die Annahme, im Bereich des Elektromagnetismus seien kreisförmige Kräfte grundlegend. Auch ging man traditionellerweise davon aus, daß Kräfte auf Materie wirken. Mit diesem Grundsatz brach Faraday, indem er annahm, daß im Raum Kräfte lokalisiert waren, die aufeinander anziehende oder abstoßende Wirkungen ausübten. Mit Ampère stimmte er nur in dem Zugeständnis überein, daß die Wirkung von Spule und Magnet auf den ersten Blick übereinzustimmen scheinen (Faraday 1890, Bd.2, S.127, 130). Zugleich wies er auf feine Unterschiede zwischen beiden hin, und grundsätzlich bemängelte er, daß Ampères Theorie auf einer Reihe doch recht willkürlich erscheinender Hypothesen beruhte (vgl. Williams 1985, S.91). Tatsächlich scheint er mit seinen Rotationen Ampère für eine Weile in die Defensive gedrängt zu haben (ebenda, S.94).

Elektromagnetische Induktion: Der Prozeß ihrer Entdeckung

Oersted hatte 1820 nachgewiesen, daß es möglich war, elektrische Kraft in magnetische Kraft zu verwandeln. Sollte es dann nicht auch gelingen, magnetische Kraft in elektrische umzuwandeln? Besonders diejenigen Physiker, die dem Gedanken der Einheit der Naturkräfte nahestanden, mußte diese Fragestellung faszinieren. Faraday war einer von ihnen. Er beschäftigte sich mit ihr während der Jahre 1821 bis 1831 in mehreren Versuchsserien. Dabei ließen ihn sowohl die Hypothese von Ampère, nach der ein Strom im benachbarten Leiter einen andauernden gleichgerichteten Strom erzeugt, als auch sein eigenes Kraftkonzept (Gleichheit von Wirkung und Gegenwirkung) eine permanente Wirkung eines Magneten oder Stroms auf einen benachbarten Leiter erwarten (vgl. Agassi 1971, S.63f; Williams 1965, S.174; Gooding 1980, S.12). Vermutlich gab diese theoretische Erwartung Anlaß zu einer experimentellen Praxis, die - so kann man rückblickend spekulieren - die Entdeckung des gesuchten Phänomens, wenn nicht ver- so doch zumindest behinderte. Faradays Versuche blieben zunächst erfolglos.

Die Entdeckung der elektromagnetischen Induktion muß mehr oder minder "in der Luft gelegen" haben. Denn es waren zumindest zwei "obskure" Phänomene bekannt, die sich damals nur mit Mühe erklären ließen und später als Induktionsphänomene gedeutet wurden:

* Ampère hatte 1822 eine "magnetisierende" Wirkung einer kurzen Spule auf einen Kupferring bemerkt (vgl. Kap. 3.3). Er hatte dieses Ergebnis aber sozusagen "unter den Teppich gekehrt", weil er die Induktion koaxialer makroskopischer Ströme mit der Form, die er mittlerweile seiner Theorie gegeben hatte, nicht vereinbaren konnte (Williams 1986, S.309f). Faraday wiederholte dieses Experiment, verwandte jedoch - offenbar wegen eines Mißverständnisses - einen Versuchsaufbau (Kupferscheibe statt Kupferring), mit dem kein Effekt zu beobachten war (ebenda, S.310f).
* Arago hatte 1824 entdeckt, daß eine rotierende Kupferscheibe eine über ihr drehbar gelagerte Magnetnadel in Rotation versetzte. Scheinbar wurde im Kupfer durch die Bewegung Magnetismus induziert. Für dieses Phänomen wurde bis 1831 keine überzeugende Erklärung gefunden (Williams 1965, S.170ff).

Schließlich gelang Faraday im August 1831 die Darstellung des lang gesuchten Effekts mit Hilfe einer transformatorähnlichen Anordnung: Auf einen Eisenring waren zwei Spulen gewickelt. Die eine war mit einem Galvanometer verbunden, die andere wurde an eine Batterie angeschlossen. Beim Schließen und Öffnen des Stromkreises beobachtete Faraday Ausschläge der Galvanometernadel. Zu diesem Zeitpunkt neigte er zu der Ansicht, Strom sei ein wellenähnlicher Vorgang, der den Eisenring in einen besonderen Zustand versetzt. Deshalb rechnete er jetzt mit einem nur vorübergehenden Effekt, der sich besonders beim Einsetzen des induzierenden Stromes zeigen mußte. Seine Aufmerksamkeit war auf die Ein- bzw. Ausschaltvorgänge gelenkt (vgl. Williams 1965, S.182f)(1).

---

(1) Die Episode erhellt die Vielschichtigkeit eines Entdeckungsprozesses: In der Regel sind die experimentellen Zusammenhänge so komplex und mehrdeutig, daß das Bemerken eines Effektes oder seine Darstellung schon eine entsprechende theoretische Erwartung voraussetzt. Aber entdeckt ist der Effekt erst dann, wenn er auch als etwas Besonderes, als ein Phänomen anerkannt und eine dementsprechende Deutung erfunden wird.

Bei seinen systematischen Untersuchungen entdeckte Faraday insgesamt vier verschiedene Induktionsphänomene: Mit "volta-elektrischer" Induktion bezeichnete er die Induktion zwischen zwei Leitern oder Luftspulen. Sie zeigte sich (i) beim Ein- und Ausschalten des induzierenden Stroms (§10)(1) sowie (ii) beim Annähern oder Entfernen der Leiter voneinander (§19). Dabei wurden jeweils verschieden gerichtete Ströme erzeugt. Beim Einschaltvorgang bzw. beim Annähern der Stromkreise war der induzierte Strom dem induzierenden entgegengerichtet, beim Ausschaltvorgang bzw. beim Entfernen der Spulen voneinander war er dem induzierenden gleichgerichtet (§11, 19). Mit "magneto-elektrischer" Induktion bezeichnete Faraday die induzierende Wirkung eines Magneten auf den Leiter. Sie wurde (iii) beim Ein- bzw. Ausschalten eines Elektromagneten oder entsprechend beim Magnetisieren bzw. Entmagnetisieren eines in der induzierten Spule befindlichen Weicheisenkerns bewirkt. Und schließlich wurde auch (iv) beim Annähern oder Entfernen eines Magneten an eine Luftspule in ihr ein elektrischer Strom induziert (§28, 36, 39). Auch bei diesen Experimenten ergaben sich beim Magnetisieren bzw. Entmagnetisieren oder Annähern bzw. Entfernen des Magneten jeweils entgegengesetzt gerichtete Ströme (§30). Zudem hing die Stärke des Effekts offenbar von der Geschwindigkeit der Veränderung ab (§56).

Im Hinblick auf Aragos Rotationsexperiment konzentrierte sich Faraday zunächst auf die Untersuchung der magnetelektrischen Induktion in bewegten Leitern: In einer vor einem Magnetpol rotierenden Kupferscheibe, so zeigte sich, wurden Ströme in radialer Richtung induziert (§88). Mit diesem Versuch war nun wirklich eine Umkehrung des Oerstedschen Effektes gegeben; denn magnetische Kraft wurde kontinuierlich in elektrische verwandelt (§90). Zudem war damit klar, daß Aragos Rotationen auf der magnetischen Wirkung von in der Kupferplatte induzierten Ströme beruhte (§121).

Das Prinzip des Scheibenexperiments bestand aber darin, einen Leiter in der Nähe eines Magnetpols zu bewegen. Um die Abhängigkeit des Effekts von der räumlichen Lage der Bewegungsrichtung zu untersuchen, verwandte Faraday statt der Kupferscheibe schmale Kupferstrei-

(1) Die Paragraphenangaben in diesem Kapitel beziehen sich auf Faradays "Experimental-Untersuchungen über Elektricität", Berlin 1889 - 91.

fen, die er zwischen zwei mit dem Galvanometer verbundenen Schleifern hindurchzog (Abb. 3.4.2 oben). Variation der geometrischen Verhältnisse erwies, daß der Strom stets senkrecht zur Bewegungsrichtung induziert wurde (§109f) und die Richtung der Bewegung entscheidenden Einfluß auf die Stärke des Effekts hatte.

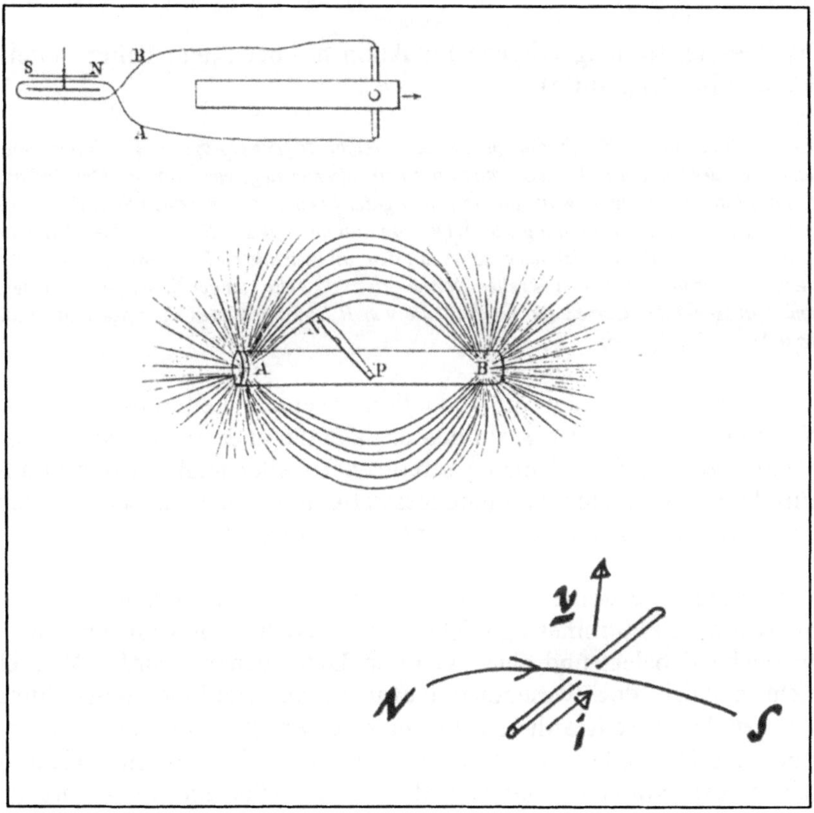

Abb. 3.4.2 Skizzen zu Faradays Induktionsgesetz (1831). Oben: Das Schleiferexperiment bestand darin, einen Kupferstreifen zwischen zwei Kontakten hindurchzuziehen. Der induzierte Strom wurde mit dem Galvanometer (links) angezeigt. Faraday ermittelte die Richtung des induzierten Stroms, indem er die Anordnung der Schleifer entlang des Streifens veränderte. Der Kreis zwischen den Schleifern deutet die Lage des induzierenden Pols an. Durch Variation der Lage der Magnetpole relativ zu der des Streifens und der Bewegungsrichtung ergaben sich Hinweise über die Abhängigkeit des Effekts von den geometrischen Verhältnissen. Mitte: Faradays Skizze zum Induktionsgesetz. Unten: Modernisierte Skizze zum Induktionsgesetz. Wenn die Kraftlinie von unten nach oben geschnitten wird, zeigt der induzierte Strom in die Zeichenebene hinein.

Um die so gewonnenen Erfahrungen zu beschreiben, führte Faraday die magnetischen Kraftlinien ein (§114):

"Unter magnetischen Curven verstehe ich die, auf welche Art auch immer durch benachbarte Pole modificirten, magnetischen Kraftlinien, wie sie durch Eisenfeilicht sich darstellen lassen, oder diejenigen Curven, zu denen eine sehr kleine Magnetnadel sich tangential stellen würde." (§114)

Das Gesetz der magnetischen Induktion bei bewegtem Leiter lautete damit (Abb. 3.4.2 Mitte):

"Es sei AB .... ein cylindrischer Magnet, A der bezeichnete [der Nordpol d. V.], B der unbezeichnete [der Südpol d. V.] Pol; quer über dem Magnet liege eine silberne Messerklinge PN, mit ihrer Schneide aufwärts und mit ihrer gezeichneten oder gekerbten Seite dem Pole A zugekehrt: in welcher Richtung oder Lage man nun auch diese Klinge, mit ihrer Schneide voraus, sei es um den bezeichneten, sei es um den unbezeichneten Pol, bewege, so wird der elektrische Strom von P nach N gehen, vorausgesetzt dass die von der Klinge geschnittenen, von A ausgehenden Curven die gekerbte, die von B herkommenden die ungekerbte Seite derselben treffen."(§116)

Damit machte Faraday die Induktion in einem Leiterabschnitt zum Normalfall der Erklärung, auf den er dann die anderen Induktionsphänomene zurückführte. Einen geschlossenen Leiter mußte man sich aus einzelnen Abschnitten zusammengesetzt denken, und aus den in ihnen induzierten Strömen ergab sich der Gesamteffekt (1).

Das Gesetz unterstellte, schon das Schneiden von Kraftlinien sei für die Induktion eines Stromes hinreichend. Faraday hielt dies für noch nicht ausreichend belegt und einer weiteren Untersuchung würdig. War es nicht vielleicht doch wesentlich, daß nicht nur Kraftlinien geschnitten, sondern daß diese Kraftlinien auch unterschiedliche Intensität besaßen? Zur experimentellen Untersuchung montierte Faraday eine Kupferscheibe axial vor einen Stabmagneten, so daß beide einzeln um ihre gemeinsame Achse in Rotation versetzt werden konnten. Die mit dem Galvanometer verbundenen Schleifer waren auf der Mitte bzw. dem Rand der Scheibe angelegt (Unipolar-Induktionsmaschine, §217f). Die Rotation der Scheibe vor dem ruhenden Magneten ergab einen Strom, und wegen der Symmetrie des Magneten war damit bewiesen, daß

---

(1) Im Hinblick auf den didaktischen Zweck, der Kürze und Verständlichkeit halber, verzichte ich auf die Diskussion von Faradays Theorie des elektrotonischen Zustandes. Er führt sie in §60 - 80 ein; verwirft sie in §242 wieder und schließt seine Untersuchung der elektromagnetischen Induktion mit der im Text geschilderten Theorie ab.

schon das Schneiden der Kraftlinien zur Induktion eines Stroms ausreichte (ebenda). Aber bei diesen Experimenten zeigte sich zudem eine merkwürdige Eigenschaft der magnetischen Kraftlinien: Der induzierte Strom war nach Intensität und Richtung davon unabhängig, ob der Magnet mit der Scheibe mitrotierte oder nicht. Offenbar drehten sich die Kraftlinien nicht mit dem Magneten mit, denn es war sogar möglich, am rotierenden Magneten selbst einen Strom abzugreifen. Faraday schloß auf eine "eigenartige Unabhängigkeit zwischen dem Magnetismus und dem Stabe, in welchem er seinen Sitz hat" (§220). Die zunächst nur zur Beschreibung magnetischer Kräfte eingeführten Kraftlinien hatten damit so etwas wie eigenständige Existenz gewonnen (vgl. Williams 1965, S.204)(1).

Aufgrund dieser Einsicht führte Faraday eine neue Konzeption ein, die die Reduktion aller vier Induktionsphänomene auf das Schneiden von Kraftlinien erlaubte: Das angegebene Gesetz (s.o.) war auf Fall (iv), die Magnetinduktion bei bewegtem Leiter, zugeschnitten. Im Fall (ii), bei dem der induzierte Leiter gegen einen stromdurchflossenen bewegt wurde, konnte man das Gesetz ebenfalls anwenden. Denn den induzierenden Leiter umgab ein System von Kraftlinien, die von dem induzierten Leiter geschnitten wurden (§232). Problematisch waren jedoch die Fälle (i) und (iii), bei denen eine Relativbewegung zwischen induzierendem Leiter bzw. Magnet und dem induzierten Leiter fehlte, der Effekt vielmehr durch Veränderung der Intensität des Stromes bzw. des Magnetismus' hervorgerufen wurde. In diesen Fällen nahm Faraday an, daß die Kraftlinien im Moment des entstehenden Magnetismus' in den Raum hineinwanderten und dabei den induzierten Leiter schnitten (§238f).

"In solchen Fällen muss man sich die magnetischen Curven selbst in Bewegung (wenn ich diesen Ausdruck gebrauchen darf) und den der Induktion ausgesetzten Draht durchschneidend vorstellen, und zwar von dem Moment, da sie mit dem Entstehen des Stromes sich auszubreiten beginnen, bis die magnetische Kraft des Stromes ein Maximum erreicht hat. Da dieselben sich vom Drahte nach aussen hin verbreiten, so stehen sie zu dem ruhenden, der Induktion ausgesetzten Drahte in derselben Beziehung, als wenn dieser sich in entgegengesetzter Richtung quer durch die Curven oder gegen den stromführenden Draht bewegt hätten. ...

Oeffnet man den Batteriestrom, so kann man sich vorstellen, dass die magnetischen Curven (die ein blosser Ausdruck für Anordnung magnetischer Kräfte sind) sich zusammenziehen

---

(1) Dieses Ergebnis mußte zugleich als Argument gegen Ampères Theorie gewertet werden: Ampères Standpunkt zufolge waren die magnetischen Kräfte an die sie erzeugenden elektrischen Fluida gebunden (vgl. Williams 1965, S.204).

und gegen den verschwindenden elektrischen Strom hin zurückkehren, also in entgegengesetzter Richtung den Draht kreuzen und somit einen dem ersteren entgegengesetzt gerichteten Strom induciren." (§238)

Noch war unklar, ob das Material des verwendeten Leiters einen Einfluß auf den Induktionseffekt hatte. Faraday verdrillte zwei Drähte aus verschiedenen Metallen zu einer Doppelleitung. Die Drähte wurden am einen Ende der Doppelleitung verlötet, am anderen Ende an ein Galvanometer angeschlossen. Nun versuchte Faraday in diesem Leiterkreis einen Strom zu induzieren. Aber welche Metalle er auch verwendete, in keinem Fall konnte er eine Bewegung der Galvanometernadel entdekken (§197). Faraday schloß, daß unabhängig vom Material in beiden Drähten gleich starke Kräfte in Tätigkeit gesetzt wurden, die die Ströme durch sie hindurch zu treiben suchten (§201, 256f). Da die Kräfte aber in gleicher Richtung wirkten, behinderten sie sich gegenseitig und insgesamt konnte sich kein Strom ergeben: Wie es scheint, repräsentierte für Faraday eine magnetische Kraftlinie ein gewisses Kraftquantum, das, wenn ein Leiter die Linie schnitt, gewissermaßen freigesetzt wurde und nun als stromerregende Kraft erschien (Williams 1965, S.209).

Zum anderen aber war offensichtlich, daß die Stärke induzierter Ströme von der Leitfähigkeit der verwendeten Drähte abhing. Denn wie aus Vergleichsmessungen an Leiterschleifen hervorging, waren bei sonst gleichen Bedingungen die in verschiedenen Kreisen induzierten Ströme der Leitfähigkeit des jeweils verwendeten Drahts proportional (§208, 211). Primär wurde so etwas wie eine elektromotorische Kraft induziert, aus der sich dann ein bestimmter Strom ergab.

Die Phänomene der elektromagnetischen Induktion fanden das Interesse der wissenschaftlichen Welt. Nicht umsonst gilt Faraday als ein großer Entdecker. In den 30er Jahren wurden die ersten Dynamomaschinen konstruiert; in den folgenden Jahrzehnten wurden sie nach und nach verbessert. Man könnte vermuten, daß auch Faradays theoretische Vorstellungen sofort begeisterte Anhänger gefunden hätten. Doch das trat nicht ein. Die mechanistischen Physiker wollten oder konnten sich seinen Vorstellungen nicht anschließen. Seine Theorie wurde teils ignoriert, teils für unreif erklärt. Man weigerte sich, ein Urteil abzugeben, denn eine öffentliche Diskussion hätte möglicherweise das eigene Weltbild in Frage gestellt (vgl. Agassi 1971, S.75). Statt dessen versuchten die mechanistisch eingestellten Physiker ihre eigenen Theorien den neuen Phänomenen anzupassen, was allerdings erst nach Jahren in zufriedenstellender Weise gelang.

Elektrifizierung der Materie - Wirkungsweise der elektrostatischen Kräfte

Nach seinen Untersuchungen zur elektromagnetischen Induktion beschäftigte sich Faraday bis Mitte der 30er Jahre mit Elektrochemie, insbesondere mit der Elektrolyse. Dem Konsens der Mechanisten zufolge wirkten bei der Elektrolyse die Elektroden - damals Pole (1) genannt - als Kraftzentren. Von ihnen gingen anziehende bzw. abstoßende Fernkräfte aus, die die Teilchen des Elektrolyten förmlich auseinanderrissen. Dies Modell warf zwei Probleme auf: Erstens war zu erklären, warum die bei der Zersetzung entstandenen Substanzen nicht im Elektrolyten selbst, sondern nur an den Polen nachgewiesen werden konnten. Zweitens blieb rätselhaft, warum die Pole die aus der Verbindung gerissenen Teilchen zwar anziehen, aber an sich selbst nicht festhalten konnten. Denn man kannte eine Reihe von Zersetzungsprodukten, die nicht an den Elektroden hafteten, sondern statt dessen freigesetzt wurden (vgl. Williams 1965, S.227, 241, 251).

Zur Erklärung dieser Phänomene schlug Faraday einen grundsätzlich anderen Weg ein: Wie er experimentell zeigen konnte, war eine Fernkraft der Pole keineswegs die Ursache des Effekts. Denn weder waren Pole für eine Zersetzung notwendig, noch hatte ihre Entfernung voneinander einen (der Abstandsabhängigkeit der elektrischen Fernkräfte entsprechenden) Einfluß auf die Intensität des Vorgangs, noch reichte eine elektrostatische Kraft zur Zersetzung aus (Williams 1965, S.242ff). Faradays Ansicht nach bestand die Wirkung der elektrischen Kraft darin, die Affinität der im Elektrolyten miteinander verbundenen Teilchen zu verändern, sie zu "polarisieren": Die chemische Kraft eines Teilchens - so Faraday - wird in Richtung der einen Elektrode verstärkt, in Richtung der anderen geschwächt bzw. ganz aufgehoben. Die Affinität des mit ihm verbundenen Teilchens wird durch den Einfluß der elektrischen Kraft in entgegengesetzter Weise verändert. Falls sich die Teilchen in der Lösung bewegen können, trennen sie sich nun und verbin-

(1) Die noch heute üblichen Bezeichnungen wie Elektrode, Elektrolyt usw. führte Faraday ein, um die Verwendung von Begriffen zu vermeiden, die mit den Vorstellungen der gegnerischen Theorie befrachtet waren (vgl. Williams 1965, S. 257 ff).

den sich mit ihren in Richtung der stärksten Affinität gelegenen Nachbarn. Durch die Wiederholung dieses Zersetzungs- und Wiederverbindungsvorgangs wandern sie in entgegengesetzten Richtungen auf die Elektroden zu. Dort angekommen finden sie keine Partner, mit denen sie sich noch assoziieren könnten, und werden deshalb freigesetzt. Mithin ist Zersetzung ein auf molekularen Kräften beruhender Vorgang. Er spielt sich in Ketten ab, die die beiden Elektroden miteinander verbinden. Elektrische Kraft wird jeweils zur Polarisation der Teilchen aufgewandt und durch den wiederholten Vorgang von Polarisation und Entspannung durch die Lösung hindurchtransportiert (ebenda, S.245ff, 312).

Da sich chemische Elemente stets in konstanten Gewichtsverhältnissen miteinander verbanden, war die chemische Affinität offenbar eine wohldefinierte Kraft. Vermutlich wurde zu ihrer Verzerrung eine gewisse spezifische Menge elektrischer Kraft benötigt. Für die Polarisation der Teilchen einer Wirkungskette reichte dann eben dieses Kraftquantum aus, und der mit ihm in Gang gesetzte Prozeß setzte genau je eine Einheit der beiden im Elektrolyten gebundenen Substanzen frei. Die insgesamt durch den Elektrolyten hindurchtransportierte Kraft mußte den ausgeschiedenen Substanzmengen proportional sein. Diese Annahmen überprüfte Faraday experimentell. Das Ergebnis seiner Versuche waren die beiden heute nach ihm benannten Gesetze der Elektrolyse (ebenda, S.253ff).

Aber Faradays Einsichten in die Vermittlung und Wirkungsweise elektrischer Kräfte bei elektrochemischen Vorgängen hatten noch weiterreichende Bedeutung. Den Gedanken einer inneren Einheitlichkeit der Natur stillschweigend voraussetzend, schloß er von ihnen auf die Eigenschaften der elektrostatischen Kraft, mit der er sich in den Jahren bis 1838 auseinandersetzte. Den gedanklichen Schritt von den Zersetzungsvorgängen zu den statischen Wirkungen umschrieb er selbst etwa folgenderweise: Eis wirkt zwischen den Platten eines Kondensators wie ein Isolator, wie ein - so Faradays Bezeichnung - Dielektrikum. Durch es hindurch üben die Elektrizitäten aufeinander Kräfte aus. Sobald das Eis schmilzt, setzt in einem gleitenden Übergang der elektrische Strom ein und damit einhergehend die Wasserzersetzung. Dem Vorgang der Elektrolyse geht aber die Polarisation des Elektrolyten voraus. Muß dann nicht die Polarisation schon im Eis existieren und wird nicht durch sie, der schrittweisen Übertragung elektrischer Kräfte bei der Elektrolyse entsprechend, die elektrostatische Kraft von der einen Platte zur anderen vermittelt? So gesehen ist die elektrostatische Wechselwirkung zweier geladener Körper tatsächlich eine Wirkung des polarisierten Mediums zwischen ihnen. Elektrizität muß dann als eine normaler Materie inhärente Kraft gelten, die durch Polarisation in ihren beiden Formen (positiv und negativ) manifest und in Form einer "Nahwirkung" von Teilchen zu Teilchen vermittelt wird (vgl. §1164).

Das Konzept einer elektrischen Nahwirkung entsprach zudem den allgemeinen Eigenschaften physikalischer Kräfte. Für die Verzerrung der chemischen Affinität eines Teilchens, seine Polarisation, wurde eine bestimmte Portion elektrischer Kraft verausgabt. Mithin, so Faraday, konnte ein polarisiertes Teilchen seinerseits nur auf genau eines, nämlich das ihm nächstgelegene wirken. Eine Fernwirkung auf noch weitere und entferntere Teilchen hätte Krafterzeugung aus dem Nichts bedeutet und widersprach seinem Verständnis vom Prinzip der Erhaltung der Kraft. In diesem Sinne bezeichnete er die elektrische Nahwirkung als eine Wirkung benachbarter Teilchen: Sie pflanzte sich jeweils von einem Teilchen zum nächstliegenden fort (vgl. Gooding 1980, S.18; ders. 1978, S.123; §1615f)(1).

Faraday war zudem der Ansicht, Elektrizität äußere sich stets in zwei Kräften oder in zwei Formen einer Kraft und es sei unmöglich, diese durch irgendeine Manipulation voneinander zu trennen (§1163). Es handelte sich um eine polare Kraft, die an den Punkten oder Oberflächen, zwischen denen sie existierte, entgegengesetzte Zustände oder Bedingungen hervorrief (Gooding 1978, S.128; §1665). Makroskopisch äußerte sich die Polarität, indem die Elektrisierung eines Körpers mit der einen Elektrizität die gleichzeitige Elektrisierung eines zweiten Körpers mit der entgegengesetzten Elektrizität nach sich zog. Dies geschah durch die induktive Wirkung der elektrischen Kraft, d.h. durch die Polarisation des zwischen beiden Körpern befindlichen Dielektrikums. Dabei zeigte sich die Polarität der elektrischen Kraft auch auf mikroskopischer Ebene, nämlich in der Wirkung eines Teilchens auf das benachbarte. Denn indem dies elektrische Kraft vom ersten erhielt,

---

(1) Ich folge der Interpretation von Gooding (1978). Sie hat gegenüber den konkurrierenden Deutungen von Williams und Heimann (1971) den Vorzug, Faraday beim Wort zu nehmen. Sie kommt zudem ohne die Annahme aus, er hätte schon dieser Untersuchung, und ohne dies kenntlich zu machen, das Punktatom zugrunde gelegt.

wurde es polarisiert und dies geschah derart, daß sich beide Teilchen mit ungleichnamig elektrisierten Seiten gegenüberlagen (§1616).

Die Konzeption der polaren Nahkraft lag Faradays Physik der elektrostatischen Kraft zugrunde. Im Jahr 1838 gab er seiner Theorie die folgende Form:

* Elektrische Kraft ist Materie inhärent, untrennbar mit ihr verbunden (§1168). Denn der elektrischen Kraft, der "Induktion" unterworfen, d.h. im "polaren" Zustand zeigt jedes Teilchen an symmetrischen Punkten beide elektrische Kräfte (§1304). Offenbar werden alle elektrische Kräfte, d.h. wird jede Ladung auf diese Weise erzeugt. Der polare Zustand der materiellen Teilchen ist ein Zwangszustand, er besteht nur, solange eine elektrische Kraft wirkt (§1298).
* Die verschiedenen Substanzen haben unterschiedliche Eigenschaften hinsichtlich der elektrischen Induktion: Die Teilchen leitender Materie halten den polaren Zustand nicht aus. Und die Dielektrika zeigen jeweils ein spezifisches Vermögen, die Induktion durch sich hindurchzulassen; ihre Teilchen leisten der Annahme des polaren Zustands mehr oder minder starken Widerstand (§1296, 1277).
* Elektrische Kraft wird durch Induktion in nichtleitenden Medien Schritt für Schritt übertragen, bis sie sich schließlich (makroskopisch) an einem zweiten Körper mit umgekehrten Vorzeichen wieder zeigt (§1295). Die Bahn, auf der die Induktion verläuft, kann mit einer Kraftlinie beschrieben werden. Da sich die entgegengesetzten Kräfte benachbarter polarisierter Teilchen anziehen, besteht ein Zug entlang dieser Linie. Experimente zeigen, daß gleichzeitig ein lateraler Druck zwischen benachbarten Kraftlinien besteht (§1297).
* Schließlich scheint der Grad, bis zu dem die Teilchen polarisiert werden, die Intensität (Spannung) des Ladungszustands auszumachen (§1299, 1370). So werden Ladung und Spannung durch Induktion konstituiert; sie ist das grundlegende Prinzip der Elektrostatik. Eine den elektrischen Fluida entsprechende Quelle elektrischer Kraft existiert nicht; "Laden" eines Kondensators heißt Polarisieren der Teilchen seines Dielektrikums; mit "Entladen" ist deren Rückkehr in den normalen Zustand gemeint (§1300).

Zum Beweis seiner grundlegenden Annahme der polaren Nahwirkung führte Faraday drei Versuchsserien durch. Mit jeder von ihnen belegte er je eine Eigenschaft der elektrischen Kraft:

* Es gibt keine absolute Ladung von Materie.
Wenn Ladung aus Induktion resultiert, müssen bei allen Elektrisierungsvorgängen stets beide Ladungsarten entstehen. Die Ladung eines Körpers ist dann nicht absolut, sondern vielmehr relativ, indem sie mit der entgegengesetzten Ladung eines anderen Körpers in Beziehung steht. Es war tatsächlich kein Verfahren bekannt, mit dem einem Leiter eine (im obigen Sinne) absolute Ladung erteilt werden konnte (§1170). Da Leiter den Polarisationszustand nicht aushielten, mußten zudem alle bleibenden Polarisierungen an der Oberfläche der Leiter enden, an der Grenzfläche zu dem den induktiven Zustand tragenden Medium (§1301). An diesen Flächen zeigte sich die induzierte elektrische Kraft. In diesem Punkt wurde Faradays Theorie durch Versuche von Coulomb bestätigt, in denen er gezeigt hatte, daß sich die statische Ladung eines Leiters stets auf dessen Oberfläche aufhielt (vgl. Kap. 3.1).

Im Gegensatz zu Leitern konnten Nichtleiter in ihrem Innern geladen werden. Daß auch diese Elektrizität ausschließlich durch Induktion entstand, belegte Faraday (u.a.) durch das folgende Experiment: Ein Würfel von 12 Fuß Seitenlänge wurde mit leitendem Material umkleidet (Faraday-Käfig). Durch eine Glasröhre wurde ein an eine Elektrisiermaschine angeschlossener Draht in den Käfig hineingeführt. Zur Messung erdete Faraday den Würfel und setzte die Maschine in Gang. Nach einer Weile hob er dann gleichzeitig die Erdung und die Verbindung zur Elektrisiermaschine auf. Anschließend wurde geprüft, ob die eingeschlossene Luft Ladung angenommen und an den Würfel weitergegeben hätte. Es erwies sich, daß dies offenbar nicht gegeben war (§1173). Bei diesem Versuch war die eingeschlossene Luft das zu ladende Dielektrikum. Nun hielt Faradays Theorie zufolge das leitende Material der Würfeloberfläche den Zustand der Induktion nicht aus. Keine Induktionslinie konnte von außen durch die Würfeloberfläche hindurch ins Innere des Würfels hineingreifen und deshalb konnte bei diesem Aufbau kein Luftteilchen im Würfel zu einem Endpunkt einer von außen kommenden Induktionslinie werden. Im Einklang mit dem Ergebnis des Experiments ließ Faradays Theorie keine Ladung der Luft im Innern des Würfels zu. Eben das schloß das Modell des elektrischen Fluida keineswegs aus. Wenn es freies elektrisches Fluidum gab, mußte es von der Elektrisiermaschine durch den Draht in den Würfel hineinfließen.

"Es scheint demnach, soweit die Erfahrung reicht, unmöglich, die eine elektrische Kraft zu erregen oder zum Verschwinden zu bringen, ohne die andere in gleicher und entsprechender Weise zu ändern. Es ist ebenso auch erfahrungsmässig unmöglich, einen Theil von Materie mit der einen elektrischen Kraft unabhängig von der anderen zu laden. Ladung involvirt immer Induction, denn sie kann in keinem Falle ohne diese bewerkstelligt werden, sie erfordert also auch die Gegenwart beider Arten des Agens, sowohl im Moment der Erregung als auch nachher. Es giebt keine absolute Ladung der Materie keinen latenten Zustand einer einzelnen Elektricität." (§1177)

* Induktion geht in gekrümmten Linien vor sich.

Der Theorie fernwirkender elektrischer Flüssigkeiten zufolge wirkte die elektrische Kraft entlang der geradlinigen Verbindung der beiden beteiligten Teilchen. Deshalb betrachtete Faraday den Nachweis, daß die induktive Wirkung auf einer gekrümmten Bahn erfolgte, als entscheidendes Argument gegen den Fernwirkungsstandpunkt (§1215). Für seine Experimente fertigte er einen 7 Zoll langen, massiven Schellackzylinder an. Der wurde durch Reiben elektrisiert und auf sein leicht ausgehöhltes oberes Ende wurden verschiedene Gegenstände aus Messing (Kugel, Halbkugel, Scheibe) gelegt (Abb. 3.4.3 a - d). Sie wurden vor und während der Versuche geerdet und dienten als "elektrisches Hindernis". Nun brachte Faraday eine kleine Probekugel an verschiedene Prüfpunkte seitlich und oberhalb des elektrischen Hindernis'. Er erdete sie kurz und maß dann, wieviel Ladung sie durch Induktion angenommen hatte (§1218). Als besonders aussagekräftig erwiesen sich dabei die unter Verwendung der Messinghalbkugel durchgeführten Messungen: Die Ladung der Probekugel nahm von den Punkten i bis m ab, wuchs bis o wieder an und verringerte sich beim Übergang zu allen noch höher gelegenen Punkten. Bei diesem Experiment gingen alle geradlinigen Verbindungen von irgendeinem Punkt der geladenen Oberfläche des Schellackzylinders zu den Punkten k bis p durch die Halbkugel hindurch. Da sie die induktive Wirkung abschirmte, mußte die Wirkung also entlang einer gekrümmten Linie um die Halbkugel herum erfolgt sein. Da das Maximum der oberhalb des Hindernisses induzierten Ladung erst in o eintrat, nahm Faraday an, die Induktionslinien würden einen seitlichen Druck aufeinander ausüben. Deshalb spreizten sie voneinander ab und griffen in ausladenden Bögen um die Halbkugel herum.

"Hier ging die Induction völlig um die Ecke. In der That, nichts kann einen besseren Beweis liefern dafür sowohl, dass die Inductionswirkung in krummen Linien oder Bahnen erfolgt, die hier durch die Gestalt, Lage und Beschaffenheit der metallenen Halbkugel in ihrer geradlinigen Ausbreitung gehindert sind, als auch dafür, dass diese Linien, so zu sagen, eine Seitenspannung gegen einander haben; dies Alles beruht, meiner Meinung nach, darauf,

dass die Induction eine Wirkung der an einander stossenden Theilchen des Dielektricums ist, welche, in einen Polarisations- oder Spannungszustand versetzt, durch ihre Kräfte nach allen Richtungen in Wechselwirkung stehen. " (§1224)

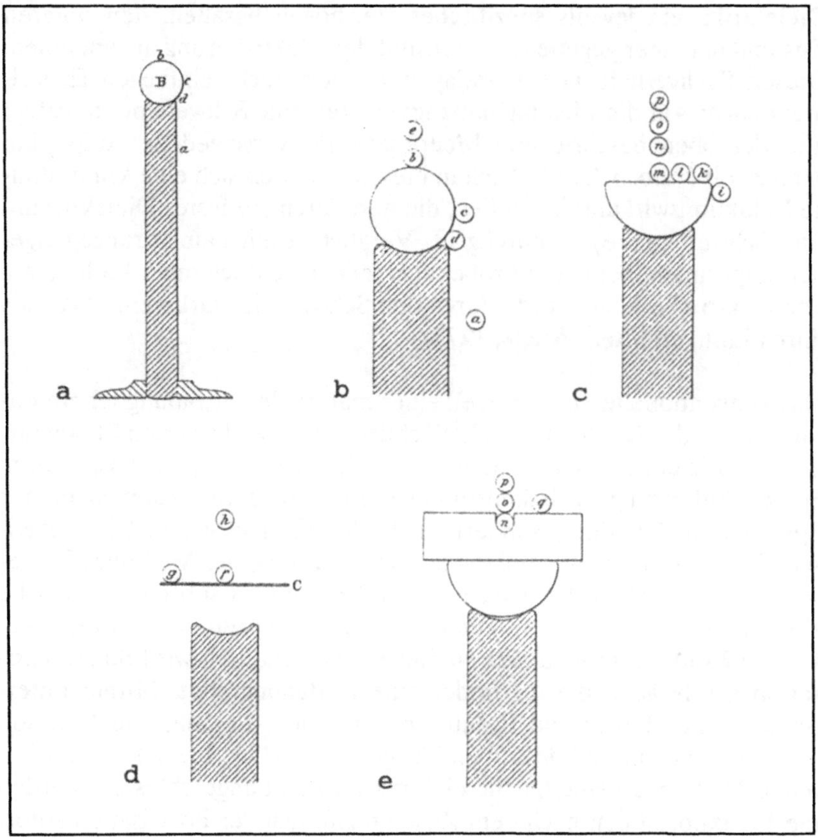

Abb. 3.4.3 Experimente zur vermittelten Wirkung elektrostatischer Kräfte (Faraday 1838). (a), (b) und (c): Experimente zur Krummlinigkeit der Wirkung. Die vom elektrisierten Schellackzylinder ausgehende Induktion greift jeweils um das elektrische Hindernis (Messingkugel oder -halbkugel) herum. (d): Experiment zur Abschirmung der Induktion durch Leiter. Über dem Schellackzylinder befindet sich eine dünne Metallplatte. In g und h erhält die Probekugel Ladung in f jedoch nicht. Die Induktion geht zwar um die Platte herum, jedoch nicht durch sie hindurch (§1221). (e): Experiment zur spezifischen Induktionskapazität. Auf die Messinghalbkugel wird eine Schwefelplatte gelegt. Die Induktion geht durch sie hindurch, vermittelt der Probekugel aber entschieden mehr Ladung, als sie bei Verwendung von Luft als Dielektrikum erhalten hatte (§1228f).

* Dielektrika besitzen ein je spezifisches Vermögen, die elektrische Kraft zu vermitteln.
Faradays Theorie zufolge war elektrische Kraft den Teilchen der Materie inhärent; durch den Vorgang der Polarisierung wurde sie in ihren beiden Formen hervorgerufen. Es war deshalb anzunehmen, daß die Dielektrika ein jeweils spezifisches Vermögen besaßen, den polaren Zustand bei einer gegebenen Intensität der Elektrisierung anzunehmen. Diesen Sachverhalt wies Faraday mit einem recht einfachen Experiment nach: Auf die Messinghalbkugel wurde eine Schwefelplatte gelegt und der oben beschriebene Meßprozeß für verschiedene Aufpunkte wiederholt (Abb. 3.4.3 d). Auch in diesem Fall ließ sich eine krummlinige Induktionswirkung feststellen, die nun durch ein festes Dielektrikum (die Schwefelplatte) hindurchgriff. Verglichen mit dem vorangegangenen Experiment nahm die Probekugel jedoch deutlich mehr Ladung an. Die elektrische Kraft wurde durch den Schwefel in stärkerem Maße als durch Luft vermittelt (§1228, 1277).

Das konventionelle Strommodell einer materiellen Strömung lehnte Faraday ab (vgl. z.B. §1648, 1652). Nachdem er die elektrischen Fluida aus der Theorie entfernt hatte, stand es ohnehin nicht mehr zur Disposition. Seiner Auffassung nach konstituierte elektrische Induktion nicht nur Spannung und Ladung, sondern auch elektrischen Strom: Die elektrische Kraft - so Faraday - polarisiert die Teilchen eines Mediums. In diesem Zustand haben die benachbarten Teilchen als substanzspezifische Eigenschaft das mehr oder minder starke Vermögen, ihre entgegengesetzten Kräfte untereinander auszugleichen. Dadurch wird ihre Polarisation geschwächt, d.h. es findet eine Entladung statt. Mithin unterscheiden sich Leiter und Isolator nur graduell, Leitung und Isolation sind Extreme ein und desselben Vorgangs (§1325ff, 1673ff). Ist das leitende Medium an eine Quelle elektrischer Kraft angeschlossen, werden die Induktionslinien nach dem Zusammenbruch der Polarisation sofort wieder aufgebaut (§1325). So ergibt sich entlang des Leiters eine Art elektrische Welle, die elektrische Kraft transportiert (Williams 1966, S.89; Gooding 1980, S.20f) - ein Aspekt des Vorgangs der Verwandlung von elektrischer Kraft.

"Um das Gesagte kurz zusammenzufassen, so stelle ich mir vor, dass die erste Wirkung eines elektrisirten Körpers auf benachbarte Körper in der Hervorrufung eines Polarisationszustandes ihrer Teilchen besteht, und das ist Induction; sie beginnt mit einer Wirkung auf die in unmittelbaren Berührung mit jenem befindlichen Teilchen, welche wiederum auf die an sie grenzenden Theilchen wirken, und so pflanzen sich die Kräfte in die Ferne fort. Bleibt

die Induction ungeschwächt, so bedeutet dies vollkommene Isolation, und je höher der Polarisationszustand ist, welchen die Theilchen annehmen oder unterhalten können, desto höher ist die Intensität, welche den wirkenden Kräften gegeben werden kann. Wenn dagegen die an einander grenzenden Theilchen nach Annahme des Polarisationszustandes die Fähigkeit haben, ihre Kräfte mitzutheilen, so findet Leitung statt, und die Spannung ist vermindert, denn Leitung ist ein besonderer Entladungsvorgang zwischen benachbarten Theilchen. Je niedriger der Spannungszustand ist, bei welchem diese Entladung zwischen den Theilchen eines Körpers stattfindet, ein desto besserer Leiter ist dieser Körper." (§1338)

Faradays Theorie der elektrostatischen Induktion war ein frontaler Angriff auf die allgemein herrschenden Vorstellungen, die durch die französische Schule entwickelt worden waren (vgl. §1165, 1305). Er zögerte deshalb zwei Jahre, bevor er seine Theorie 1838 veröffentlichte (Williams 1965, S.283). Dabei hielt er seine spekulativen Ideen noch zurück. Ab 1845, als seine nächste Forschungsperiode begann, übte er diese Zurückhaltung nicht mehr: Nun äußerte er den Gedanken der Einheit und Wandelbarkeit der Naturkräfte und führte das Punktatom als Grundlage seiner Theorien ein. Polarisation eines Teilchens bedeutete damit die Deformation der atomaren Kraftatmosphären (ebenda, S.379). In den Jahren zwischen beiden Perioden muß sich seine Einstellung verändert haben: Es wird berichtet, daß er in dieser Zeit aufgrund nervöser Erschöpfung zu keiner wissenschaftlichen Arbeit fähig war. Vielleicht hat er den Konflikt zwischen seinen eigenen Ansprüchen und der geringen Beachtung seiner Theorien durch seine Kollegen in sich selbst ausgetragen.

"Ueber die Magnetisirung des Lichtes und die Erleuchtung der magnetischen Kraftlinien"

Im 19. Jahrhundert war es üblich, mechanische Spannungen in durchsichtigen Körpern mit polarisiertem Licht nachzuweisen. Die Spannungen bewirkten die Depolarisation des durch den Probekörper hindurchgelaufenen Lichtstrahls, die man mit optischen Filtern nachweisen konnte. Die Intensität der Spannungen entsprach dabei grob dem Grad der Depolarisation (vgl. Williams 1966, S.93). Der von Faraday behauptete Spannungszustand in elektrischer Induktion unterworfenen Dielektrika und Elektrolyten mußte sich mit diesem Verfahren nachweisen lassen. Faraday hatte dies seit den 20er Jahren immer wieder versucht, jedoch nie ein positives Ergebnis erhalten. Eben solche Versuche schlug ihm 1845 William Thomson, einer der wenigen Physiker, die Faradays Theorien ernst nahmen, zum Nachweis der molekularen Spannungszustände vor (Williams 1965, S.383ff). Faraday folgte der Anregung, hatte jedoch auch diesmal keinen Erfolg: Es spielte keine Rolle, ob das Licht parallel oder senkrecht zu den Kraftlinien verlief, ob die elektrostatische Kraft konstant war oder verändert wurde. Keine Veränderung des Lichtstrahls ließ sich feststellen.

Da Faraday von einer Verwandtschaft zwischen elektrischer und magnetischer Kraft ausging, konnte, was für die eine richtig war, auch für die andere zutreffen. Verglichen mit den von geladenen Gegenständen ausgeübten mechanischen Kräften waren die von Magneten ausgehenden in der Regel recht groß. Er dehnte seine Experimente deshalb auf magnetische Kräfte aus (ebenda, S.386): Ein Glasstab wurde auf die Pole eines starken Hufeisenmagneten gelegt und sein Zustand mit polarisiertem Licht untersucht. Nun hatte Faraday Erfolg. Es ließ sich eine durch den Stab verursachte Drehung der Schwingungsrichtung des polarisierten Lichts nachweisen. Sie trat ein, falls der Lichtstrahl parallel zu den magnetischen Kraftlinien verlief. Die Richtung der Drehung hing von der Richtung der Kraftlinien relativ zu der des Lichtstrahls ab, ihr Betrag von der Intensität der magnetischen Kraft und der Länge des Lichtwegs im Glasstab (§2152ff). Weil dieser Effekt nicht im leeren Raum, sondern nur bei Verwendung transparenter Medien eintrat, mußten die magnetischen Kräfte diesen Medien einen besonderen Zustand vermitteln, der für die Drehung der Schwingungsrichtung ursächlich war (§2224). Er stimmte mit dem in Eisen induzierbaren, magnetischen Zustand nicht überein, denn die ihm unterworfenen Medien zeigten offenbar keinen normalen Magnetismus. Da sie ihre optische Aktivität nach Entfernen der magnetischen Kraft sofort wieder verloren, mußte es sich um einen erzwungenen, um einen Spannungszustand handeln. Faraday zweifelte nicht daran, daß eine Verspannung der Materie inhärenten Kräfte vorlag, die unabhängig von deren "Beleuchtung" hervorgerufen wurde (§2225ff).

Dieser "magnetooptische Effekt" war eine Sensation (Agassi 1971, S.295). Erstens konnte er als Beleg für die von Faraday geforderten Spannungszustände in elektrischen oder magnetischen Kräften unterworfenen Medien gelten. In diesem Sinne sprach Faraday von der Erleuchtung oder Sichtbarmachung der magnetischen Kraftlinien (Anmerkung zum Titel der 19. Reihe). Zweitens unterstrich der Effekt die Bedeutung der Faradayschen Konzepte. Denn eine allgemeine Beschreibung der experimentellen Ergebnisse, die nicht auf die nur im Einzelfall gegebene Lage der Pole zurückgriff, konnte ohne Verwendung des Begriffs "Kraftlinie" nicht formuliert werden (vgl. Agassi 1971, S.297f). Möglicherweise deshalb bereicherte Faraday seine Theorie des Magnetismus wenig später um einen weiteren Begriff (ebenda): Er bezeichnete jetzt den Raum, in dem magnetische Kräfte wirken, als "magnetisches Feld". Jeder von magnetischen Kraftlinien durchsetzte Raum war ein magnetisches Feld (§2806). Der magnetooptische Effekt war schließlich ein letzter großer Erfolg des romantisch-dynamistischen Programms. Durch ihn wurde ein Zusammenhang zwischen magnetischer Kraft und Licht aufgezeigt, die Wandelbarkeit und Einheit der Naturkräfte nocheinmal schlüssig belegt.

"So ist denn, wie ich glaube, zum ersten Male, eine wahrhafte, unmittelbare Beziehung und Abhängigkeit zwischen dem Licht und den magnetischen und elektrischen Kräften festgestellt, und somit haben die Thatsachen und Betrachtungen, welche zu beweisen scheinen, dass alle Naturkräfte ein Band umschliesst und alle einen gemeinsamen Ursprung haben ... einen mächtigen Zuwachs erhalten"(§2221; vgl. auch §2146).

Magnetisierung des Raumes, die Wirkungsweise magnetischer Kräfte

Der magnetooptische Effekt führte Faraday zum Konzept bzw. der Entdeckung des sogenannten Diamagnetismus: Er hatte gezeigt, daß Glas im magnetischen Feld in einen neuartigen magnetischen Zustand versetzt wurde. Es lag nahe zu überprüfen, ob sich dieser Zustand nicht auch auf andere Weise äußerte. Sollten sich Glasstäbe nicht wie eiserne Gegenstände im magnetischen Feld ausrichten? Faraday befestigte einen dünnen Faden in der Mitte eines Glasstabs und hing ihn damit zwischen den Polen eines besonders starken Hufeisenmagneten auf. Tatsächlich ließ sich eine Wirkung feststellen: Der Stab stellte sich quer zu den magnetischen Kraftlinien ein und verharrte in dieser Lage, solange die magnetische Kraft aufrechterhalten wurde (§2253ff).

Bemerkenswerterweise waren ähnliche Effekte mehrfach schon vor 1845 beobachtet worden. Niemand hatte ihnen bislang tiefere Bedeutung beigemessen, stattdessen hatte man sie stets nur wegerklärt (vgl. Anmerkung zum Titel der 20. Serie; Williams 1965, S.393). Durch seine theoretischen Erwartungen sensibilisiert, deutete Faraday den Effekt jetzt sofort als abweichendes magnetisches Verhalten. Als aufschlußreich erwiesen sich Versuche mit Glaskugeln oder -würfeln. Sie richteten sich nicht im Feld aus, wurden aber von Magnetpolen abgestoßen. Dabei war es ohne Bedeutung, ob es sich um einen Nord- oder Südpol handelte (§2274). Als das Gemeinsame all seiner Ergebnisse erkannte Faraday die Tendenz der Glaskörper, sich von Orten stärkerer zu solchen schwächerer magnetischer Kraft zu bewegen. Dieses Prinzip erklärte, warum sich längliche Gegenstände quer zu den Feldlinien einstellten. Ihre Enden entfernten sich von den Polen, an denen starke magnetische Kräfte wirkten. Sie wichen in die Richtung aus, in der die Intensität des Magnetismus' abnahm (§2267ff). Faraday erkannte bald, daß nicht nur das von ihm benutzte Glas diese Eigenschaft besaß. Vielmehr konnte er im Laufe seiner Untersuchungen magnetische Kraftwirkungen auf fast alle verfügbaren Substanzen, auch auf Flüssigkeiten und Gase nachweisen. Entweder zeigten sie dieselbe magnetische Eigenschaft wie Glas - diese Stoffe nannte er "diamagnetisch" - oder sie verhielten sich wie Eisen. Diese zweite Klasse bezeichnete er als "paramagnetisch" (§2790). Überraschenderweise erwiesen sich die meisten Stoffe als diamagnetisch. Zu ihnen rechnete Faraday beispielsweise Wasser, Holz, Zucker, Schwefel, Fleisch, Blut, Leder, Äpfel und Brot (§2280). Von den Metallen ließen sich als paramagnetisch Eisen, Nickel, Kobalt, Platin, Palladium und Titan, als diamagnetisch Antimon, Blei, Cadmium, Gold, Kupfer, Silber, Quecksilber, Wismut, Zink und Zinn identifizieren (§2291f, 2295). Unter den letzteren nahmen die heute sogenannten "ferromagnetischen" Stoffe Eisen, Nickel und Kobalt, noch einmal eine Sonderstellung ein, da in ihnen, so Faraday, im Gegensatz zu allen anderen Substanzen bleibender Magnetismus erregt werden konnte (§2833).

Erst 1850, also nach weiteren fünf Jahren, legte Faraday eine allgemeine Theorie der magnetischen Kräfte vor (1). Nur die ferromagnetischen Substanzen zeigten ein Verhalten, das dem der Dielektrika entsprach. Nur an ihnen zeigte sich die magnetische Kraft als Polarkraft, indem sie der elektrischen analog Polarität induzierte und sowohl anziehende als auch abstoßende Kräfte produzierte. Die Disanalogie zwischen elektrischen und diamagnetischen Kräften erwies sich als Hindernis der Theoriebildung (Gooding 1981, S.248) und zwang Faraday schließlich zur Modifikation seines Kraftkonzepts:

---

(1) Die folgenden Absätze geben Faradays Gedankengang nur verkürzt wieder. Sie haben lediglich den Zweck, seine Theorie plausibel zu machen.

Namentlich Oersted und der deutsche Physiker Weber vertraten die Auffassung, es gäbe eine diamagnetische Polarität. Sie sollte der ferromagnetischen Polarität analog, zugleich aber entgegengesetzt sein, sodaß ein Magnetpol an der ihm nächstgelegenen Stelle eines diamagnetischen Körpers einen gleichnamigen, an der ihm gegenüberliegenden Stelle einen ungleichnamigen Pol induzierte. In der Tat schien diese Annahme die diamagnetischen Kräfte zu erklären (vgl. Williams 1965, S.422ff, 440). Faraday entwickelte dagegen im Laufe der Jahre den Standpunkt, es gäbe keine diamagnetische Polarität. Weder zeigten diamagnetische Körper eine besondere Beziehung zu einem der Pole des induzierenden Magneten, denn sie wurden von jedem Pol und auch von beiden zugleich abgestoßen (§2274). Noch ordneten sich Wismutspäne im Magnetfeld zu Kraftlinien an (Williams 1965, S.429), noch zeigte Wismut, das unter dem Einfluß magnetischer Kräfte erstarrt war, eine regelmäßige kristalline Struktur (Williams 1965, S.433). Die von Weber und anderen vorgelegten Beweise für die Existenz diamagnetischer Pole schienen Faraday nicht zwingend zu sein (vgl. 23. Reihe); er sah keinen positiven Beweis für eine tatsächliche diamagnetische Polarität (§2693, 2719) und damit auch keinen für einen polaren Zustand der Teilchen diamagnetischer Substanz.

Ebenso fehlte jeder Beleg für eine Kraftwirkung der Magnetpole auf die Teilchen der dia- oder paramagnetischen Substanzen. Denn falls ein paramagnetisches Gas von einem Pol angezogen wurde, mußte dies mit einer Verdichtung des Gases einhergehen. Entsprechend war für ein diamagnetisches Gas unter dem Einfluß starker magnetischer Kräfte eine Expansion zu erwarten (§2721). Keinen dieser Effekte konnte Faraday nachweisen (§2750, 2756). Die magnetische Kraft stand offenbar in keiner Relation zu den Teilchen der magnetischen Medien.

Einen Hinweis auf eine mögliche Theoretisierungsrichtung gab die Tatsache, daß den magnetischen Kräften offensichtlich eine Art Differenzeffekt zugrunde lag: Ein diamagnetischer Körper verhielt sich nur dann diamagnetisch, wenn er in ein weniger diamagnetisches oder ein paramagnetisches Medium eingetaucht war. Von stärker diamagnetischer Substanz umgeben, zeigte er stattdessen paramagnetisches Verhalten. Und entsprechende Regeln galten auch für die Kräfte auf paramagnetische Körper (§2362ff, 2757ff). Auf diesen Erfahrungen war die Ansicht gegründet, es gäbe schließlich nur einen, den normalen Magnetismus, der allen Substanzen in verschiedenem Grad zukam. Alle magnetischen

Kräfte sollten durch paramagnetische Anziehung und die Verdrängung der jeweils weniger magnetischen Substanz entstehen. Diese Auffassung, so Faraday, scheiterte jedoch an der Tatsache, daß ein diamagnetischer Körper abstoßende Kräfte auch im Vakuum erfuhr, also auch da, wo kein verdrängendes Medium vorlag (Williams 1965, S.434).

Faradays endgültige Theorie ging von einer Analogie zur Wirkungsweise der elektrischen Kräfte aus. Vormals hatte er argumentiert, die elektrischen Kraftlinien würden in Körpern mit großer Leitfähigkeit verdichtet und eben diese Körper zu den Stellen stärkster elektrischer Kraft hingezogen. Dies auf magnetische Körper übertragend, war die Erklärung der magnetischen Kräfte nicht in polarisierenden Wirkungen auf die Teilchen der Medien, sondern in einer Leitfähigkeit für magnetische Kraft, die den Körpern als ganzen zukam, zu suchen. Die Körper großer Leitfähigkeit bewegten sich dann zu den Stellen stärkerer Kraft, die geringer Leitfähigkeit zu den Stellen schwächster magnetischer Kraft (Gooding 1981, S.244). Dabei waren diese Bewegungstendenzen letztlich durch ein von Faraday unterstelltes Ökonomieprinzip begründet. Denn jeder Körper bewegte sich zu dem Ort, an dem er die magnetischen Kraftlinien am wenigsten störte, und dies geschah derart, daß während der Bewegung ein Minimum an Kraft verausgabt wurde (Gooding 1981, S.253, 274).

Alle Substanzen - so Faraday - haben eine spezifische Leitfähigkeit für magnetische Kraft. Der leere Raum definiert einen Fixpunkt auf der Skala dieser Eigenschaft. Substanzen, die stärker als das Vakuum leiten, sind paramagnetisch, die schwächer leitenden diamagnetisch (§2802, 2789f). Medien verändern die Struktur der Felder. Denn Körper mit starker Leitfähigkeit verdichten die Kraftlinien in sich, die mit geringer Leitfähigkeit drängen sie förmlich aus sich heraus (§2806, Abb. 3.4.4). Im konkreten Fall ist dabei das Verhältnis der Leitfähigkeiten der verschiedenen Medien im Feld für dessen Verzerrung ausschlaggebend (1). Für den leeren Raum gilt nach wie vor die Regel, nach der sich paramagnetische zu den Orten stärkster, diamagnetische Körper zu den Orten schwächster magnetischer Kraft bewegen (§2803). Liegen im Feld mehrere Medien vor, begeben sich die Körper stärkster Leitfähigkeit zu den

---

(1) Die Kraftlinien entsprachen in dieser Hinsicht den Stromlinien einer Flüssigkeit, die sich gemäß dem Prinzip des geringsten Widerstands ihren Weg sucht. Diese Analogie wurde von W. Thomson und J. C. Maxwell auch ausgearbeitet.

Orten stärkster Kraft und verdrängen dort die mit schwächerer Leitfähigkeit (§2798).

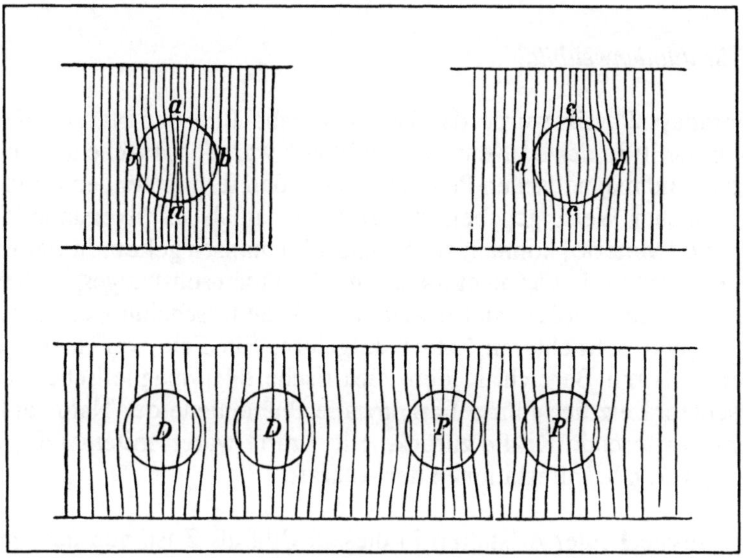

Abb. 3.4.4 Skizzen zur Wirkung magnetischer Medien (Faraday 1850). Oben: Deformation des Feldes. Das ursprünglich homogene, im leeren Raum existierende Feld wird links durch eine paramagnetische Kugel verändert, die die Kraftlinien in sich hineinzieht. Die Veränderung beschränkt sich nicht auf das von ihr eingenommene Volumen, sondern erfaßt auch den umgebenden Raum. Rechts ist die entsprechende Veränderung durch eine diamagnetische Kugel dargestellt. Wenn die bei (a) entstandenen Divergenzpunkte als induzierte Pole interpretiert werden, wird offensichtlich, daß die diamagnetische Kugel in diesem Sinne keine Polarität besitzt (vgl. §2819ff). Unten: Kraftwirkungen zwischen dia- und paramagnetischen Kugeln im Feld. Die diamagnetischen Kugeln (D) erzeugen Verdichtungen der Kraftlinien sowohl zwischen sich als auch links und rechts außen. Die stärkste Verdichtung ist zwischen den Kugeln, die sich voneinander entfernen. Die Eisenkugeln (P) verdünnen das Linienmuster zwischen sich und auf den Außenseiten. Zwischen den Kugeln ist die Verdünnung stärker als auf den abgewandten Seiten und deshalb bewegen sich die Kugeln nach außen (§2831).

Mithin betrachtete Faraday die magnetischen Kraftlinien nicht als Ketten polarisierter Teilchen. Sie existierten vielmehr als selbständige Zustände des leeren Raumes (Williams 1965, S.450f) und gingen eine Wechselwirkung mit Materie ein, aus der die Veränderungen der Linienmuster, die Polarisierungen der ferromagnetischen Körper und die magnetischen Kräfte resultierten. Die Polarität der magnetischen Kraft zeigte sich nur als Richtungssinn der Kraftlinien (vgl. Williams 1965, S.449).

Das "Kraftlinienweltbild"

In Faradays Physik wurde das herkömmliche Bild der Natur auf den Kopf gestellt: In der konventionellen Physik war die Ursache aller elektrischen und magnetischen Phänomene mit den fernwirkenden Fluida in anschaulicher Weise gegeben. Als Teil des damals selbstverständlichen Konzepts "Materie" konnten sie als unproblematisch gelten. In Faradays Physik tauchten sie gar nicht mehr auf. Die ihnen sonst zugesprochenen Eigenschaften wurden stattdessen als Begleiterscheinungen der als grundlegend betrachteten Felder aufgefaßt. Ein Feld war aber nichts anderes als ein Bereich, in dem elektrische oder magnetische Kräfte herrschten. Letztlich führte Faraday alle Phänomene der Natur auf im Raum existierende Kräfte zurück. Alle Kräfte waren miteinander verknüpft, waren Manifestationen der Allkraft:

Magnetische Felder existieren in diesem Bild als Zustände des leeren Raums. Magnete bzw. Ströme sind die Quellen der Magnetfelder. Als ganze erzeugen sie bestimmte Kraftlinienmuster, die die Struktur der Kraftverteilungen wiederspiegeln. In den Linienmustern existieren Stellen, die die Eigenschaften magnetischer Pole besitzen. Von ihnen gehen scheinbar die Kraftwirkungen aus. Medien verändern die Verteilung der Kraftlinien. In dieser Wechselwirkung erfahren sie mechanische Kräfte.

Elektrische Felder dagegen sind Zustände der Materie. Elektrische Kraft ist schon in den Atomen gespeichert, denn sie sind nichts anderes als Kraftkonfigurationen um einzelne Punkte. Sobald die atomaren Kraftfelder verzerrt werden, zeigt sich elektrische Kraft. Die Verzerrung oder Polarisation der Atome pflanzt sich durch isolierende Medien in Form von Ketten fort. Wo solche Ketten an leitenden Körpern enden, wird mechanische Kraft ausgeübt. Elektrischer Strom besteht im wiederholten Aufbau und Zusammenbrechen elektrischer Felder. Durch diesen Prozess entstehen magnetische Kräfte.

Vermutlich, so Faraday, ist aller Raum von Kraftlinien durchzogen (vgl. Williams 1965, S.388). Licht läßt sich dann als Schwingung der Kraftlinien verstehen; der Äther ist eine überflüssige Erfindung (Faraday 1891, Bd.3, S.410ff).

Diese Ideen riefen bei Faradays Zeitgenossen Fassungslosigkeit hervor (vgl. z.B. Helmholtz 1896, S.253). Zwar erfreute sich Faraday hoher Anerkennung als Experimentator, als Theoretiker wurde er jedoch ignoriert. Dafür gab es gute Gründe:

* Faradays Kraftbegriff widersprach der Newtonschen Mechanik.
* Die Theorie der Felder im leeren Raum widersprach dem Dogma, daß der leere Raum keine Qualitäten hat. In der Tat ist es schwer vorstellbar, daß reale Vorgänge ohne einen materiellen Träger ablaufen.
* Mit dem Ende der romantischen Periode - in Deutschland begann es ab 1830 - waren romantische Ideen, wie die einer wandelbaren Allkraft, in Verruf geraten.

3.5 Die deutsche Elektrodynamik in der Mitte des 19. Jahrhunderts: Fernwirkungen elektrischer Teilchen

Die erste umfassende, einheitliche und mathematische Theorie der elektrostatischen und elektrodynamischen Phänomene wurde in der Jahrhundertmitte von dem deutschen Physiker W.E. Weber konzipiert und dann nach und nach ausgearbeitet. Ihr Kern war sein "elektrodynamisches Grundgesetz", das zwei elektrischen Teilchen nach ihrem relativen Bewegungszustand eine elektrodynamische Wechselwirkungskraft zuordnete. Diese Entwicklung ist im Zusammenhang mit breiteren Strömungen zu sehen: mit der Professionalisierung der deutschen Physik und, damit einhergehend, der zunehmenden Wertschätzung mathematischer Theorien, mit der Orientierung an den Arbeiten der französischen Theoretiker und schließlich auch einem gewissen Festhalten mancher deutscher Physiker an der Integration philosophischer Gedanken in die Theoriebildung.

Der erste deutsche "Elektriker", der dem französischen Vorbild folgend mathematisch abstrakt arbeitete (Heidelberger 1979, S.100f) und dessen Ergebnisse auch deswegen lange Zeit nicht anerkannt wurden, war G.S. Ohm.

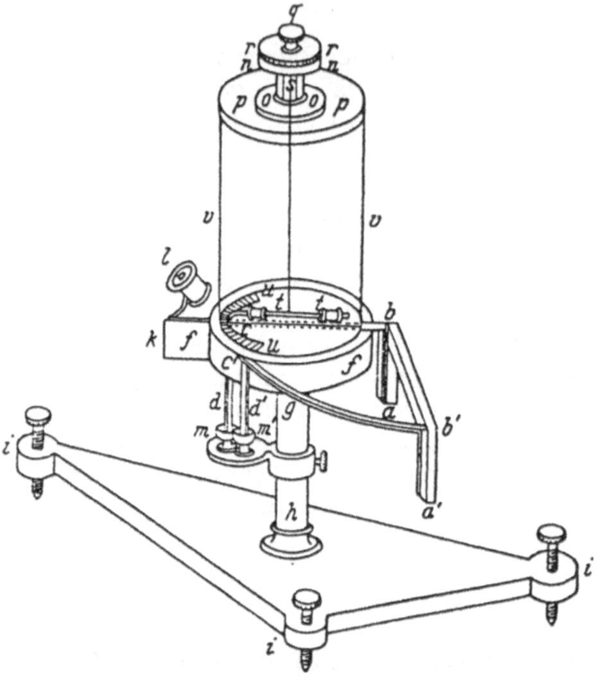

Abb. 3.5.1 Ohms Drehwaage (1826). Das Thermoelement besteht aus dem Wismutbügel a' b' b a, an dessen Schenkeln je ein Kupferstreifen angeschraubt ist. Der eine läuft unter dem Magnetstab tt zum quecksilbergefüllten Näpfchen m, der andere von a' über g nach d' zum Näpfchen m'. Bei m und m' wird der zu prüfende Draht angeschlossen. Der Schenkel a wird durch ein (nicht gezeichnetes) Gefäß mit Eiswasser gekühlt, a' durch ein weiteres mit kochendem Wasser erhitzt. Auf dem hölzernen Bodenteil f ruht die Glasröhre vv, auf ihrem Deckel die Scheibe oo mit dem drehbaren Zapfen rqr. An ihm hängt der feine Goldfaden mit dem Magnet tt und dem Zeiger c. Zur Messung wird das Gerät so ausgerichtet, daß bk mit der Richtung des magnetischen Meridians zusammenfällt. Bei geschlossenem Stromkreis wird der Magnetstab ausgelenkt. Man dreht nun den Knopf rqr in die entgegengesetzte Richtung, bis der Magnet wieder die anfängliche Stellung eingenommen hat; der Drehwinkel ist ein Maß für die Stromstärke (vgl. Ohm 1826, S.12ff).

Das Ohmsche Gesetz, ein Beispiel für den Widerstand der Wissenschaft gegen Neuerungen

In den Jahren 1825-27 beschäftigte sich Georg Simon Ohm (1789-1854), damals Oberlehrer für Physik und Mathematik am Gymnasium zu Köln, mit den Vorgängen in galvanischen Ketten. Ansatzpunkt seiner Überlegungen war das verwirrende Verhalten von Multiplikatoren. Diese Geräte lieferten je nach Drahtlänge, Windungszahl und Leitermaterial unterschiedliche und scheinbar widersprüchliche Meßergebnisse (Schagrin 1963, S.544). Es ging mithin um die Frage, inwiefern die Stromstärke in einem einfachen Stromkreis aus Stromquelle, Meßgerät und einem variablen Widerstandsdraht von den Eigenschaften der einzelnen Komponenten abhing.

Bei seiner Experimentaluntersuchung verwandte Ohm ein Galvanometer, das der Coulombschen Drehwaage nachgebildet war (Abb. 3.5.1). Ein kleiner Stabmagnet hing an einem Torsionsdraht unmittelbar über einem Kupferstreifen, durch den der zu messende Strom geleitet wurde. Dessen elektromagnetische Kraft verursachte eine Drehung des Magneten, die dann durch Verdrillen des Torsionsdrahtes rückgängig gemacht werden konnte. Den dazu notwendigen Drehwinkel nahm Ohm proportional zur Stromstärke an.

Nachdem sich galvanische Apparate in einer ersten Versuchsreihe als unzweckmäßig erwiesen hatten - in den damals verfügbaren Ausführungen lieferten sie keine über längere Zeit konstanten Ströme -, benutzte Ohm in der entscheidenden Meßreihe als Stromquelle ein Thermoelement (Abb. 3.5.1): Ein aus Wismut gefertigtes eckiges Hufeisen wurde an seinen Schenkeln mit je einem Kupferstreifen verbunden. Zwischen den beiden Kontaktstellen stellte Ohm eine konstante Temperaturdifferenz her, indem er den einen Schenkel mit Eis auf den Gefrierpunkt kühlte, den anderen mit kochendem Wasser zum Siedepunkt erhitzte. Der eine Kupferstreifen war mit dem Galvanometer, dieses mit dem zu prüfenden Kupferdraht und der wieder mit dem zweiten Kupferstreifen verbunden. Dieser Versuchsaufbau erlaubte für damalige Verhältnisse sehr exakte Messungen.

Nun ersetzte Ohm den Kupferdraht durch andere Drähte von gleichem Material und Querschnitt, aber jeweils verschiedener Länge. Für jeden Draht wurde der zur Kompensation der magnetischen Kraft notwendige Torsionswinkel ermittelt. Es ergab sich eine Meßreihe, in der jeweils die Länge des verwendeten Drahtes sowie der Drehwinkel protokolliert waren. In seiner Veröffentlichung von 1826 stellte Ohm fest:

"Obige Zahlen lassen sich sehr genügend durch die Gleichung

$$X = a / (b + x)$$

darstellen, wobei X die Stärke der magnetischen Wirkung auf den Leiter, dessen Länge x ist, a und b aber konstante, von der erregenden Kraft und dem Leitungswiderstande der übrigen Teile der Kette abhängige Größen bezeichnen" (Ohm 1826, S.25).

Diese Gleichung war zunächst nicht mehr als ein den Daten angepaßter funktionaler Zusammenhang (1). X und x hatten als Meßgrößen physikalische Bedeutung; die Konstanten a und b mußten erst nachträglich interpretiert werden. Dazu variierte Ohm die Temperaturdifferenz am Thermoelement, woraus sich eine Veränderung von a ergab, während b erhalten blieb. Er schloß, daß es sich bei a um die "erregende Kraft", bei b um den inneren Widerstand der unveränderten Meßapparatur handelte (Ohm 1826, S.20, 24, 26). In seinem folgenden Artikel und in seiner Monographie "Die galvanische Kette, mathematisch bearbeitet" (1827) identifizierte Ohm a explizit als Spannung, d.h. als Differenz der mit dem Elektrometer an den Polen der Spannungsquelle meßbaren "elektroskopischen Kräfte". Damit ergab sich sein Gesetz zu $I = U/R$ (Heidelberger 1979, S.106ff; Caneva 1974, S.188).

Nicht ohne Grund hatte man bislang Strom und Spannung als zwei Größen betrachtet, zwischen denen kein innerer Zusammenhang bestand: Nur an offenen galvanischen Apparaten, d.h. im stromlosen Zustand der Kette, ließen sich Spannungen mit Elektrometern, den Meßinstrumenten für Spannung oder "Intensität" nachweisen. Wurde dann der Stromkreis mit metallischen Leitern geschlossen, gingen die Elektrometerausschläge auf Null zurück (Caneva 1974, S.191; Schagrin 1963, S.539f). Zwar war bekannt, daß die Spannung eines Thermoelements proportional zur angelegten Temperaturdifferenz wuchs. Aber auch dies war nur für offene Stromkreise nachgewiesen worden (Schagrin 1963, S.545). Dementsprechend beruhte Ohms Interpretation der Größe a nicht auf Messungen. Zwar erwies sie sich sofort als fruchtbar, da er mit seinem Gesetz die scheinbar irrigen Eigenschaften von Stromquellen und Multiplikatoren erfassen konnte (Ohm 1826, S.23ff). Dennoch war seine Annahme eines funktionalen Zusammenhangs zwischen Strom und Spannung eine im Grunde spekulative Modifi-

---

(1) Es gibt keine Hinweise darauf, wie Ohm diese Formel fand (vgl. Caneva 1974, S.189; Teichmann 1976, S.7). In seiner Veröffentlichung taucht sie ohne weitere Erklärung als Approximation der Daten auf.

kation des konventionellen Spannungskonzepts (1). Und ein nicht-zirkulärer, also auf Elektrometermessungen beruhender empirischer Beleg seines Gesetzes wurde erst 1849 von Rudolf Kohlrausch gegeben (Heidelberger 1979, S.155f, 160).

Ohms mathematischer Ansatz widersprach den herrschenden Auffassungen von Strom und Spannung. Beispielsweise schloß die von Ampère eingeführte Trennung von Strom- und Spannungsphänomenen den von Ohm gegebenen Zusammenhang zwischen Strom und Spannung aus. Denn Ampères Standpunkt zufolge lagen entweder Strom oder Spannung vor, niemals aber beide zugleich. Auch Poissons elektrostatische Theorie der Voltasäule ließ sich mit Ohms Ansatz nicht in Einklang bringen. Wenn die Vorgänge in der Säule sukzessiven Auf- und Entladungen einer Leydener Flasche entsprachen, war es offenbar unsinnig, der Säule einen inneren Widerstand zuzuordnen. Schließlich stand Ohms mathematisch-abstrakte Argumentation auch im Gegensatz zu dem in Deutschland während der 20er Jahre vorherrschenden Ideal qualitativer und anschaulicher Erklärungen (vgl. Heidelberger 1979, S.117ff). So wurde sein Gesetz erst nach Jahren allgemein anerkannt und auch in Deutschland erst in den 40er Jahren in den Rang verbrieften Wissens erhoben. Bis dahin wurde es im Ausland nicht zur Kenntnis genommen, im Inland nur von wenigen, nämlich den jüngeren der speziell mit Elektrizität befaßten Physikern (z.B. Fechner und Weber) verstanden und akzeptiert (Heidelberger 1979, S.154; Caneva 1974, S.192).

Professionalisierung der deutschen Physik und Wandel der methodischen Norm

Die deutschen Physiker waren in den 20er Jahren mehr oder minder in zwei Lager gespalten. Die Mechanisten versuchten, alle physikalischen Effekte auf die Wirkung ponderabler oder imponderabler Materie zu-

---

(1) Vermutlich hat Ohm auch deswegen sein Gesetz in der "Galvanischen Kette" noch einmal aus mehreren Hypothesen deduziert. Seine Argumentation mußte jedoch problematisch erscheinen, da er die elektroskopische Kraft mit Ladungsdichte identifizierte. Dieser Interpretation zufolge konnte in einem Leiter Elektrizität mit konstanter Dichte im statischen Gleichgewicht vorliegen, was Poissons Elektrostatik widersprach. Die Inkonsistenz wurde 1849 von Kirchhoff beseitigt, indem er die theoretische Ableitung des Ohmschen Gesetzes auf "elektroskopischer Kraft" in der Bedeutung von "Potential" aufbaute (Archibald 1988).

rückzuführen. Sie favorisierten die elektrischen und magnetischen Fluida. Die Dynamisten, unter ihnen besonders die naturphilosophisch orientierten Physiker, versuchten dagegen alle Erscheinungen aus dem Wirken polarer Kräfte zu erklären. Etwa mit Beginn der 30er Jahre setzte sich die mechanistische Partei durch (vgl. Molella 1972, S.73). Die gebildete Öffentlichkeit hingegen war nach wie vor dem dynamistisch-romantischen Denken zugeneigt (Hermann 1977, S.7f).

Weitgehende Übereinstimmung bestand zwischen beiden Parteien in methodischen Fragen: Wissenschaftliche Erkenntnis sollte unmittelbar aus experimentellen Erfahrungen, aus einleuchtenden "Fundamentalversuchen" oder "Zentralphänomenen" abgeleitet werden. Dabei strebte man höchste Anschaulichkeit an; mathematische Beschreibungen sollten nur dann verwendet werden, wenn das menschliche Vorstellungsvermögen zum anschaulichen Erfassen der Zusammenhänge nicht mehr ausreichte. Man erklärte ein physikalisches Phänomen, indem man es auf ein möglichst umfassendes, einheitliches und anschauliches Modell mechanistischer oder dynamistischer Art bezog. Intendiert war eine Deutung der Natur aus übergreifenden Prinzipien, Maßstäbe waren Unmittelbarkeit und Anschaulichkeit der Argumentation (Heidelberger 1979, S.93; Caneva 1978, S.68ff).

Ohms Arbeiten entsprachen keineswegs dieser methodischen Norm: Seine Experimente waren nicht qualitativ, sondern quantitativ. Erkenntnis wurde nicht unmittelbar, sondern mit Hilfe mathematischer Verarbeitung aus ihnen gewonnen und das Ergebnis dieser Bemühungen war nicht mehr als ein mathematischer Zusammenhang. Obwohl seine Theorie vom elektrischen Widerstand handelte, wurde (abgesehen von dem Hinweis auf eine Analogie zu den Gesetzen der Wärmeleitung) kein Strom- oder Widerstandsmodell eingeführt, keine anschauliche Erklärung geboten.

Ohm war ein früher Vertreter einer neuen Wissenschaftlergeneration, die ab den 40er Jahren an den deutschen Universitäten bestimmend wurde. Die Physiker dieser Generation verfolgten einen mathematisch-abstrakten Ansatz. Ihr Ideal einer Erklärung bestand nicht in der anschaulichen Deutung eines Phänomens, sondern in dessen mathematischer Beschreibung und deren Rückführung auf ein möglichst einfaches und umfassendes mathematisches Grundgesetz. Diese Art von Erklärung war so eng mit mathematischen Beschreibungen verbunden, daß letztere fast die erstere ersetzen konnte. Der Gebrauch physikalischer Modelle wurde deshalb von manchen Theoretikern (beispielsweise von F.E. Neumann, s.u.) nach Möglichkeit sogar ganz vermieden. Ein weiteres Kennzeichen der neuen Physik war ein vorher nie gekannter Anspruch an experimentelle Präzision. "Maass" und "messende Physik" waren Schlagworte, die nun "Anschaulichkeit" ersetzten. Dies manifestierte sich in umfangreichen, bis ins Detail dokumentierten Meßreihen, gespickt mit Beschreibungen der verwendeten Geräte und sorgfältigen Meßfehleranalysen, beispielhaft realisiert in W. Webers "Elektrodynamischen Maassbestimmungen" (Abb. 3.5.2). Physikalische Erkenntnis wurde auf indirektem Wege gewonnen. Ausgehend von Hypothesen entwickelte man mathematische Theorien, deren Konsequenzen anschließend durch Messungen überprüft wurden. Übereinstimmung der theoretischen Vorhersagen mit den empirischen Ergebnissen wurde als Beweis für die Wahrheit der zugrundegelegten Hypothesen gewertet (vgl. Caneva 1978, S.95ff):

"Die Aufgabe der mathematischen Naturlehre erfordert ..., dass man von einer Hypothese, als Grundlage, ausgehe, dass man alle Folgerungen der Hypothese mit mathematischer Strenge entwickele und die so entwickelten Folgerungen mit der Erfahrung vergleiche. Findet eine vollständige Uebereinstimmung statt, so ist die Hypothese als Wahrheit zu betrachten." (Lamont 1867, S.66)

Der geschilderte Wandel der methodischen Norm war teilweise durch die Professionalisierung der deutschen Physik in der ersten Hälfte des Jahrhunderts bedingt. Für diese Bewegung lassen sich gesellschaftliche Ursachen am Beispiel Preußens, des wichtigsten der deutschen Staaten, aufzeigen: Um die Jahrhundertwende setzte hier, beschleunigt durch die napoleonischen Kriege und die nachfolgende französische Besetzung, ein Wandel der gesellschaftlichen Ordnung ein. Die alte, ständische Ordnung, in der die soziale Stellung des Einzelnen durch seine Herkunft festgelegt war, wurde formal aufgehoben. Der Einzelne konnte nun - jedenfalls nach bürgerlich-liberalen Vorstellungen - seine Stellung in der Gesellschaft aufgrund eigener Fähigkeiten selbst bestimmen (vgl. Caneva 1978, S.143f). Das befreite, bürgerliche Individuum sollte durch humanistische Bildung zum Erkennen seiner persönlichen Freiheit und seiner Verpflichtungen gegenüber dem Staat geführt werden. Humanistische Bildung meinte dabei durchaus im wörtlichen Sinne "Menschenbildung" durch das Studium der antiken Kultur und der Philosophie. In den Naturwissenschaften wurde der eigenständigen Forschung, der Beschäftigung mit der "reinen" Wissenschaft ein ähnlicher

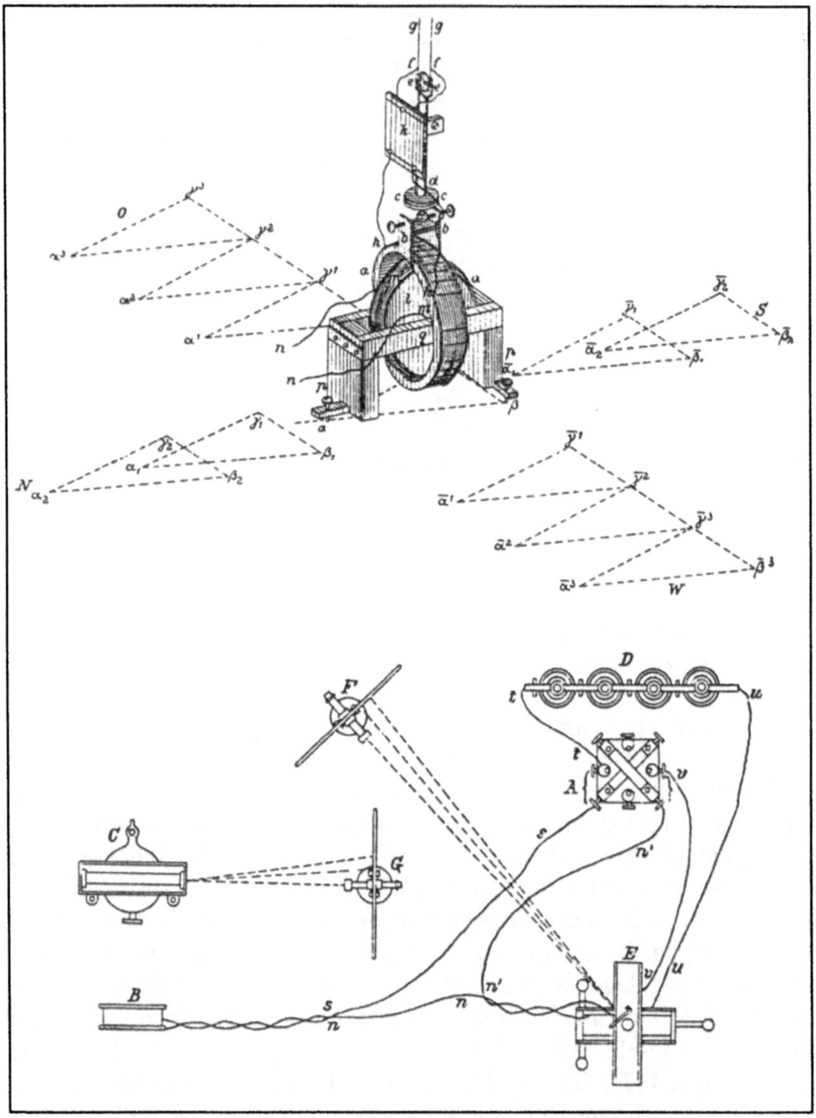

Abb. 3.5.2 Webers Versuchsaufbau zur Prüfung des Ampèreschen Gesetzes. Weber hielt es für notwendig, das Ampèresche Gesetz einer direkten experimentellen Prüfung zu unterwerfen. Oben Kern des Aufbaus: Im Holzgestell pp ist die Spule l fest gelagert. Sie befindet sich in der drehbaren "Bifilarrolle", die mit den Drähten gg an der Decke des Labors aufgehängt und an die Stromquelle angeschlossen ist. Stromdurchflossen üben beide Spulen ein Drehmoment aufeinander aus; die Bifilarrolle dreht sich, bis die

Verdrillung der Drähte die Bewegung stoppt. Der Drehwinkel ist ein Maß für die wirkende elektrodynamische Kraft. Das Holzgestell mit der festen Spule kann aus der Bifilarrolle herausgenommen und, wie gezeichnet, in bestimmten Abständen zu ihr aufgestellt werden. Das jeweils wirksame Drehmoment läßt sich nach Ampères Formel berechnen und mit den gemessenen Ausschlägen vergleichen. Unten gesamter Versuchsaufbau: Der Strom der Batterien D fließt durch die feste Spule, die Spule B, den Schalter A und die Bifilarrolle. Das Magnetometer C besteht aus einem an einem Torsionsdraht aufgehängten Stabmagneten. Er wird durch die Spule B ausgelenkt, wodurch die Stromstärke bestimmt werden kann. Die Ausschläge von Magnetometer und Bifilarrolle maß Weber mit Hilfe der Fernrohre G und F. Durch sie wurden mittels verspiegelter Flächen am Stabmagneten des Magnetometers bzw. an der Bifilarrolle jeweils unmittelbar neben dem Fernrohr plazierte Maßstäbe beobachtet. Nach damaligem Verständnis wurde Ampères Formel mit diesem Versuch glänzend bestätigt (vgl. Weber 1893, Bd.3, S.79).

Bildungswert zugeschrieben. Ein am unmittelbaren Nutzen orientiertes "Brotstudium" galt als unmoralisch (vgl. Turner 1971, S.144ff).

Die Reformperiode in Preußen führte zur Umgestaltung der höheren Bildungseinrichtungen. So wurde der Beruf des Gymnasiallehrers mit eigenem Studiengang und staatlicher Prüfung eingeführt. An den Universitäten wurde die Professorenrolle neu definiert. War sie im 18. Jahrhundert ausschließlich auf Lehre beschränkt, wurde jetzt zusätzlich Forschung erwartet. Im Gegensatz zur bislang üblichen Praxis übte nun die Kultusbürokratie entscheidenden Einfluß auf Berufungsverfahren aus; ihre Kriterien waren wissenschaftliche Originalität und anerkannte Forschungsleistungen, wie sie in den Veröffentlichungen des Bewerbers niedergelegt waren. Als Gutachter wurden dabei nicht selten französische Wissenschaftler herangezogen. Ab 1830 war es dann auch möglich, an Universitäten Physik als eigenständige Disziplin mit dem Berufziel "Physiker" zu studieren. Der übliche Vorlesungsbetrieb wurde in den folgenden Jahrzehnten durch Seminare, Praktika und Colloquien ergänzt, in denen die Studenten die Forschungsmethoden ihres Faches kennenlernten und an den Stand der Forschung herangeführt wurden (vgl. Jungnickel/McCormmach Bd.I 1986, Kap.5). (1)

Obwohl die von der bürgerlich-liberalen Bewegung getragenen Reformen schon 1820 vom konservativen Adel gestoppt wurden und eine Zeit 20jähriger Restauration einsetzte, ließen sich die Auswirkungen der Reformen nicht rückgängig machen. Auf der Basis des reformierten Bildungssystems wurden die deutschen Naturwissenschaften in Europa führend (Turner 1971, S.148).

Die bedeutendsten Elektrodynamiker der Jahrhundertmitte waren Franz Ernst Neumann und Wilhelm Weber. Sie gelten als Begründer der deutschen Fernwirkungstheorie der Elektrodynamik und ihre Biographien illustrieren die Umstände, unter denen die dem neuen Wissenschaftsideal wie der liberalen Bewegung verpflichteten Studenten in den Rang der ersten professionellen Physiker aufrückten.

F.E. Neumann - Werdegang eines idealistischen Studenten

Franz Ernst Neumann (1798-1895) wurde in der Nähe von Joachimsthal (Uckermark) geboren. Er war das uneheliche Kind einer Adeligen, in deren Diensten sein Vater als Gutsverwalter stand. Da die Heirat seiner Eltern wegen ihres Standesunterschieds nicht in Frage kam, wurde seine Herkunft geleugnet und er wuchs bei seinen Großeltern väterlicherseits auf (Burke 1974, S.26). Zum Besuch des Gymnasiums siedelte Neumann 1808 nach Berlin über. Der durch die französische Besatzung auf Preußen lastende Druck weckte in ihm einen glühenden Patriotismus, an dem er zeitlebens festhielt. So nahm er ab 1814 an den regel-

---

(1) All dies erklärt zwar die zunehmende Produktivität, Spezialisierung und theoretische Tiefe der deutschen Wissenschaft, die Orientierung am Ideal mathematischer Theoriebildung folgt jedoch nicht zwangsläufig. Indem er sich auf Bloor beruft, vertritt Caneva (1978, S.126, 147ff) die These, daß das Bild der gesellschaftlichen Organisation (u.a.) die Konzeption naturwissenschaftlichen Wissens bestimmt. Das Bindeglied zwischen beiden sieht er in der metaphorischen Übertragung gesellschaftlicher Strukturen in den naturwissenschaftlichen Bereich. So entspricht die ständische Gesellschaft der älteren konkretisierenden, die Klassengesellschaft der neueren abstrahierenden Physik. - Gemäß der hier vertretenen Auffassung ist diese These dahingehend abzuschwächen, daß die gesellschaftliche Ordnung nur neben anderen alltäglichen Systemen ein Modell zur Strukturierung naturwissenschaftlicher Erfahrung abgibt. Canevas These wird man nicht zwingend beweisen und in der hier gebotenen Kürze auch kaum plausibel machen können.

mäßig vom "Turnvater" Ludwig Jahn in der Berliner Hasenheide veranstalteten Übungen und "Kampfspielen" (L. Neumann 1904, S.30f) teil. Gerade 16 Jahre alt, zog er 1815 wie viele seiner Mitschüler als Freiwilliger in den Feldzug gegen Napoleon, auf dem er sich eine schwere Verwundung zuzog. Zurückgekehrt beendete er den Schulbesuch und studierte Mathematik und Mineralogie in Berlin, Jena und wieder Berlin. In Jena schloß er sich der studentischen Burschenschaftsbewegung an, die das politische Ziel eines demokratischen deutschen Nationalstaats verfolgte. 1815 von Jahn gegründet, wurde diese Bewegung ab 1819 wegen angeblich revolutionärer Umtriebe verfolgt.

Neumann war tief vom neuen Wissenschaftsideal beeinflußt, von dem Gedanken aus Fichtes "Reden an die deutsche Nation" (1807/8), "daß einzig und allein eine neue Erziehung aus dieser Schmach [der militärischen Niederlage, d. V.] erretten könne, eine Erziehung, welche an die Stelle der Selbstliebe eine andere Liebe setze, die Liebe zum Unvergänglichen, Ewigen. Zu diesem Zwecke müßte der Zögling vor allem zu geistiger Selbstthätigkeit angeregt werden, ..."(L. Neumann 1904, S.29, vgl. auch S.354f). Aufgewachsen in einer Zeit, in der traditionelle Ordnungen aufgehoben wurden, bedeutete für Neumann "Hingabe an das Ewige" offenbar die Beschäftigung mit den Gesetzen einer abstrakten Naturwissenschaft, wie er sie in den Schriften der französischen Theoretiker kennenlernte (vgl. Caneva 1978, S.250ff; Wangerin 1907, S.9). Die Studienmöglichkeiten, die er vorfand, standen in krassem Gegensatz zu seinen Ideen: Das Lehrangebot in Naturwissenschaften befriedigte ihn nicht. In Berlin war es schlicht unmöglich, den zuständigen Professor zu Vorlesungen über Mathematik zu bewegen. In Jena lohnte ihr Besuch nicht, da nur die elementarsten Gegenstände behandelt wurden. Neumann war auf selbständige Studien, vorwiegend französischer Lehrbücher, angewiesen (Wangerin 1907, S.9). Erst nachdem man im Kultusministerium auf sein Talent aufmerksam geworden war, wurde er finanziell unterstützt. Nach seiner Promotion (1826) bot man ihm eine Stelle an der Universität Königsberg an. Der Ort ergab sich offenbar aus wissenschaftspolitischen Überlegungen: Die Ziele der Bildungsreform sollten mit jungen, fähigen Dozenten in die wegen ihrer geographischen Lage isolierte Universität transportiert werden. 1829 rückte er dort zum ordentlichen Professor auf. Die Lehrverpflichtungen seines Amtsvorgängers Karl Gottfried Hagen (1749-1829) lassen das Niveau der bislang in Königsberg gebotenen Lehre ahnen. Hagen unterrichtete nicht weniger als Botanik, Zoologie, Mineralogie und Physik (Burke 1974,

S.27). Um sein kümmerliches Gehalt aufzubessern, arbeitete er zudem noch als Apotheker (L. Neumann 1904, S.95). Neumann dagegen unterrichtete nur Physik, Mathematik (nur Potentialtheorie) und Mineralogie; seine Arbeitsgebiete waren speziell Optik und Elektrodynamik. Mit seiner Lehrtätigkeit übte er großen Einfluß auf die folgende Physikergeneration aus, wobei das von ihm und C.G. Jacobi 1834 gegründete mathematisch-physikalische Seminar eine herausragende Rolle spielte. Pädagogisches Ziel des Seminars war, dem Gedanken der Erziehung durch und zur Selbsttätigkeit folgend, die Studenten zu eigenen Untersuchungen zu veranlassen und auf diese Weise auch in die neuen Forschungsmethoden einzuführen. Die Seminararbeiten wurden dem Kultusministerium jährlich zur Begutachung vorgelegt und - dies bis in die 80er Jahre hinein - prämiert (vgl. Volkmann 1896, S.49ff). Beispielsweise sind Kirchhoffs Untersuchungen zur Strom- und Spannungsverteilung in verzweigten Kreisen aus Neumanns Seminar hervorgegangen.

Neumanns formale Theorie der induzierten elektrischen Ströme

Vormals hatte Ampère gezeigt, daß sich ein geschlossener, starrer Stromkreis hinsichtlich der von ihm ausgeübten elektromagnetischen Kräfte durch eine magnetische Doppelschicht ersetzen ließ. Die Äquivalenz der Kräfte war gegeben, falls nur die Doppelschicht, bei sonst beliebiger Form, durch den Leiterkreis berandet wurde und ihr auf die Flächeneinheit bezogenes magnetisches Moment mit dem Betrag der Stromstärke übereinstimmte. Nun ließ sich die magnetische Kraft zwischen zwei Teilchen magnetischen Fluidums mit Hilfe eines skalaren Potentials darstellen. Mithin, dies konnte als erwiesen gelten (vgl. Neumann 1979, S.305; Helmholtz 1882, Bd.1, S.61), mußten ebenfalls sowohl die Kraft zwischen einem starren geschlossenen Stromkreis und einem Magnetpol, als auch die zwischen zwei solcher Stromkreise aus einem Potential P ableitbar sein:

$$F_k = - (\partial/\partial q_k)P$$

F_k - Kraft in Richtung der Koordinate q_k des Magnetpols bzw. Stromkreises

Es gelang Neumann 1845, die Potentiale zu berechnen und mit ihrer Hilfe auch ein allgemeines Gesetz der elektromagnetischen Induktion zu formulieren. Denn er setzte als Prinzip,

"dass die Veränderung des Potentials, durch welches die Wirkung eines von der Einheit des Stromes durchströmten Leiters auf einen Magneten dargestellt wird, die Ursache und das Maass des inducirten Stromes ist, und es hierbei gleichgilt, wodurch diese Veränderung des Werthes des Potentials hervorgebracht wird, ob durch eine veränderte relative Lage des Magneten und des Leiters oder durch einen andern Umstand, wie z.B. durch eine Schwächung des Magneten." (Neumann 1845, S.309)

Mit der entsprechenden Forderung für zwei Stromkreise lautete sein "Prinzip":

$$U = (d/dt)(P/i)$$

i - Stromstärke im induzierten Kreis; U - induzierte Spannung; (Neumann setzte quasistationäre Verhältnisse voraus.)

Damit war 14 Jahre nach Faradays Entdeckung der elektromagnetischen Induktion erstmalig eine mathematische Theorie der vier Induktionsphänomene gegeben.

Die Berechnung der Potentiale lief auf die Nutzung der formalen Korrespondenzen zwischen Anordnungen von Strömen und von magnetischen Fluida hinaus, mit deren Hilfe die Integration des Ampèreschen Gesetzes gelang. Auf diese Weise erhielt Neumann folgende Ausdrücke (vgl. Helm 1904, S.40f, 44ff, 53; Neumann 1979, S.320):

* Potential zweier starrer geschlossener Stromkreise S_1 und S_2

$$P = -\frac{\mu_0}{4\pi} i_1 i_2 \int_{S_1}\int_{S_2} \frac{\underline{ds}_1\,\underline{ds}_2}{|\underline{x}_2-\underline{x}_1|}$$

$\underline{x}_1$ - Ort des Leiterelements $\underline{ds}_1$ von S_1 mit dem Strom i_1, $\underline{x}_2$ - Ort des Leiterelements $\underline{ds}_2$ von S_2 mit i_2

* Potential eines Magnetpols auf einen geschlossenen Stromkreis

$$P = \frac{im}{4\pi} \int_F \frac{(\underline{x}_2-\underline{x}_1)\underline{dA}}{|\underline{x}_2-\underline{x}_1|^3}$$

F - Fläche des Stromkreises, $\underline{dA}$ - dessen Flächenelement am Ort $\underline{x}_1$, i - Stromstärke, m - Polstärke, d.h. Menge des freien magnetischen Fluidums am Punkt $\underline{x}_2$

Dabei hatte das Flächenintegral eine anschauliche Bedeutung: Es repräsentierte den Raumwinkel, unter dem der Stromkreis vom Ort des Magnetpols aus gesehen erschien (vgl. Neumann 1979, S.327). Er wurde positiv gewichtet, falls der Strom aus dieser Perspektive entgegen dem Uhrzeigersinn zirkulierte, andernfalls negativ. Beim Durchgang durch die Fläche des Stromkreises sprang er deshalb um den Wert $\pm 4\pi$. Ein Magnetpol m, der mehrfach, und indem er den Leiter umfuhr, von der positiven Seite her durch den Stromkreis hindurchgeführt wurde, gewann bei jeder Umrundung einen Potentialzuwachs mit dem Betrag $i \cdot m$.

Für Neumanns Stil war seine Formulierung des Prinzips offenbar bezeichnend. Er gab keine im engeren Sinne "physikalische" Erklärung für die Induktion der elektromotorischen Kraft an. Stattdessen bezeichnete er als Ursache des Effektes die zeitliche Änderung einer in seiner Abhandlung rein formal eingeführten mathematischen Größe. Und als Begründung genügte ihm der Nachweis, daß eine von ihm zuvor benutzte (hier nicht erwähnte) Rechentechnik für die zuvor nur behandelte Induktion durch Bewegung, verglichen mit der Potentialmethode dasselbe Ergebnis lieferte (vgl. Neumann 1972, S.309ff). In einer zweiten Abhandlung (1847) gelang es Neumann, sein Prinzip auch auf Stromkreise mit beweglichen Teilen auszudehnen (vgl. ebenda, S.347).

W. E. Weber - das intellektuelle Milieu eines liberalen Professors

Wilhelm Eduard Weber (1804-91) wurde als Sohn des Theologieprofessors Michael Weber in Wittenberg geboren. Während seiner Schulzeit tat er sich gemeinsam mit seinem älteren Bruder Ernst Heinrich durch eine Schrift über allgemeine Wellenlehre hervor. Mit ihr erwarb er das Wohlwollen des Preußischen Kultusministers von Altenstein, der ihn fortan mit Sachmitteln für Experimente unterstützte. Offenbar entsprach diese Arbeit der vom Ministerium als zukunftsträchtig und besonders förderungswürdig angesehenen Richtung. Weber promovierte 1826 in Halle, habilitierte sich 1828. Zwei Jahre später wurde er als

Professor für Physik nach Göttingen berufen, wo er in den folgenden Jahren eng mit dem Mathematiker Carl Friedrich Gauß (1777-1855) zusammenarbeitete. Gauß hatte ein Meßverfahren für magnetische Kräfte entwickelt, das deren absolute, d.h. von den Eigenschaften des benutzten Meßmagneten unabhängige Bestimmung erlaubte. Gegenstand der gemeinsamen Arbeit von Gauß und Weber war die Organisation und Auswertung erdmagnetischer Messungen, die an verschiedenen Meßstationen rund um den Globus zu bestimmten Zeitpunkten vorgenommen wurden. Später entwickelte Weber auf der Basis von Gauß' Meßverfahren das erste einheitliche Maßsystem der Elektrodynamik, in dem alle elektrischen und magnetischen Messungen auf die Einheiten von Länge, Zeit und Masse zurückgeführt wurden. Erst damit war die Vergleichbarkeit der in verschiedenen Laboratorien vorgenommenen Messungen gegeben (siehe Wiederkehr 1960, Kap. 2; Rohlfs 1988).

Wie Neumann war Weber ein Anhänger damals fortschrittlich-liberaler Ideen und an politischen Fragen interessiert. Über sie konnte er in "höchsten Eifer geraten" (H. Weber 1893, S.54). 1837 wurde Ernst August der erste deutsche König des unter englischer Herrschaft stehenden Königreichs Hannover, zu dem auch Göttingen gehörte. Als eine seiner ersten Amtshandlungen hob er per Dekret die geltende Verfassung auf, was besonders in gebildeten Kreisen, unter Studenten und jungen Professoren zu einer "bedenklichen Gärung" (H. Weber 1893, S.54) führte. Weber, wie auch die Gebrüder Grimm, gehörte zu den sieben Göttinger Professoren, die öffentlich gegen den Verfassungsbruch protestierten. Binnen kurzem verfügte Ernst August für alle sieben ein Berufsverbot in seinem Herrschaftsbereich; drei von ihnen wurden des Landes verwiesen. In ganz Deutschland fand der Schritt der "Göttinger Sieben" Beifall und Zustimmung. In vielen Städten bildeten sich Komitees, die die Göttinger Professoren mit Spenden unterstützten, solange sie keine neue Anstellung fanden (vgl. H. Weber 1893, S.45ff). Weber wurde erst 1843 als Professor für Physik in Leipzig eingestellt. Nachdem Ernst August durch die Revolution von 1848 zum Einlenken gezwungen worden war, kehrte Weber im folgenden Jahr auf seine Professur in Göttingen zurück.

Wissenschaftliche Verdienste erwarb sich Weber nicht nur durch seine Untersuchungen zur Meßtechnik, sondern ebenso durch seine umfassende Theorie der Elektrodynamik, deren Kern sein legendäres "elektrodynamisches Grundgesetz" bildete. Es basierte auf der von ihm unbeirrbar vertretenen Annahme einer atomistischen Struktur der elektrischen Fluida, wie der Materie generell, indem es einen allgemeinen Ausdruck für die elektrische bzw. elektrodynamische Kraft zwischen zwei bewegten elektrischen Teilchen angab. Dabei war der Formalisierung ein besonderes, damals in Deutschland nicht unübliches (Wise 1982, S.62) Konzept von "physikalischer Kraft" unterlegt: Die zwischen zwei elektrischen Teilchen wirkende Kraft faßte Weber als eine Qualität auf, die das Teilchenpaar als Ganzes besaß. Jedes Teilchen für sich hatte nur die Eigenschaften Masse und Bewegung, während die Kraft zwischen ihnen der Ausdruck ihrer wechselseitigen raum-zeitlichen und im Kraftgesetz beschriebenen Beziehung war. Letztlich rührten dann Ausdehnung und alle höheren Eigenschaften von Materie ebenfalls nicht aus den Qualitäten einzelner Atome, sondern aus den immateriellen Eigenschaften der Teilchenpaare her. Das elektrische Teilchenpaar war die irreduzible Grundeinheit der Weberschen Elektrophysik und es war mehr als die Summe seiner Teile (Wise 1981, S.279; 1982, S.58).

"Jedem Paare von Körpertheilchen kommen Eigenschaften zu, die ganz unabhängig sind von den Eigenschaften der einzelnen Körpertheilchen. In diesen Eigenschaften der Paare liegt der Grund davon, dass bei jeder Aenderung der Entfernung beider Theilchen von einander Arbeit verrichtet wird. Es liegt nämlich in den Eigenschaften jeden Paares der Grund einer wechselseitigen Abstossungs- oder Anziehungskraft, welche mit der Entfernungsänderung der beiden Theilchen multiplicirt die vom Paare verrichtete Arbeit giebt." (Weber 1894, Bd.4, S.302)

Die Eigentümlichkeit dieses Konzepts verweist auf den philosophischen Kontext, in dem Weber arbeitete: Die Romantiker hatten den gesamten Kosmos als Produkt einer in ihm waltenden und von einem geistigen Prinzip geleiteten Ur- oder Allkraft gedeutet. Den Begriff der Materie führten sie entsprechend auf den der Kraft zurück. In Reaktion darauf versuchten in der Jahrhundertmitte deutsche Anhänger des Materialismus, Materie als primäre Gegebenheit aufzufassen und dann letztlich alle Erscheinungen der organischen und anorganischen Natur auf Eigenschaften und Wirkungen von Materie zurückzuführen. Sie entfernten Begriffe wie "Sinn" oder "Geist" und mit ihnen alle immateriellen Ursachen aus den Naturwissenschaften oder erklärten sie zumindest für irrelevant. Zwischen dem Standpunkt des extremen Idealismus, der den Geist der Materie vorordnete, und dem des Materialismus, der statt dessen die Materie als grundlegend betrachtete, existierte noch ein dritter Standpunkt, der insbesondere in Leipzig und Göttingen durch Kollegen und Freunde Webers vertreten wurde. In ihm wurden Elemente der idealistischen Tradition mit dem der neuen mathematischen Physik zugrunde liegenden Atomismus verbunden (vgl. Molella 1972, S.74)(1).

Mit Weber eng befreundet war der Leipziger Physiker und Philosoph Gustav Theodor Fechner (1801-1887). In den frühen 20er Jahren war Fechner Anhänger der romantischen Naturphilosophie. Dann wandte er sich abrupt der experimentellen Physik zu. Er übersetzte in den folgenden Jahren mehrere französische Standardwerke ins Deutsche und trug auf diese Weise dazu bei, die französische Physik in Deutschland einzuführen. In einer Experimentaluntersuchung zum Galvanismus (1831) überprüfte und bestätigte Fechner als einer der ersten das Ohmsche Gesetz. Schließlich verwandte er als erster deutscher Physiker 1845 das Modell atomistischer elektrischer Fluida und das Doppelstrommodell. Auf beiden bauten dann Webers Untersuchungen auf. Nach dieser physikalischen Phase wandte sich Fechner philosophischen Fragestellungen zu (zu den biograph. Anm. vgl. Molella 1972, S.45ff). In seiner Schrift "Über die physikalische und philosophische Atomlehre" (1855) gab er dem seiner Ansicht nach für die neue Physik unverzichtbaren Atombegriff eine philosophische Rechtfertigung: Er verwarf das dynamistische Materiemodell, betrachtete Materie statt dessen als eine empirische Begebenheit. Zugleich aber lehnte er das ihm mechanistisch erscheinende Atom der Fluidaphysik ab. Denn, so Fechners Standpunkt, wären die physikalischen Kräfte den Atomen inhärent, dann wäre der Kosmos ein rein mechanisches Aggregat unabhängig voneinander agierender Teilchen. Es würde kein gemeinsames Band geben, das sie zu einer organischen Ganzheit verband und geistige Prinzipien hätten in dieser Weltmaschine keinen Platz (Wise 1981, S.285). Fechner löste den Konflikt zwischen physikalischem Atomismus und dem idealistischen Gedanken, der Geist habe Vorrang vor Materie, indem er dem Atom außer Masse und Bewegung alle Eigenschaften absprach. Atome waren nicht mehr als Punkte in Raum und Zeit. Die Eigenschaften von Materie sollten dann aus den Beziehungen zwischen Atomen herrühren und diese Beziehungen waren Gesetze, d.h. Kraftgesetze, die die Gesetzmäßigkeiten des Geistes ausdrückten. Sie bildeten die Schnittstelle zwischen objektivem physikalischen Wissen und subjektiver Erfahrung bzw. Naturerkenntnis (ebenda).

---

(1) vgl. auch Jungnickel 1979: Weber und Fechner trugen maßgeblich zur Gründung der Sächsischen Akademie der Wissenschaften (1846) bei (S.5). Mit den romantischen Naturphilosophen teilten die sächsischen Naturwissenschaftler den Gedanken der Einheit der Natur. Jedoch sollte die umfassende Naturerklärung mit Hilfe atomistischer Modelle und mathematischer Gesetze geschehen (S.34f).

Dieselben Metaphern tauchten in den liberalen politischen Vorstellungen auf, die in Webers gesellschaftlichem Umfeld vertreten wurden, z.B. durch den Historiker F.C. Dahlmann, der wie Weber einer der "Göttinger Sieben" war: Das Atom erscheint hier als bürgerliches Individuum, das seine Rechte nicht von sich aus besitzt, sondern in seiner Beziehung zu anderen, durch seine Funktion im Ganzen. Und der Staat ist mehr als ein Aggregat seiner Bürger, das durch einen künstlichen Kontrakt gebildet wird. Denn er existiert in deren organischer Beziehung, ist etwas Zusammengewachsenes - eine körperliche und geistige Gestalt. Das Gesetz drückt diese Verhältnisse aus, es vereinigt die Einzelnen im Dienste höherer Ideen (Wise 1983, S.101ff).

Nach den überlieferten Quellen äußerte sich Weber nur punktuell dazu, welchen philosophischen Stellenwert er selbst seinem Kraftkonzept und dem Modell der elektrischen Teilchen beimaß. Aber er war ein Liberaler, galt als Feind des Materialismus (vgl. Wise 1982, S.65; Molella 1972, S.136) und umgab sich mit Freunden, die naturphilosophischen Ideen nahestanden (1). Man wird also eine subtile Wechselwirkung zwischen seinen physikalischen Konzepten und den in seinem Umfeld vertretenen Ideen anzunehmen haben, die die besondere Form des elektrodynamischen Grundgesetzes, nämlich die Geschwindigkeits- und Beschleunigungsabhängigkeit der elektrischen Kraft, wenn nicht nahelegte, so doch zumindest pausibel erscheinen ließ und damit rechtfertigte.

Ein sicheres Fundament der Elektrodynamik: Webers allgemeines Gesetz der elektrischen Kräfte

1846 erschien die erste Abhandlung von Webers "Elektrodynamischen Maassbestimmungen", in denen er nach und nach seine Theorie entwikkelte und zu einem umfassenden System ausbildete. In dieser ersten Ar-

---

(1) Neben Fechner ist insbesondere der Leipziger Astrophysiker Carl Friedrich Zöllner (1834-1882) zu nennen, mit dem Weber ab Anfang der 70er Jahre befreundet war und dessen naturphilosophische Spekulationen dann vermutlich dazu beitrugen, Webers Theorien in den Augen mancher Physiker zu diskreditieren: Zöllner forderte eine universelle Belebt- und Beseeltheit der Welt, ein aktives Universum. Er legte den Atomen Lust- bzw. Unlustempfindungen bei und das Bestreben, in physikalischen Wechselwirkungen die Lust zu maximieren (vgl. Molella 1972, S.167ff). Zudem nahm er an, Webers elektrodynamisches Grundgesetz sei die richtige physikalische Beschreibung dieses Lust-Unlust Prinzips (vgl. Zöllner 1883, S.119ff).

beit gab er physikalische Erklärungen für die elektrodynamischen Kräfte und die Phänomene der Voltainduktion. Grundlage seiner Überlegungen war das Doppelstrommodell: Floß ein galvanischer Strom im Leiterelement ds_1, dann wurde die neutrale Elektrizität in ihm in zwei elektrische Massen $+e_1$ und $-e_1$ zerlegt, die sich mit den Geschwindigkeiten v_1 bzw. $-v_1$ gegenläufig bewegten. Die Stromstärke i_1 in ds_1 hatte den Betrag $(2e_1v_1)/ds_1$.

Die elektrodynamische Kraft zwischen zwei Stromelementen sollte nun als Resultat anziehender bzw. abstoßender Kräfte zwischen den vier Elektrizitätsteilchen in ihnen interpretiert werden (1):

$$\underline{F}[ds_1,ds_2] =$$

$$\underline{F}[+e_1,+e_2]+\underline{F}[+e_1,-e_2]+\underline{F}[-e_1,+e_2]+\underline{F}[-e_1,-e_2]$$

Dabei wirkten die Kräfte $\underline{F}[\pm e_1,\pm e_2]$ auf Elektrizitätsteilchen, dagegen $\underline{F}[ds_1,ds_2]$ auf die Leiter. Der Widerspruch löste sich jedoch mit der Annahme, Kräfte auf Elektrizitätsteilchen übertrügen sich wegen des elektrischen Widerstands auf die Leiter (vgl. Weber 1893, Bd.3, S.135ff). Nun kompensierten sich die elektrostatischen Kräfte auf die beiden Elektrizitätsteilchen eines Stromelements. Um elektrodynamische Kräfte zu erklären, war das Coulombsche Gesetz also zu einem Kraftgesetz für bewegte Ladungen in geeigneter Weise zu erweitern. Dazu machte Weber den Ansatz, daß zu Coulombs Term noch ein weiterer hinzutrat, der von Abstandsgeschwindigkeit und -beschleunigung der beiden betrachteten Teilchen abhing:

$$\underline{F} = \frac{1}{4\pi\epsilon_0}\,\frac{e_1e_2}{|\underline{r}_{12}|^3}\,\underline{r}_{12}\left[1-a^2\left(\frac{d}{dt}|\underline{r}_{12}|\right)^2+b\frac{d^2}{dt^2}|\underline{r}_{12}|\right]$$

$\underline{r}_{12} = \underline{x}_2-\underline{x}_1$; $\underline{x}_1$ - Ort von e_1; $\underline{x}_2$ - Ort von e_2, $\underline{F}$ - Kraft von e_1 auf e_2; a, b - unbekannte Konstanten (2)

---

(1) Die eckigen Klammern sollen andeuten, daß die Kraft zwischen ds_1 und ds_2 bzw. $\pm e_1$ und $\pm e_2$ gemeint ist.

(2) Ich verwende internationale Einheiten und die rationale Schreibweise der Gleichungen. Dadurch ergibt sich an dieser Stelle ein ahistorisches Moment, das eine nur sinngemäße Wiedergabe des Gedankengangs zuläßt: Weber verwendete elektrostatische und elektromagnetische Einheiten. Sein Gesetz machte die Bestimmung der Einheitenverhältnisse nötig und auf den daraus erhaltenen Beziehungen basiert das moderne Maßsystem.

In diesem Ansatz schlug sich das Konzept von Kraft als Ausdruck einer raum-zeitlichen Beziehung nieder. Denn die beschriebene Kraft hing von der relativen Lage beider Teilchen und deren zeitlicher Veränderung ab. Es handelte sich um keine Kraft, die von einem Teilchen sozusagen "abgesprüht" wurde und dann auf das zweite wirkte. Denn sie war auch formal nicht durch Einführung eines Standard-Probeteilchens als Eigenschaft von Raumpunkten beschreibbar. Sie konnte vielmehr nur für zwei gegebene Teilchen mit bekanntem Bewegungszustand angegeben werden.

Durch die Betrachtung einfacher Anwendungsfälle gelang Weber eine Bestimmung der Konstanten a und b:

$$2a^2|\underline{r}_{12}| = b$$

Damit erhielt das Gesetz die Form:

$$\underline{F} = \frac{1}{4\pi\epsilon_0}\frac{e_1e_2}{|\underline{r}_{12}|^3}\underline{r}_{12}\left[1-a^2\left(\frac{d}{dt}|\underline{r}_{12}|\right)^2 + 2a|\underline{r}_{12}|\frac{d^2}{dt^2}|\underline{r}_{12}|\right]$$

(vgl. ebenda S.138-144)
Nun blieb noch die Konstante a zu bestimmen, wozu Weber aus seinem Gesetz durch Summation der vier Einzelkräfte die elektrodynamische Kraft $\underline{F}[ds_1,ds_2]$ zwischen zwei Stromelementen berechnete:

$$\underline{F}[ds_1,ds_2] = \frac{1}{4\pi\epsilon_0}\frac{e_1e_2}{|\underline{r}_{12}|^3}\underline{r}_{12}\cdot 8a^2\cdot\left[3\frac{(\underline{r}_{12}\underline{v}_1)(\underline{r}_{12}\underline{v}_2)}{|\underline{r}_{12}|^2} - 2\underline{v}_1\underline{v}_2\right]$$

Dies stimmte mit Ampères Gesetz überein, falls folgende Beziehung gegeben war:

$$(1/4\pi\epsilon_0)\cdot e_1e_2 8a^2 v_1 v_2 = (\mu_0/4\pi)\cdot i_1 i_2 ds_1 ds_2 \qquad (X)$$

Und wegen $i_k \underline{ds}_k = 2e_k \underline{v}_k$ ergab sich der Zusammenhang:

$$a^2 = (1/2)\epsilon_0\mu_0$$

So erhielt Webers elektrodynamisches Grundgesetz (in moderner Schreibweise) folgende Form:

$$\underline{F} = \frac{1}{4\pi\epsilon_0} \frac{e_1 e_2}{|\underline{r}_{12}|^3} \underline{r}_{12} \left[1 - \frac{\epsilon_0\mu_0}{2} \left(\frac{d}{dt}|\underline{r}_{12}|\right)^2 + \epsilon_0\mu_0 |\underline{r}_{12}| \frac{d^2}{dt^2} |\underline{r}_{12}|\right]$$

(vgl. Weber 1983, Bd.3, S.157ff; Helm 1904, S.80)

Dies Gesetz besaß besondere Eigenschaften, die Weber teils in seiner ersten Abhandlung, teils in den folgenden angab:

* Physikalische Bedeutung der Konstanten a
Angenommen, zwei Elektrizitätsteilchen bewegen sich auf einer Geraden mit konstanter Abstandsgeschwindigkeit c' aufeinander zu oder voneinander weg. Wenn die Beziehung $1-a^2c'^2=0$ bzw. $c'=1/a$ erfüllt ist, üben sie in diesem Bewegungszustand keine Wirkung aufeinander aus: Es gibt eine Geschwindigkeit, bei der sich die elektrostatische und die elektrodynamische Kraft kompensieren. Man kann in Webers Gesetz für a auch das Inverse dieser Grenzgeschwindigkeit einsetzen (vgl. Weber 1893, Bd.3, S.366f).

* Zusammenhang der Konstanten a mit dem Verhältnis zwischen elektromagnetischer und elektrostatischer Stromeinheit
Sei nun - wie es der historischen Situation entsprach - Webers Gesetz in elektrostatischen und Ampères in elektromagnetischen Einheiten geschrieben, d.h. sei für $1/4\pi\epsilon_0$ und für $\mu_0/4\pi$ jeweils "1" eingesetzt. Die Gleichung (X) reduziert sich nun zu:

$$2e_1v_1 \cdot 2e_2v_2 \cdot 2a^2 = i_1ds_1 \cdot i_2ds_2$$

Dabei geben die $2e_kv_k/ds_k$ Webers Strom in elektrostatischen Einheiten, die i_k Ampères Strom in elektromagnetischen Einheiten an. Obwohl dieselbe Stromstärke beschrieben wird, handelt es sich um nach Dimension und Zahl verschiedene Angaben. Für ihr Verhältnis erhält man aus der gegebenen Gleichung:

$$\frac{1}{\sqrt{2}a} = \frac{\text{Stromstärke in elektrostatischen Einheiten}}{\text{Stromstärke in elektromagnetischen Einheiten}}$$

Deshalb konnte a durch Messungen eines Stroms, einmal in elektrostatischen und einmal in elektromagnetischen Strom- bzw. Ladungseinheiten, bestimmt werden. Diese für den damaligen Stand der Technik sehr aufwendige Untersuchung führte Weber 1857 durch. Es ergab sich für $1/\sqrt{2}a$, d.h. für das Verhältnis von elektromagnetischer zu elektrostatischer Ladungseinheit ein Wert, der nach Dimension und überraschenderweise auch nach Betrag gut mit dem damals anerkannten Meßwert der Lichtgeschwindigkeit übereinstimmte - eine Tatsache, aus der Weber jedoch keine weiteren Schlüsse zog (Wiederkehr 1960, S.112; Weber 1893, Bd.3, S.621, 651f). Insgesamt war damit a numerisch als das Inverse der mit $\sqrt{2}$ multiplizierten Lichtgeschwindigkeit bestimmt. Und die moderne Schreibweise der Gleichungen liefert für die Einheitenfaktoren ϵ_0 und μ_0 zusätzlich folgendes Ergebnis:

$$\epsilon_0\mu_0 = 1/c^2 \qquad c \text{ - Lichtgeschwindigkeit}$$

• Zusammenhang mit dem Energieprinzip

Obwohl Webers Kraft geschwindigkeits- und beschleunigungsabhängig war, widersprach sie doch dem Energieprinzip nicht. Als Beweis gab Weber 1848 ein skalares Potential seiner Kraft an:

$$V = \frac{1}{4\pi\epsilon_0} \frac{e_1 e_2}{|\underline{r}_{12}|} \left[1 - \frac{\epsilon_0\mu_0}{2}\left(\frac{d}{dt}|\underline{r}_{12}|\right)^2\right]$$

$$\underline{F} = - \mathrm{grad}_2 V$$

(vgl. Weber 1893, Bd.3, S.245; 1894, Bd.4, S.254f; Helm 1904, S.86)

Mit der Form dieses Potentials verband sich allerdings eine Verallgemeinerung des Potentialbegriffs, die erst später in die analytische Mechanik Eingang fand (vgl. Wiederkehr 1960, S.139): Die Kraft war insofern konservativ, als die Arbeit, die benötigt wurde, um das Zwei-Teilchensystem von einem Zustand in einen anderen zu überführen, nur von Lage und Bewegung der Teilchen in beiden Zuständen abhing. Sie war unabhängig vom dabei benutzten Weg und den auf ihm realisierten Bewegungszuständen (vgl. Weber 1894, Bd.4, S.155).

Für zwei ruhende Teilchen reduzierte sich Webers Gesetz auf das von Coulomb. Mithin wurden die Phänomene der Elektrostatik richtig beschrieben. Das Gesetz war zudem so gemacht, daß sich für stationäre Ströme das Ampèresche Gesetz ergab. So wurden die elektrodynamischen und, nahm man Ampères Magnetismustheorie hinzu, auch die elektromagnetischen Kräfte erfaßt. Der entscheidende Erfolg von Webers Gesetz bestand nun aber darin, daß es auch die Phänomene der Voltainduktion beschrieb und ihnen - so Webers Auffassung - eine über Neumanns formale Argumentation hinausgehende Erklärung gab (vgl. Weber 1893, Bd.3, S.196):

Zur Darstellung von Webers Gedankengang seien ds_1 als induzierendes, ds_2 als induziertes Leiterelement gegeben. Zu betrachten sind wieder vier Einzelkräfte, die vom Bewegungszustand der vier elektrischen Teilchen abhängen: $\underline{F}[+e_1,+e_2]$, $\underline{F}[-e_1,+e_2]$, $\underline{F}[+e_1,-e_2]$ und $\underline{F}[-e_1,-e_2]$. Es ist unerheblich, ob die Bewegungen der Teilchen aus galvanischen Strömen oder der Bewegung der Leiterelemente herrühren. Die Summe der vier Kräfte ergibt wieder die mechanische Kraft auf die Stromelemente. Die Differenz der auf $+e_2$ und der auf $-e_2$ wirkenden Kräfte sucht $+e_2$ und $-e_2$ in ds_2 zu trennen. Durch sie entsteht der induzierte Doppelstrom, und ihr auf die Ladungseinheit bezogenes Skalarprodukt mit $\underline{ds}_2$ ist die in $\underline{ds}_2$ induzierte elektromotorische Kraft dU (vgl. Weber 1893, Bd.3, S.166ff).

$$dU = (1/2e_2)\cdot\underline{ds}_2\{\underline{F}[+e_1,+e_2]+\underline{F}[-e_1,+e_2]- -\underline{F}[+e_1,-e_2]-\underline{F}[-e_1,-e_2]\}$$

Nun kann man die verschiedenen Geschwindigkeiten bzw. Beschleunigungen bestimmen und in Webers Kraftgesetz einsetzen. Die Summation der Einzelkräfte ergibt:

$$dU = \frac{\mu_0}{4\pi}\left[3i_1\frac{(\dot{\underline{r}}_{12}\underline{r}_{12})(\underline{ds}_1\underline{r}_{12})(\underline{ds}_2\underline{r}_{12})}{|\underline{r}_{12}|^5} - -2i_1\frac{(\underline{ds}_1\dot{\underline{r}}_{12})(\underline{ds}_2\underline{r}_{12})}{|\underline{r}_{12}|^3} - \left(\frac{d}{dt}i_1\right)\frac{(\underline{ds}_1\underline{r}_{12})(\underline{ds}_2\underline{r}_{12})}{|\underline{r}_{12}|^3}\right]$$

$\dot{\underline{r}}_{12}$ - Relativgeschwindigkeit von ds_1 und ds_2; ds_1 - induzierendes Leiterelement mit i_1 in $\underline{x}_1$; ds_2 - induziertes Leiterelement in $\underline{x}_2$; $\underline{r}_{12}=\underline{x}_2-\underline{x}_1$ (vgl. Weber 1893, Bd.3, S.171, 188, 202; Kaiser 1981, S.97; Helm 1904, S.84; für einen Spezialfall vgl. Abb. 3.5.3)

Um den Bezug auf reale Verhältnisse herzustellen, wird nun über zwei geschlossene Kreise, den induzierenden S_1 und den induzierten S_2 integriert. Dabei verschwinden bestimmte Terme und durch rein mathematische Umformungen ergibt sich der folgende Zusammenhang (vgl. Kaiser 1981, S.98f; Helm 1904, S.94):

$$U = -\frac{\mu_0}{4\pi}\frac{d}{dt}\int_{S_1}\int_{S_2} i_1 \frac{(\underline{ds}_1\underline{r}_{12})(\underline{ds}_2\underline{r}_{12})}{|\underline{r}_{12}|^3}$$

$$= -\frac{\mu_0}{4\pi}\frac{d}{dt}\int_{S_1}\int_{S_2} i_1 \frac{(\underline{ds}_1\underline{ds}_2)}{|\underline{r}_{12}|}$$

Damit hatte sich nun für geschlossene starre Leiterkreise auf der Basis des Doppelstrommodells und des elektrodynamischen Grundgesetzes das Neumannsche Induktionsgesetz ergeben. War es bei Neumann ad hoc gesetzt, so erhielt es nun eine tiefergehende und in Bezug auf die Grundkonzeption zwar nicht durch direkte Messungen, aber doch durch plausible Metaphern bzw. Modelle gerechtfertigte Begründung. Zwar bestanden zunächst noch Unstimmigkeiten zwischen den Theorien von Weber und Neumann im Fall von Leiterkreisen mit beweglichen Teilen. Sie wurden jedoch als Ergebnis fehlerhafter Anwendung der Theorie aufgefaßt und mit geeigneten Interpretationen bereinigt (Wiederkehr 1960, S.133). Damit waren nun auch alle bekannten Induktionsphänomene zutreffend beschrieben: Die Physiker des europäischen Festlands betrachteten während der folgenden drei Jahrzehnte die Arbeiten von Neumann und Weber als tragfähige Basis der gesamten Elektrodynamik (Wiederkehr 1960, S.133f; Helm 1904, S.85; Sommerfeld 1988, Bd.3, S.1). In diesem Sinne bemerkte Neumann in der Einleitung zu seiner Vorlesung über Elektrizitätslehre im Winter 1864/65:

"Dieses Gesetz [Webers Grundgesetz, d.V.] umfasst die sämmtlichen Fernewirkungen der Elektricität, die der strömenden, sowohl wie die der ruhenden; es folgen daraus die Ampèreschen Gesetze und die Gesetze der inducirten Ströme. Erst dadurch hat die Elektrodynamik ein sicheres Fundament gewonnen; das Gesetz leistet in seiner Sphäre ganz dasselbe, was das Newtonsche Gravitationsgesetz. Wir sind damit gewiss nicht auf der letz-

Induktion durch Bewegung

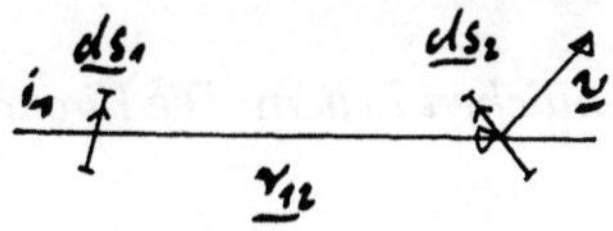

$$\underline{r}_{12} = \underline{x}_2 - \underline{x}_1$$

$$2 e_1 \underline{v}_1 = i_1 d\underline{s}_1$$

$$\text{gilt: } \dot{\underline{v}} = \dot{\underline{v}}_1 = \underline{0}$$

$$\underline{F} = \frac{1}{4\pi\varepsilon_0} \frac{e_1 e_2}{|\underline{r}_{12}|^3} \underline{r}_{12} \left[1 - \frac{\varepsilon_0\mu_0}{2}\left(\frac{d}{dt}|\underline{r}_{12}|\right)^2 + \varepsilon_0\mu_0 |\underline{r}_{12}| \frac{d^2}{dt^2}|\underline{r}_{12}|\right]$$

$$\frac{d}{dt}|\underline{r}_{12}| = \frac{(\underline{v}-\underline{v}_1)\,\underline{r}_{12}}{|\underline{r}_{12}|} \qquad \frac{d^2}{dt^2}|\underline{r}_{12}| = \frac{(\underline{v}-\underline{v}_1)^2}{|\underline{r}_{12}|} - \frac{[(\underline{v}-\underline{v}_1)\,\underline{r}_{12}]^2}{|\underline{r}_{12}|^3}$$

$$\Rightarrow -\frac{1}{2}\left(\frac{d}{dt}|\underline{r}_{12}|\right)^2 + |\underline{r}_{12}| \frac{d^2}{dt^2}|\underline{r}_{12}| =$$

$$= \frac{3}{2}\left(\frac{(\underline{v}-\underline{v}_1)\,\underline{r}_{12}}{|\underline{r}_{12}|}\right)^2 + (\underline{v}-\underline{v}_1)^2$$

$$dU = \frac{ds_2}{2e_2}\left\{\underline{F}[+e_1,+e_2] + \underline{F}[-e_1,+e_2] - \underline{F}[+e_1,-e_2] - \underline{F}[-e_1,-e_2]\right\}$$

$$= \frac{\mu_0}{4\pi} \frac{e_1}{2|\underline{r}_{12}|^3} (\underline{r}_{12}\, d\underline{s}_2) \left\{-3\left(\frac{(\underline{v}-\underline{v}_1)\,\underline{r}_{12}}{|\underline{r}_{12}|}\right)^2 + 3\left(\frac{(\underline{v}+\underline{v}_1)\,\underline{r}_{12}}{|\underline{r}_{12}|}\right)^2 + \right.$$

$$\left. + 2(\underline{v}-\underline{v}_1)^2 - 2(\underline{v}-\underline{v}_1)^2\right\}$$

$$\{\ldots\} = 3\,\frac{4(\underline{v}\,\underline{r}_{12})(\underline{v}_1\,\underline{r}_{12})}{|\underline{r}_{12}|^2} - 2\cdot 4\,\underline{v}\,\underline{v}_1$$

$$\Rightarrow dU = \frac{\mu_0}{4\pi} \frac{2e_1}{|\underline{r}_{12}|^3} (\underline{r}_{12}\, d\underline{s}_2) \left\{3\,\frac{(\underline{v}\,\underline{r}_{12})(\underline{v}_1\,\underline{r}_{12})}{|\underline{r}_{12}|^2} - 2\underline{v}\,\underline{v}_1\right\}$$

$$= \frac{\mu_0}{4\pi}\, i_1 \left\{3\,\frac{(\underline{v}\,\underline{r}_{12})(d\underline{s}_1\,\underline{r}_{12})(d\underline{s}_2\,\underline{r}_{12})}{|\underline{r}_{12}|^5} - 2\,\frac{(\underline{v}\,d\underline{s}_1)(\underline{r}_{12}\,d\underline{s}_2)}{|\underline{r}_{12}|^2}\right\}$$

Abb. 3.5.3 Rechenbeispiel zu Webers Theorie der Voltainduktion: Induktion bei stationärem induzierendem Strom und gleichförmiger Relativbewegung

ten Stufe unsrer Erkenntniss angelangt; es bedarf noch einer Erklärung des Gravitationsgesetzes und des Weberschen Grundgesetzes; aber dadurch kann das auf diesem Gesetze gegründete Gebäude keine Aenderung erleiden" (Neumann 1884, S.1f).

Erweiterung der Theorie auf Stöme in räumlichen Leitern: Die Kirchhoffschen Differentialgleichungen

In seiner Arbeit von 1845 hatte Neumann darauf hingeweisen, daß die Induktionstheorie noch für den Fall räumlich ausgedehnter Leiter zu erweitern sei. Diese Aufgabe erledigte sein Schüler Gustav Robert Kirchhoff (1824-87) im Jahre 1857. Er ging dabei vom Doppelstrommodell, dem Ohmschen Gesetz und der Weberschen Induktionsformel aus. Schon zuvor hatte Kirchhoff Ohms elektroskopische Kraft mit dem Wert der elektrostatischen Potentialfunktion $V_E(\underline{x})$ identifiziert. Die Spannung zwischen den Enden eines linearen Leiters war dann die Differenz der Potentiale. Darauf aufbauend konnte Kirchhoff die Grundgleichungen einer räumlichen Strömung etwa folgenderweise entwikkeln (vgl. Helm 1904, S. 88ff):

Sei ein Punkt $\underline{x}_2$ in einem räumlichen Leiter vorgegeben und sei der lokale Ladungsfluß mit der Stromdichte $\underline{i}(\underline{x}_2)$ beschrieben. Unter stationären Bedingungen hält der galvanische Apparat eine zeitlich konstante Potentialfunktion $V_E(\underline{x}_2)$ im Leiter aufrecht. Dann ist Ohms Gesetz zufolge die Stromdichte $\underline{i}(\underline{x}_2)$ dem Potentialgefälle in $\underline{x}_2$ proportional:

$$\underline{i}(\underline{x}_2) = -c\cdot \mathrm{grad}V_E(\underline{x}_2) =: c\cdot\underline{E}(\underline{x}_2)$$

Dabei bezeichnet c die Leitfähigkeit des Leitermaterials und $-\mathrm{grad}V_E$ die auf die Einheitsladung wirkende elektrische Kraft, die "elektromotorische Intensität" $\underline{E}(\underline{x}_2)$.

Sei nun ein kleines Volumenelement um $\underline{x}_2$ gezeichnet. Das Integral der Stromdichte über seine Oberfläche bezeichnet die pro Zeiteinheit aus dem Volumenelement herausfließende Ladungsmenge. Durch den Übergang zum Grenzfall eines infinitesimalen Volumenelements ergibt sich die Differentialgleichung für die Ladungsdichte ρ in $\underline{x}_2$:

$$-\dot{\rho}(\underline{x}_2) = \mathrm{div}\ \underline{i}(\underline{x}_2)$$

Im allgemeinen Fall wird die Strömung noch durch induzierte elektromotorische Kräfte beeinflußt. Zur Verallgemeinerung der Potentialformel kann man sich vorstellen, die räumliche Strömung sei aus linearen Stromfäden zusammengesetzt. Aus dem induzierten Leiter 2 wird der Stromfaden i_2 mit dem Leiterelement $\underline{ds}_2$ herausgegriffen, der durch den Punkt $\underline{x}_2$ hindurchgeht. Dann ist das Potential des induzierenden räumlichen Leiters 1 auf den induzierten Stromfaden i_2 nach Webers Formel:

$$P = -\frac{\mu_0}{4\pi}\int_{V_1}\int_{S_2}\frac{(\underline{i}_1(\underline{x}_1)\cdot\underline{r}_{12})(i_2\underline{ds}_2\underline{r}_{12})}{|\underline{r}_{12}|^3}\,dv_1$$

Mit der Setzung

$$\underline{A}(\underline{x}_2) = -\frac{\mu_0}{4\pi}\int_{V_1}\frac{(\underline{i}_1(\underline{x}_1)\cdot\underline{r}_{12})\cdot\underline{r}_{12}}{|\underline{r}_{12}|^3}\,dv_1$$

folgt mithin:

$$P = \int\underline{A}(\underline{x}_2)\,i_2\underline{ds}_2$$

Und das Induktionsgesetz liefert:

$$U = (d/dt)\int\underline{A}(\underline{x}_2)\underline{ds}_2$$

Mithin ist $\dot{\underline{A}}(\underline{x}_2)\underline{ds}_2$ die in $\underline{ds}_2$ induzierte elektromotorische Kraft und $\dot{\underline{A}}(\underline{x}_2)$ die an der Stelle $\underline{x}_2$ induzierte elektromotorische Intensität. Damit ergibt sich insgesamt:

$$\underline{E}(\underline{x}_2) = \underline{i}(\underline{x}_2)/c = -\,\mathrm{grad}V_E(\underline{x}_2) + \dot{\underline{A}}(\underline{x}_2)$$

Ausbau zum Weltbild: Webers Kosmos elektrischer Teilchen

Weber wollte elektrische Phänomene nicht nur formal beschreiben, sondern auch ihrem Wesen nach erklären und dies konnte durch Angabe einer Erklärung auf der Basis des Modells elektrischer Teilchen geschehen. Eine entsprechende Deutung mußte z.B. noch für den elektrischen Widerstand gegeben werden (Weber 1893, Bd.3, S.400f). Was waren die Ursachen der Kraft, die die Bewegung der elektrischen Fluida hemmte? Weber verwarf die Deutung des elektrischen Widerstands als mechanische Reibungskraft. Statt dessen nahm er an, die Widerstandskräfte seien elektrischer Natur: In einem stromlosen Leiter - so Weber - kreisen die elektrischen Teilchen paarweise umeinander, jeweils ein negatives und ein positives. Wirkt jetzt eine elektromotorische Kraft, dann wird dieser Zustand gestört. Die Bahn eines negativen Teilchens wird zu einer Ellipse verzerrt. Reicht diese bis in den Wirkungsbereich des nächsten positiven Teilchens, wechselt es zu diesem hinüber. Es resultiert eine Spiralbewegung des negativen Teilchens, durch die es von einem positiven Teilchen zum jeweils benachbarten weiterwandert. Gleichzeitig unterliegen die positiven Teilchen einer entsprechenden Spiralbewegung in entgegengesetzter Richtung. Wird die elektromotorische Kraft abgeschaltet, stellt sich sofort wieder der ursprüngliche Zustand ein. Die abwechselnde Trennung und Wiedervereinigung der Fluida im galvanischen Doppelstrom ist die Ursache des elektrischen Widerstands und mithin können permanente galvanische Ströme nur durch fortwährende Wirkung elektrischer Kräfte entstehen. Um die Existenz (permanenter) Ampèrescher Molekularstöme zu erklären, nahm Weber an, daß die beiden elektrischen Fluida eines Molekularstroms das Molekül auf verschiedenen Radien umkreisten. Sie begegneten sich bei ihren Bewegungen nicht und deshalb konnten keine Widerstandskräfte entstehen (vgl. Weber 1893, Bd.3; S.400ff).

Die Bewegungsenergie der Molekularströme deutete Weber als Wärme der metallischen Leiter. Mit diesem Konzept ließ sich dann die Erwärmung stromdurchflossener Leiter erklären, denn während der Strombewegung wurde von der elektromotorischen Kraft Arbeit, die sogen. "Stromarbeit" verrichtet: Nach der Trennung eines elektrischen Teilchens von seinem Partner - so Weber - wird es durch die elektromotorische Kraft beschleunigt. Es hat kinetische Energie gewonnen, wenn es von einem nächsten Teilchen wieder eingefangen wird. Seine zusätzliche Energie wird nun an Molekularströme abgegeben und es verläßt auch diesen Partner wieder mit geringer Anfangsgeschwindigkeit (vgl. Weber 1894, Bd.4, S.91ff, 338).

Den Lichtäther betrachtete Weber als ein aus elektrischen Teilchen bestehendes Medium. Seine Konstitution sollte in zunächst nicht näher bestimmter Weise transversale Wellen, d.h. Lichtwellen zulassen. 1862 beschäftigte sich Weber mit der Frage, in welcher Weise Lichtwellen von leuchtenden Körpern erzeugt wurden. Dazu modifizierte er das

Modell der Molekularströme zu einem wirklichen Planetenmodell. Statt zweier das ponderable Molekül gegenläufig umkreisender elektrischer Teilchen nahm er jetzt an, eines der beiden Teilchen wäre fest an das Molekül angeheftet. Dieses konnte man als ruhend betrachten, während das zweite kreiste. Das kreisende Teilchen konnte nun nach Webers Vorstellungen in den angrenzenden Ätherschichten Schwingungen auslösen; die Umlauffrequenz des Teilchens mußte mit der der Ätherschwingungen übereinstimmen. Es eröffnete sich damit die Möglichkeit, aus spektroskopischen Messungen Aufschluß über das Innere strahlender Körper zu erhalten (Weber 1894, Bd.4, S.95f).

Die bekannteste und am weitesten ausgearbeitete Anwendung des Weberschen Molekularstrommodells war seine Theorie des Diamagnetismus. Weber war von der Realität der diamagnetischen Polarität überzeugt. Er belegte diese Ansicht 1848 und 1862 mit Messungen, die offenbar zumindest auf dem Kontinent keinen Zweifel an der Realität diamagnetischer Pole bestehen ließen (Wiederkehr 1960, S.200f). Auch hier legte er eine atomistische Deutung der Phänomene vor: Zentral - so Weber - ist die Idee, daß durch die Kraft eines Magnetpoles im Diamagnetikum feste, beharrliche Molekularströme induziert werden. In diamagnetischen Stoffen liegen normalerweise keine Molekularströme vor. Jedoch gibt es in ihnen elektrische Fluida, die in solche Ströme versetzt werden können. In oder um den einzelnen Molekülen bestehen gewisse Bahnen oder Kanäle, in denen sich diese Fluida widerstandslos bewegen können. Was geschieht, wenn ein diamagnetischer Körper in die Nähe eines Magnetpols gebracht wird? Durch die Bewegung werden Molekularströme induziert. Nach der Theorie der Magnetinduktion sind sie so gerichtet, daß nächst dem Magnetpol ein induzierter gleichnamiger Pol entsteht, was die diamagnetische Polarität erklärt. Im Gegensatz zu den Eigenschaften normaler Molekularströme können die Ebenen dieser diamagnetischen Ströme nicht ausgerichtet werden. Da sie ferner als widerstandslos angenommen werden, verharren sie so lange, bis sie durch einen zweiten induzierenden Prozeß, z.B. durch Entfernung des Magnetpols aus der Nähe des Diamagnetikums wieder beseitigt werden (vgl. Weber 1893, Bd.3, S.557ff).

In späteren Jahren schrieb Weber seinem Grundgesetz wie dem Modell elektrischer Teilchen universelle Bedeutung zu. So dachte er sich die Atome normaler Materie aus Paaren seiner Teilchen zusammengesetzt. Deren jeweilige Anordnung und Bewegungszustände sollten die Eigenschaften der verschiedenen Elemente erklären. Wie sein Freund C.F. Zöllner (1834-1882) interpretierte er die Gravitation als elektrische Restkraft: Die anziehende Kraft zwischen den positiven und negativen elektrischen Teilchen zweier Atome sollte die abstoßende zwischen je zwei positiven oder negativen in geringem Maße überwiegen, sodaß sich insgesamt eine anziehende Kraft zwischen Atomen ergab. Schließlich betrachtete Weber die ganze physikalische Welt als einen Kosmos elektrischer Teilchen, deren Bewegungszustände und wechselseitige Kräfte durch das elektrodynamische Grundgesetz bestimmt wurden (z.B. Molella 1972, S.144). Diese spekulativen Ideen aus den 70er Jahren erreichten jedoch nicht mehr die Anerkennung, die seine ersten Arbeiten gefunden hatten. In diesen Jahren setzte in Deutschland eine Bewegung ein, die in den folgenden zwei Jahrzehnten zur Annahme einer ganz anders gestalteten Theorie der Elektrizität und des Magnetismus führte.

3.6 Die Äthertheorie des elektromagnetischen Feldes

Indem er Gedanken von Faraday aufgriff, entwarf der schottische Physiker James Clerk Maxwell in der zweiten Hälfte des 19. Jahrhunderts eine mathematische Theorie des elektromagnetischen Feldes. Dabei verstand er unter Feldern Zustände eines allgegenwärtigen mechanischen Mediums, des Äthers. Seine Theorie erklärte Licht als ein elektromagnetisches Phänomen und ihr Formalismus ist mit dem heute geläufigen Gleichungssystem der Elektrodynamik im Kern identisch. Dennoch unterscheiden sich beide Theorien im Hinblick auf die angenommenen physikalischen Vorgänge radikal.

3.6.1 Physik im Viktorianischen England

Wie in Deutschland hatte in England in den ersten Jahrzehnten des Jahrhunderts die Professionalisierung und Mathematisierung der Physik eingesetzt. Zunächst übernahmen die britischen Theoretiker die Mathematik und Physik der französischen Schule, das Programm der Laplaceschen Physik. Bald bildete sich jedoch auch hier ein eigener Stil theoretischer Physik heraus, der sich vom französischen Vorbild und ebenfalls vom Methodenideal der deutschen Physik, wie es im Kreis um Weber vertreten wurde, krass unterschied. Ausgangspunkte dieser Entwicklung waren das traditionell englische Ideal anschaulich-geometrischer Argumentation (Wise 1982, S.178ff), eine gewisse traditionelle Skepsis gegenüber allen hypothetischen Substanzen und Äthern (ebenda S.183), wie die Legitimation von Wissenschaft durch ihren praktischen Nutzen für die Nation (Blumtritt 1983, S.190, 193f).

Deshalb versuchten die britischen Theoretiker, allen nicht direkt überprüfbaren Hypothesen über die Struktur der mikroskopischen Welt zunächst auszuweichen. Eine Theoriebildung sollte nicht mit der Annahme hyothetischer Teilchen mit speziellen Wirkungsmechanismen, sondern mit der Analyse der zwischen makroskopischen Meßgrößen aufweisbaren Beziehungen ansetzen. Durch die Übertragung der so erhaltenen Gesetzmäßigkeiten auf infinitesimale Volumenelemente konnten sich dann grundlegende Differentialgleichungen ergeben (Wise 1982, S.185f). Der Mikrokosmos wurde so in Analogie zum Makrokosmos betrachtet, beispielsweise Moleküle wie makroskopische Körper modelliert (ebenda S.189). Eine weitere Möglichkeit solcher "hypothesefreier" Theoriebildung wurde später auch in der konsequenten Nutzung des Energieprinzips gesehen. Es lieferte zusätzliche mathematische Beziehungen und gestattete Beschreibungen der betrachteten Systeme, die keine Kenntnis von deren inneren Struktur voraussetzten (Moyer 1977, S.252ff).

Hinzu kam der durch prominente Physiker vermittelte Einfluß der schottischen Common Sense Philosophie. In ihr wurde gefordert, die Wissenschaft auf intuitiven, dem gesunden Menschenverstand unmittelbar einleuchtenden Grundsätzen aufzubauen. Besonders die Euklidische Geometrie galt als eine in diesem Sinne sicher begründbare Disziplin: Ihre Lehrsätze konnten aus offensichtlichen Axiomen abgeleitet werden und mithin kam ihnen eine herausragende Stellung innerhalb der Mathematik zu (Blumtritt 1983, S.184f). Als weniger sicher galt die Physik. Da dem Menschen keine Einsicht in die grundlegenden Zusammenhänge der Natur gestattet war, mußten die Grundsätze der Physik erst indirekt erschlossen werden. Die unterstellte, gottgegebene Einfachheit der Natur ermöglichte jedoch die Nutzung von Analogien und mit ihnen Schlüsse auf die den Phänomenen zugrundeliegende Struktur (Blumtritt 1983, S.185). So konnte der zunächst unzugängliche Bereich mikrophysikalischer Strukturen durch Bildung und Diskussion verschiedener Analogien erschlossen werden.

Der Mechanik oder allgemein mechanischen Strukturen wurde zentrale Bedeutung beigemessen. Sie war die fortgeschrittenste der physikalischen Disziplinen, und mechanische Systeme waren der mathematischen Analyse weitgehend zugänglich (Moyer 1977, S.253). Die Annahme, letztlich allen Phänomenen der physikalischen Welt lägen rein mechanische Vorgänge, also Bewegungen normaler Materie oder deren Kraftwirkungen zugrunde, eröffnete die Perspektive einer durch das Energieprinzip vereinheitlichten und auf Mechanik gegründeten Physik (Harman 1988, S.58f). Zudem kam der Mechanik damals auch besondere gesellschaftliche Bedeutung zu. In England hatte der Prozeß der Industrialisierung schon im 18. Jahrhundert eingesetzt. Bis zur Mitte des 19. Jahrhunderts war es "die Werkstatt der ganzen Welt" (Bernal 1978, S.510). Die rapide industrielle Entwicklung und mit ihr auch die politische und ökonomische Vormachtstellung, die England damals in Europa einnahm, basierten auf dem Einsatz mechanischer Maschinen und Vorrichtungen. Die Wasserräder, Dampfmaschinen, mechanischen Transmissionen und Arbeitsmaschinen in den Fabriken waren die Motoren der industriellen Revolution (Abb. 3.6.1). Es muß nahegelegen haben, sie als Modelle bzw. Metaphern zu benutzen und so ein rein mechanisches Verständnis der physikalischen Welt anzustreben (1). Die Untersuchung mechanischer Systeme versprach zudem auch direkten Nutzen. Denn die auf diese Weise gewonnenen Erkenntnisse ließen sich möglicherweise auf technische Probleme übertragen und damit für die Belange der Industrie verwerten (Blumtritt 1983, S.194). In jenem Zeitalter mechanischer Maschinen war es nur plausibel, als Physiker in die Rolle des Ingenieurs zu schlüpfen und Theorien zu konstruieren, indem man Maschinen entwarf, mit denen die Natur nachgeahmt wurde. Die Funktion dieser zunächst nur gedachten Konstruktionen konnte dann durch tatsächlich realisierte Modelle (siehe Abb. 3.6.4, 3.6.5) noch veranschaulicht werden (Boltzmann 1974, S.218).

---

(1) "The Industrial Revolution played a far greater role in shaping the minds of British than of French or German scientists. The physical content of British theories were drawn, not from astronomical analogies as with the French molecularists, but from engineering, from the characteristics of real materials. ... Rankine saw the operations of nature with the eye of a practised engineer. ... Rankine's physical imagination, like that of Maxwell or of Kelvin, was an engineering imagination, one which drew upon for its prototypes the processes and techniques of the mechanics of continuous media." (Kargon 1969, S.430; vgl. auch: Harig 1983, S.226, 234; Olson 1975, S.327; Wise/Smith 1987, insbes. S.152ff)

Das "Viktorianische Zeitalter" bezeichnet die Regierungszeit der Königin Viktoria von 1837 bis 1901. Namhafte britische Physiker dieser Zeit waren William J. MacQuorne Rankine (1822-1870), George FitzGerald (1851-1901), Peter Guthrie Tait (1831-1901), William Thomson (Lord Kelvin 1824-1907) und James Clerk Maxwell (1831-1879). Durch das Zusammenwirken der genannten Faktoren und aufgrund ihrer Erfolge bildeten sich die (mehr oder minder einheitlich vertretenen) methodischen Vorstellungen der "Viktorianischen Physik" heraus:

* In ihren Schriften machten die Viktorianischen Physiker häufig von mechanischen Modellen oder Analogien Gebrauch. Einerseits benutzten sie sie als heuristische Instrumente, mit denen sie Hypothesen erarbeiteten und Formalisierungen der physikalischen Zusammenhänge gewannen. Mechanische Systeme waren auch Gegenstand von Untersuchungen, die dann Hinweise auf Analogien zu bekannten Phänomenen erst ergeben sollten (Olson 1975, S.324ff). Andererseits konnte eine theoretische Konstruktion durch die Angabe eines mechanischen Modells noch im Nachhinein gerechtfertigt werden, indem es deren prinzipielle Vereinbarkeit mit mechanischen Prinzipien garantierte (vgl. Wise /Smith 1987, S.148). Ein mechanisches Modell konnte eine gedachte oder tatsächlich realisierte Maschine sein; im allgemeinsten Fall handelte es sich um ein imaginäres System bewegter und miteinander gekoppelter Massen.

* Für einige Viktorianische Physiker bestand die physikalische Erklärung eines Phänomens in der Angabe eines mechanischen Modells - eine Position, die insbesondere Thomson vertrat:

"Mein Ziel ist zu zeigen, wie man in jeder der Kategorien von physikalischen Phänomenen, die wir zu betrachten haben, wie immer auch diese Phänomene beschaffen seien, ein mechanisches Modell, welches den gestellten Bedingungen genügt, konstruieren kann. ...
Es scheint mir, daß der wahre Sinn der Frage: Verstehen wir das betreffende physikalische Problem oder verstehen wir es nicht? folgender ist: Können wir ein entsprechendes mechanisches Modell konstruieren?" (Thomson: Lectures on Molecular Dynamics. Baltimore 1884, S.131, zitiert nach Duhem 1978, S.89)

Andere gingen zwar nicht so weit, bestanden aber zumindest darauf, daß die Bildung einer inneren, anschaulichen Vorstellung der Zusammenhänge ein wesentliches Element physikalischen Verstehens sei (Olson 1975, S.328).

SCIENTIFIC AMERICAN

[Entered at the Post Office of New York, N. Y., as Second Class Matter.]

A WEEKLY JOURNAL OF PRACTICAL INFORMATION, ART, SCIENCE, MECHANICS, CHEMISTRY AND MANUFACTURES.

Vol. XLII.—No. 4. [NEW SERIES.] NEW YORK, JANUARY 24, 1880. [$3.20 per Annum. [POSTAGE PREPAID.]

SMITH & WESSON'S REVOLVER FACTORY.—[See page 53.]

Abb. 3.6.1 Feuerwaffenfabrik (1880). Bis in die ersten zwei Jahrzehnte unseres Jahrhunderts herrschte das sogenannte "klassische Fabriksystem" vor: Über ausgedehnte Transmissionen aus Wellen, Seil- und Riementrieben trieb eine Kraftmaschine (Dampfmaschine, Turbine, Wasserrad) sämtliche Arbeitsmaschinen einer Fabrik an. Diese energieübertragende und in sich schwingfähige Maschinerie war im Bereich der industriellen Produktion von zentraler Bedeutung und möglicherweise ein Modell des mechanischen Äthers. - Auf das in Schriften Viktorianischer Physiker durchschimmernde Bild der Fabrik hat Duhem 1906 explizit hingewiesen: "Vor uns liegt ein Buch [Lodge: Modern Views of Electricity, London 1889, d. V.] das die modernen Theorien der Elektrizität darlegen will. Es ist darin nur die Rede von Seilen, die sich auf Rollen bewegen, sich um Walzen winden, durch kleine Ringe hindurchgehen und Gewichte tragen, von Röhren, deren manche Wasser aufsaugen, andere anschwellen und sich wieder zusammenziehen, von Zahnrädern, die ineinandergreifen oder an Zahnstangen geführt werden; wir glaubten in die friedliche und sorgfältig geordnete Behausung der deduktiven Vernunft einzutreten, und befinden uns in einer Fabrik." (Duhem 1978, S.88; vgl. dazu auch die Bemerkung von Klein (1972, S.73), Boltzmanns Einführung in Maxwells Elektrodynamik erscheine bei flüchtigem Durchblättern als ingenieurwissenschaftliches Buch)

* Mit Modellen und Analogien gingen die viktorianischen Physiker recht pragmatisch um. Deren philosophische und metaphysische Rechtfertigung schien vielen von ihnen ohne Belang. Den Wert eines Modells sahen sie weniger in seiner tatsächlichen Übereinstimmung mit der Wirklichkeit, als vielmehr in seiner suggestiven Kraft. Es sollte Hinweise darauf geben, wie man sich die Zusammenhänge denken kann, nicht aber darauf, wie die Natur wirklich beschaffen ist. Deshalb galt es als durchaus erstrebenswert, verschiedene und möglicherweise einander widersprechende Modelle ein und desselben Zusammenhangs zu entwikkeln (Olson 1975, S.330ff).

* Eine "dynamische Theorie" galt als besonders sicher und bei dem gegebenen, vorläufigen Kenntnisstand als Ideal aller Theoriebildungen. Statt auf der Annahme eines speziellen Modells zu beruhen, setzte sie lediglich die Existenz einer unsichtbaren und nicht näher bestimmten Maschinerie voraus, die die funktionalen Zusammenhänge zwischen den beobachtbaren Variablen bestimmte. Verhalten und Struktur der so konzipierten, mechanischen Black-Box wurden aus empirischen Fakten und mit Hilfe der allgemeinen Dynamik möglichst weitgehend bestimmt (Moyer 1977, S.251ff). Trotzdem blieb die definitive Bestimmung der Struktur der verborgenen Maschinerie das Fernziel mancher Viktorianischen Physiker (vgl. Knudsen 1985, S.166f; Maxwell 1891, §866).

3.6.2 James Clerk Maxwell, ein blaublütiger Viktorianischer Physiker

Maxwell stammte aus einer alten und begüterten Familie des schottischen Landadels; 1831 in Edinburgh geboren, verlebte er seine Kindheit auf dem in der Nähe seines Geburtsortes gelegenen Landgut der Familie. Sein Vater war sehr an den neuesten technischen Entwicklungen interessiert; er besuchte regelmäßig die Sitzungen der Edinburgh Royal Society, besichtigte Fabriken und studierte deren Produktionsmethoden. Schon als Kind wurde Maxwell zu solchen Besichtigungen mitgenommen (Harig 1983, S.223f). Im Jahr 1841 wurde Maxwell an der Edinburgh Academy, einer der liberalen Eliteschulen Schottlands (Blumtritt 1983, S.212) eingeschult. Wegen seines ländlichen Akzents, seiner ungewöhnlichen Kleidung und seiner zögernden Art zu sprechen wurde er Gegenstand des allgemeinen Gespötts (Harig 1983, S.225). Maxwells Schulfreund war der gleichaltrige P.G. Tait; ebenfalls aus dieser Zeit rührt die Freundschaft mit dem sieben Jahre älteren W. Thomson her. Mit beiden pflegte Maxwell jahrelangen Austausch in wissenschaftlichen und persönlichen Dingen (Blumtritt 1982, S.214; Goldman 1983, S.95f).

1847 schrieb sich Maxwell an der Universität Edinburgh ein. Die Schwerpunkte seiner Studien lagen in der Philosophie und der theoretischen wie experimentellen Physik. Sein Lehrer in Philosophie, Sir William Hamilton (1788-1856), war der letzte Vertreter der Common Sense Philosophie und der Familie Maxwell persönlich verbunden (Goldman 1983, S.48). Maxwells methodische Umsicht, sein reflektierter Umgang mit Analogien wie seine Neigung zu geometrisch-anschaulicher Argumentation lassen sich auf den Einfluß Hamiltons zurückführen (Olson 1975, S.288, 301ff).

In der zweiten Jahrhunderthälfte war das Mathematikexamen der Universität Cambridge eine fast unerläßliche Voraussetzung für jede Karriere als Physiker. Dabei lag das Schwergewicht der Ausbildung auf angewandter Mathematik, die nach dem damaligen Lehrplan Mechanik, Hydrodynamik, Astronomie, Planetentheorie und Optik umfaßte: Theoretische Physik wurde mit angewandter Mathematik gleichgesetzt (Harman 1985, S.1f). Nachdem Maxwell den dreijährigen Kurs der Universität Edinburgh absolviert hatte, entschied er sich endgültig für die naturwissenschaftliche Laufbahn und wechselte 1850, wie vor ihm Thomson und Tait, zum Studium der Mathematik an die Universität Cambridge.

Zwar verbesserte er seine mathematischen und physikalischen Kenntnisse, grundlegend neue Impulse erhielt er aber nicht. Sein Denkstil blieb dem schottischen Wissenschaftsideal verhaftet (Blumtritt 1983, S.225).

In den folgenden Jahren lehrte Maxwell in Cambridge, Aberdeen und London. Schließlich gab er diese Tätigkeit 1865 auf, zog sich auf seinen Landsitz zurück, widmete sich dessen Verwaltung und seinen Untersuchungen zur Elektrizität und Wärmelehre. Sein Rückzug zeigt, daß er offenbar weder finanziell noch innerlich auf die Professorentätigkeit angewiesen war. Seine Einstellung zur Physik hatte Züge der eines Liebhabers, der sich seinem Fach primär aus Interesse widmete und deshalb nicht unmittelbar auf Anerkennung durch Kollegen angewiesen war (Harig 1983, S.231). 1871 wurde Maxwell auf den neu eingerichteten Lehrstuhl für Experimentalphysik nach Cambridge berufen. Dort baute er das Cavendish Laboratorium zu einem der führenden Forschungs- und Lehrlaboratorien Großbritanniens auf (Blumtritt 1983, S.215). Er starb 1879 im Alter von 48 Jahren an Unterleibskrebs.

Nach Herkunft und sozialer Stellung repräsentierte Maxwell noch ein wenig den Typus des unabhängigen und vielleicht verschrobenen Privatgelehrten, der in der Physik seinen innersten Neigungen und Begabungen nachging. Im Gegensatz dazu wird sein Freund Thomson als hemdsärmelig, pragmatisch zupackend, als Wissenschaftler, Ingenieur und Unternehmer in einer Person geschildert. Thomsons Aktivitäten illustrieren die enge Verzahnung wirtschaftlicher und wissenschaftlicher Interessen, die sich zumindest punktuell in den industriellen Zentren Schottlands herausgebildet hatte. Thomson war in Glasgow, einer jener Industriestädte, aufgewachsen und war ab 1846 Professor an der dortigen Universität. Zu seinem persönlichen Umfeld zählten ebensoviele Ingenieure wie Naturwissenschaftler; es war ein Umfeld, in dem Erkenntnis nach ihrem unmittelbaren Nutzen für die wirtschaftliche Entwicklung bewertet wurde. Wesentlich erschienen exakte Messungen makroskopischer Größen und die Bestimmung der mathematischen Beziehungen zwischen ihnen. In diesem Sinne war beispielsweise der physikalische Wirkungsgrad von Kraftmaschinen ein wesentlicher wirtschaftlicher Aspekt und damit Anlaß zur Beschäftigung mit der Energiephysik. Die exakte numerische Bestimmung von Materialkonstanten wurde für erfolgreichen Maschinen- und Apparatebau im industriellen Rahmen zunehmend unumgänglicher. Als einer der Direktoren des Atlantikkabelprojekts erkannte Thomson, daß der wirtschaftliche Erfolg dieser Unternehmung wesentlich von der (bislang eher geschätzten) Qualität der verwendeten Leiter- und Isolationsmaterialien abhängen würde. Zu deren Messung entwarf er Verfahren und Instrumente, die das Projekt schließlich zu einem Erfolg werden ließen, was ihm selbst den Adelstitel und durch seine zahlreichen Patente nicht unerheblichen Reichtum einbrachte (vgl. zu Person und Umfeld Thomsons: Wise/Smith 1987; Crowther 1948).

3.6.3 Ansatz zur Feldtheorie: Analogien der elektrodynamischen Phänomene

In den 40er Jahren hatte Thomson einen frappierenden Zusammenhang zwischen der Wärmeleitung in homogenen Körpern und der Elektrostatik entdeckt: eine formale Analogie zwischen der Temperaturverteilung um eine punktförmige Wärmequelle und der Potentialfunktion einer Punktladung und damit auch zwischen Wärmefluß und elektrostatischer Kraft. Damit war eine Beziehung zwischen zwei auf ganz unterschiedlichen Konzeptionen beruhenden Theorien hergestellt. Denn Wärme wurde schrittweise durch Medien übertragen, während der Elektrostatik die Vorstellung einer unmittelbaren Fernwirkung zugrunde lag. Nun stimmte Faradays Konzept der Vermittlung elektrischer Kräfte mit dem der Übertragung von Wärme überein. Die Stromlinien der Wärme entsprachen den elektrischen Kraftlinien, die die Wärme mehr oder minder leicht übertragenden Medien entsprachen den Dielektrika: Der Widerspruch zwischen seiner Theorie und der herkömmlichen Elektrostatik war offenbar nur scheinbar, eine gegenseitige Anpassung beider Standpunkte möglich. Mit dieser Entdeckung wurde Faradays Feldtheorie für mathematische Physiker überhaupt erst diskutabel und von ihr gingen Maxwells Überlegungen aus (vgl. Knudsen 1985, S.150ff).

Etwa 1854 begann Maxwell sich für Elektrizitätslehre zu interessieren. Nach einem Ratschlag von Thomson erarbeitete er einen Lektüreplan, der Faradays Untersuchungen, aber auch die deutschen Fernwirkungstheorien vorsah. Webers Theorie, nach Maxwells Auffassung die physikalische Grundlage der Gesetze von Neumann und Ampère (Maxwell o.J., S.69), sagte ihm nicht zu (Hendry 1986, S.131). Die Motive für sei-

ne ablehnende Haltung ergaben sich vermutlich aus seinen methodischen Grundsätzen:
* Den Grundsätzen der Common Sense Philosophie zufolge hatte die Betrachtung einer Gesamtheit Vorrang vor der Betrachtung ihrer Teile, denn letzteres setzte schon einen Abstraktionsprozess voraus. Demnach sollten theoretische Betrachtungen mit der Analyse des raumfüllenden elektrischen Feldes beginnen und dann gegebenenfalls daraus Konzepte wie Ladung oder Teilchen entwickeln, statt umgekehrt mit Überlegungen zu den Eigenschaften von Stromelementen bzw. geladenen Teilchen (Olson 1975, S.293f, Maxwell 1891, §529).
* Die Einführung einer Hypothese sollte nach Möglichkeit durch experimentelle Fakten direkt gerechtfertigt werden. War das nicht möglich, konnte sie durch Angabe einer Analogie zumindest Plausibilität erhalten (Olson 1975, S.308). Die Existenz elektrischer Teilchen ließ sich damals aber nicht beweisen und es war keine Analogie zu Webers elektrodynamischen Grundgesetz bzw. zu Webers Teilchenpaar bekannt.
* Wegen der Vorläufigkeit aller physikalischen Erkenntnis wurde in der Common Sense Philosophie die Konsistenz einer Theorie in sich und mit allgemein anerkannten Prinzipien als besonders wichtiges Kriterium aufgefaßt. Auch dieser Gesichtspunkt lieferte ein Indiz gegen den Fernwirkungsstandpunkt. Denn Webers Theorie stand nach Maxwells Ansicht (1856) in Konflikt mit dem Energieprinzip (Maxwell o.J., S.70) (1).

Es ist nachvollziehbar, daß sich Maxwell in den folgenden Jahren mit der Weiterentwicklung der Faradayschen Theorie befaßte. Er entwickelte seine Auffassungen maßgeblich in drei Abhandlungen: "On Faraday's Lines of Force" (1856), "On Physical Lines of Force" (1861), "A Dynamical Theory of the Electromagnetic Field" (1864). Diese Arbeiten weisen Rechenfehler auf; ihre grundlegenden Begriffe sind untereinander und z.T. auch in sich inkonsistent (vgl. z.B. Hendry 1986, S.181f, 186f, 212f). Sie waren vorläufige, tastende Versuche, in denen Maxwell tragfähige Konzepte einer mathematischen Feldtheorie der Elektrizität erst entwickelte. Sein Lehrbuch "A Treatise on Electricity and Magnetism" (1873) war dann eine geglättete Darstellung des Er-

---

(1) Maxwell hat diesen Vorwurf später zurückgezogen (Maxwell 1891, §856) und allgemein Weber nie scharf kritisiert. Möglicherweise gibt der "Treatise on Natural Philosophy" (1867) von Thomson und Tait, ein im angelsächsischen Raum hochgeschätztes Buch, die Einschätzung der britischen Physiker zutreffender wieder. Dort heißt es sinngemäß, Webers Theorie sei als schädlich zu betrachten, da sie von falschen Hypothesen ausgeht, dem Energieprinzip widerspricht und nur zufällig die elektromagnetische Induktion erklärt (vgl. Thomson/Tait 1871, §385).

kenntnisstands, den er Anfang der 70er Jahre gewonnen hatte, und durch dieses Buch wurde seine Theorie der wissenschaftlichen Öffentlichkeit bekannt.

* "On Faraday's Lines of Force" (1856)
In dieser ersten Schrift erweiterte Maxwell die Thomsonsche Flußanalogie (s.o.), indem er den geometrischen Eigenschaften eines Strömungsfeldes nachging: Sei das Strömungsfeld einer idealen (inkompressiblen, unviskosen, masselosen) Flüssigkeit gegeben. In ihm lassen sich Stromlinien zeichnen, die in jedem ihrer Punkte die Richtung der Strömung kennzeichnen. Auch die Intensität der Strömung wird beschrieben, falls man die Stromlinien als Stromröhren interpretiert. Eine Stromröhre ist ein von Stromlinien umgrenzter Schlauch, durch dessen Querschnitte in der Zeiteinheit die Einheitsmenge der Flüssigkeit hindurchtritt. Das Strömungsfeld läßt sich vollständig in solche Stromröhren zerlegen. Jede von ihnen ist in sich geschlossen oder endet an einer Quelle (Entstehungs- oder Vernichtungsstelle). Die Stärke einer Quelle ist durch die Zahl der an ihr endenden Stromröhren bestimmt. Nun können auch poröse Medien in das Feld eingeführt werden, die der Strömung einen gewissen Widerstand entgegensetzen. Es entsteht ein Druckgefälle in der Flüssigkeit, das in bestimmter Beziehung zur Stärke und Verteilung der Quellen steht. Auch in diesem Fall wird das Strömungsfeld durch das System der Stromröhren vollständig bestimmt (vgl. Maxwell o.J., S.9ff).

Aufgrund der bekannten mathematischen Beziehungen identifizierte Maxwell das Strömungsfeld als Modell elektrostatischen Feldes. Die Quellen der Flüssigkeit entsprachen den elektrischen Ladungen, der in der Flüssigkeit herrschende Druck dem elektrostatischen Potential und die Strömungsgeschwindigkeit der elektrischen Kraft auf eine Einheitsladung im Feld. Maxwell definierte Kraftlinien als Linien, die in jedem ihrer Punkte die Richtung der wirksamen elektrischen Kraft anzeigten. Sie waren mithin das Analogon der Stromlinien und besaßen entsprechende geometrische Eigenschaften (vgl. Maxwell o.J., S.29ff). Schließlich trug die Analogie auch in Bezug auf die Wirkung poröser Medien im Strömungsfeld, die der dielektrischer Medien im elektrostatischen Feld entsprach.

Ähnliche Korrespondenzen gab Maxwell auch für den Fall des magnetostatischen Feldes und den einer stationären Strömung der Elektrizität an. Das Modell verschaffte ihm so Einsichten in die Eigenschaften von Kraft- und Stromlinien; es erlaubte jedoch keinen Zugriff auf die Mechanismen der Wechselwirkung zwischen elektrischen und magnetischen Feldern, keine Erklärung der in ihnen herrschenden Kräfte.

* "On Physical Lines of Force"(1861)
Maxwell beabsichtigte nun, "die magnetischen Phänomene von einem mechanischen Gesichtspunkte aus zu betrachten und zu untersuchen, welche Spannungen oder Bewegungen eines Mediums im Stande sind, die beobachteten mechanischen Phänomene hervorzubringen." (Maxwell 1976, S.5) Ausgangspunkt seiner Überlegungen war Faradays Gedanke, daß die magnetischen Kräfte mit der Annahme erklärbar waren, die magnetischen Kraftlinien ständen in ihrer Längsrichtung unter Zug, während sie gleichzeitig einen lateralen Druck aufeinander ausübten. Zur Nachbildung dieses Verhaltens nahm Maxwell ein flüssiges Medium an. Darin sollten sich Wirbel von submolekularer Größe befinden, deren Achsen mit den magnetischen Kraftlinien zusammenfielen. Die Zentrifugalkraft in den Wirbeln erzeugte nun einen seitlichen Druck und gleichzeitig einen Zug in Richtung der Wirbelachsen. Die daraus resultierenden Kräfte entsprachen formal den in stationären magnetischen Feldern herrschenden, falls nur die Umfangsgeschwindigkeit der Wirbel in Richtung der Wirbelachsen notiert und mit der magnetischen Feldstärke identifiziert wurde (Maxwell 1976, S.13ff, 23f).

Die Wahl eines Wirbelmechanismus' war weder zufällig noch unbegründet. In den 40er Jahren hatte Rankine die Ansicht entwickelt, Moleküle beständen aus kleinen, von gewissen Ätheratmosphären umgebenen Kernen. Die Rotation dieser Atmosphären sollte die thermodynamischen Phänomene erklären, war Ausgangspunkt von Rankines dynamischer Wärmetheorie (vgl. Everitt 1974, S.207). Dieses Modell griff Thomson 1856 mit der Annahme auf, magnetischen Feldern läge ein Ätherzustand zugrunde, bei dem die Achsen der Rankineschen Wärmewirbel entlang der magnetischen Kraftlinien ausgerichtet waren. Weiter argumentierte er, ausschließlich die Annahme von Ätherwirbeln ließe eine Erklärung von Faradays magnetooptischem Effekt zu (vgl. Siegel 1981, S.245). Um sein Wirbelmodell zu rechtfertigen, berief sich Maxwell (1976, S.4) auf Thomsons Autorität.

Um nun auch elektrische Ströme zu simulieren, nahm Maxwell weiterhin an, zwischen je zwei benachbarten Wirbeln befände sich eine

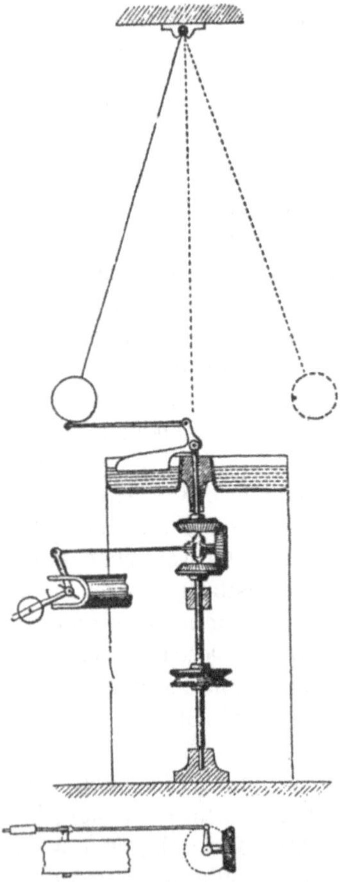

Abb. 3.6.2 Drehzahlregler für Dampfmaschinen (William Siemens, Bruder des Firmengründers 1866). Es scheint kaum möglich, bemerkte Maxwell (1976, S.25f), daß benachbarte Wirbel gleichförmig rotieren, ohne einander gegenseitig zu hemmen. Im Maschinenbau umgeht man dieses Problem durch Einfügen sogenannter Zwischenräder. Diese Lösung zog Maxwell für sein Medium heran. Als technisches Beispiel für ein Zwischenrad mit beweglicher Achse benannte er den abgebildeten Siemensschen Regulator (ebenda). Dem Problem, exakte und verläßliche Drehzahlregler für Dampfmaschinen zu entwikkeln, gingen damals nicht nur Techniker, sondern auch Wissenschaftler, z.B. direkte Bekannte von Maxwell nach (Mayr 1971, S.426). In den 60er Jahren setzte er sich dann auch selbst mit der Theorie der Drehzahlregler auseinander. Dabei beschäftigte er sich auch mit dem Siemensschen Gerät und gab insbesondere eine Theorie des Differentialgetriebes. Daraus ging dann offenbar die Konstruktion seines Induktionsmodells (Abb. 3.6.5) hervor (vgl. Mayr 1971, S.439ff).

Schicht nochmals kleinerer Teilchen, der sogenannten "Friktionsrollen" (Abb. 3.6.2). Sie sollten auf den Wirbeloberflächen reibungsfrei, ohne Schlupf und ohne sich gegenseitig zu berühren, abrollen. Wo ein ideal leitendes Medium vorlag, konnten sie sich frei zwischen den magnetischen Wirbeln hindurchbewegen; im Falle eines Mediums mit begrenzter Leitfähigkeit erfuhren sie eine mehr oder minder starke Widerstandskraft, wenn sie vom Bereich eines Moleküls der normalen Materie zu dem des nächsten hinüberwechselten (vgl. Maxwell 1976, S.25, 28f). Die Translation der Teilchen war das Analogon des elektrischen Stroms, denn durch sie wurden die Molekularwirbel dem magnetischen

Feld eines elektrischen Stroms entsprechend in Bewegung gesetzt. Umgekehrt verharrten die Teilchen nur dann an ihrem Ort, wenn die jeweils benachbarten Wirbel mit der gleichen Geschwindigkeit rotierten. Zeitliche Schwankungen der Wirbelgeschwindigkeiten lösten fortschreitende Bewegungen der Friktionsteilchen aus - ein Vorgang, der der elektromagnetischen Induktion entsprach (Abb. 3.6.3). Die Friktionsteilchen selbst vertraten offenbar die Elektrizität. Sie befanden sich nicht nur in Leitern, sondern überall im elektromagnetischen Medium.

Um nun auch die elektrostatischen Phänomen zu erfassen, stattete Maxwell sein Medium noch mit Elastizität aus. Die magnetischen Wirbel sollten nun aus einer elastischen Substanz bestehen. Daraus ergaben sich bemerkenswerte Konsequenzen: Auch unter den Bedingungen eines nichtleitenden Mediums konnten die Friktionsrollen durch eine auf sie wirkende Kraft noch elastisch verschoben werden und der Vorgang der Verschiebung entsprach einem elektrischen Strom. Die elektrostatischen Kräfte konnte Maxwell nun mit der potentiellen Energie des verspannten Mediums in Zusammenhang bringen, die magnetischen Kräfte mit der kinetischen Energie der magnetischen Wirbel. Zudem besaß das Medium nun Elastizität und Trägheit; in ihm konnten transversale Wellen auftreten. Mit Hilfe der Korrespondenzen zwischen den elektromagnetischen und den mechanischen Größen (und aufgrund von Webers Messung des Einheitenverhältnisses) gelang es Maxwell, die Ausbreitungsgeschwindigkeit dieser Wellen zu bestimmen. Ihr Wert stimmte mit dem der Lichtgeschwindigkeit überein. Daraus zog er den spektakulären Schluß, "dass wir kaum den Gedanken zurückweisen können, dass das Licht aus Transversalschwingungen desselben Mediums besteht, welches auch die Ursache der elektrischen und magnetischen Erscheinungen ist."(Maxwell 1976, S.67)

* "A Dynamical Theory of the Electromagnetic Field"(1864)
Mit dieser Abhandlung trat Maxwell den Rückzug von seinem Modell an. Die Theorie sollte von dessen konkreter Struktur nicht abhängen, denn es gab - so bemerkte er später - unendlich viele Möglichkeiten, so ein Medium zu konstruieren (Maxwell 1891, §831). Er setzte nun nur noch die Existenz eines nicht näher bekannten Mediums voraus, das er jedoch von vornherein mit dem Lichtäther identifizierte.

"(15) It appears therefore that certain phenomena in electricity and magnetism lead to the same conclusion as those of optics, namely, that there is an aethereal medium pervading all

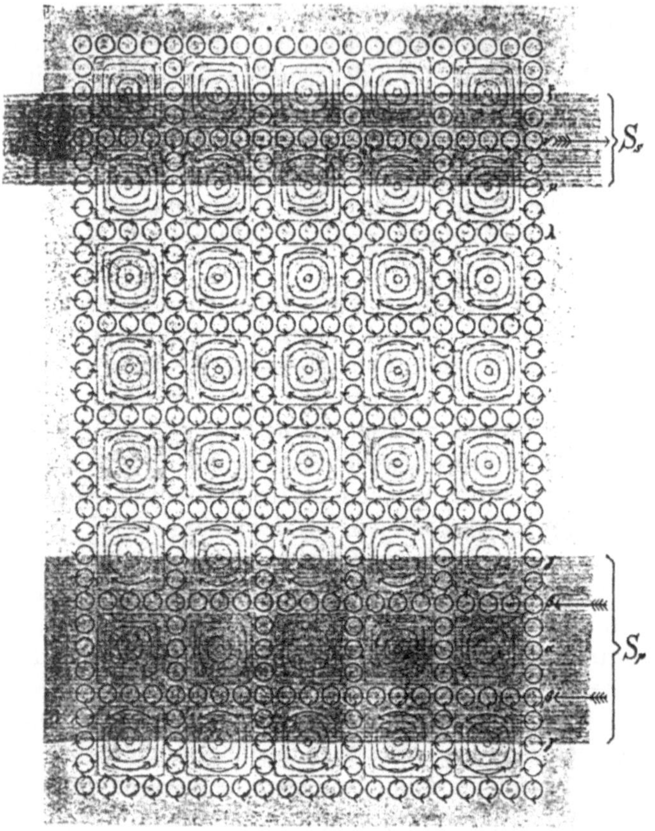

Abb. 3.6.3 Induktionsvorgänge in Maxwells Medium. Dunkel unterlegt sind zwei Leiter gezeichnet, S_P der induzierende, S_S der induzierte. In ihnen können die Friktionsrollen (kleine Kreise) zwischen den (eckigen) Wirbelzellen hindurchwandern. Zwischen den Leitern befindet sich ein Isolator; die Friktionsteilchen können (von elektrischer Verschiebung abgesehen) nur um ihre Mittelpunkte rotieren. Wird der induzierende Strom eingeschaltet, wandern die Rollen bei β durchs Medium. Sie rollen auf der Wirbelschicht α ab, die Wirbelschicht γ wird in Rotation versetzt. Sie treibt ihrerseits die nächste Schicht der Friktionsteilchen an. Die Bewegung setzt sich sukzessive bis zur Wirbelschicht μ fort. Die Teilchen hinter ihr sind frei beweglich (Leiter) und rollen auf der Schicht ξ ab. Dadurch entsteht der induzierte Strom S_S. Durch den ohmschen Widerstand des Leiters wird die fortschreitende Bewegung der Teilchen in ν gebremst und dadurch die Wirbelschicht ξ in Rotation versetzt. Schließlich rotieren die Wirbel jenseits von μ ebenso schnell wie diesseits und die Friktionsteilchen ν drehen sich, ohne ihren Ort zu verlassen. Der induzierte Strom war auf den Moment des Einschaltens begrenzt. (vgl. Ebert 1905, S.294f; Maxwell 1976, S.37).

bodies, and modified only in degree by their presence; that the parts of this medium are capable of being set in motion by electric currents and magnets; that this motion is communicated from one part of the medium to another by forces arising from the connexions of those parts; that under the action of these forces there is a certain yielding depending on the elasticity of these connexions; and that therefore energy in two different forms may exist in the medium, the one form being the actual energy of motion of its parts, and the other being the potential energy stored up in the connexions, in virtue of their elasticity.
(16) Thus, then, we are led to the conception of a complicated mechanism capable of a vast variety of motion, but at the same time so connected that the motion of one part depends, according to definite relations, on the motion of other parts, these motions being communicated by forces arising from the relative displacement of the connected parts, in virtue of their elasticity." (Maxwell 1890, Bd.I, S.532f)

Maxwell entwickelte die Gleichungen des elektromagnetischen Feldes (wie auch im "Treatise"), indem er dieses gekoppelte mechanische System nach den Regeln der allgemeinen Dynamik untersuchte und zusätzlich experimentelle Fakten und Eigenschaften der Kraftlinien verwertete. Im Gegensatz zur vorangegangenen Abhandlung sprach er der hypothetischen Bewegung der Elektrizität in Nichtleitern, d.h. dem Vorgang der elektrischen Verschiebung, nun auch magnetische Wirkung zu. Aufgrund dieser Änderung ließ sein Gleichungssystem jetzt elektromagnetische Wellen zu, deren Ausbreitungsgeschwindigkeit wieder mit der des Lichts übereinstimmte (vgl. Siegel 1986, S.139, 143). Dies neue Konzept des sogenannten Verschiebungsstroms machte gleichzeitig aber auch die Änderung des Ladungskonzepts notwendig. Denn aufgrund des Verschiebungsstroms waren jetzt alle elektrischen Ströme im wörtlichen Sinne geschlossen und mithin Ladung nicht mehr als eine, wie auch immer geartete, Ansammlung von Elektrizität denkbar. Die notwendigen Anpassungen führte Maxwell erst neun Jahre später in seinem Lehrbuch durch (vgl. Chalmers 1986, S.424).

3.6.4 Die Theorie in Maxwells Lehrbuch - Ansichten einer verborgenen Maschinerie

Eine endgültige Darlegung seiner Theorie hat Maxwell zwar geplant, jedoch niemals verwirklicht. Auch im "Treatise on Electricty and Magnetism" gab er eine nur vorläufige Darlegung seiner Auffassungen (vgl. Everitt 1974, S.204). Der Leser findet keine einheitliche und deduktiv gegliederte Theorie vor, sondern vielmehr eine Reihe von Passagen, in denen die Phänomene aus unterschiedlichen Blickwinkeln betrachtet

werden (1):
* In der Elektrostatik erscheint der Äther als ein viskoses und zugleich elastisches Medium.
* In der Magnetostatik entwickelt Maxwell seine Gleichungen mit Hilfe der herkömmlichen Theorien.
* In der dynamischen Theorie der Elektrodynamik wird das elektromagnetische Feld als Zustand eines kinetischen Mechanismus' untersucht.

Elektrostatik: Elektrizität, Verschiebung, Ladung und Strom

In Maxwells Elektrostatik werden Grundbegriffe der Fernwirkungstheorien umgedeutet. Es ergibt sich ein vom traditionellen Standpunkt radikal abweichendes Bild der Zusammenhänge. Die Aneignung dieser Sichtweise erfordert, die üblicherweise mit Begriffen wie Strom, Ladung und Polarisation verbundenen Vorstellungen nach Möglichkeit einmal abzulegen.

In Maxwells Theorie wird die Elektrizität entthront; elektrische Kräfte werden auf Spannungen im überall vorhandenen mechanischen Medium, dem Äther zurückgeführt. "Ladung" ist kein primärer Begriff, bezeichnet keine über den Bereich der Mechanik hinausgehende Begebenheit. Stattdessen sieht Maxwell in ihr eine Art Scheinphänomen; sie bezeichnet bestimmte Zustände des Äthers. Seinen Argumentationen

(1) Schon wegen der Uneinheitlichkeit der Maxwellschen Argumentation sind verschiedene Auslegungen des "Treatise" möglich: Beispielsweise Hendry (1986, z.B. S.249) und Kaiser (1989, S.24) vertreten die Auffassung, daß Maxwell die Elektrodynamik nicht auf Mechanik reduziert. Den gegenteiligen Standpunkt, daß Maxwell hinter den elektrodynamischen Phänomenen eine zwar nicht beschreibbare, aber dennoch rein mechanische Realität annimmt, vertreten beispielsweise Moyer (1977, S.260), Siegel (1981, S.261; 1985, S.180f, 192f), Harig (1983, S.235), Chalmers (1973/74, S.109, 154ff), Klein (1972, S.69), Buchwald (1988, S.20ff, 54ff). Ich schließe mich dem zweiten Standpunkt an und verweise zur Begründung auf die genannte Sekundärliteratur, die Belegstellen im Text (z.B. §59f, 109f, 552, 568, 831) und die Deutung von Maxwells Ladungsbegriff. Nur wenn man seinen Begriff "Elektrizität", aus dem er den Ladungsbegriff ableitet, eben nicht im Sinne von elektrischem Fluidum liest, ist eine konsistente Deutung seiner Elektrostatik möglich. Damit aber wird der Elektrodynamik der genuin elektrische Grundbegriff entzogen. Hinsichtlich der Deutung von Maxwells Ladungsbegriff berufe ich mich auf seinen Text und auf die Auslegungen von Hertz (1894, S.29f), Righi/Dessau (1903, S.28ff), Kundsen (1979, S.53ff) und Buchwald (1980, S.54ff; 1988, S.23ff). Schließlich sei zur Rechtfertigung meiner Darstellung noch auf die Analogien zwischen Maxwells und Faradays Begrifflichkeit (Ladung und Strom) hingewiesen.

liegt die unausgesprochene Annahme zugrunde, überall im Äther befinde sich etwas, das er "Elektrizität" nennt. Sie übt keine Fernkräfte aus und ist mit geladener Materie, d.h. elektrischem Fluidum nicht identisch. Ihre Dichte ist überall und bei allen Vorgängen konstant; bei ihr handelt es sich nun um den Stoff, auf den die elektromotorischen Kräfte wirken. Eine elektromotorische Kraft bewegt Elektrizität und dies kann unter verschiedenen Umständen geschehen.

Wo ein Dielektrikum vorliegt, und ebenso im sogenannten leeren Raum leistet die Elastizität des Äthers je nach Beschaffenheit des Dielektrikums, d.h. seiner "spezifischen Kapazität", der Verschiebung von Elektrizität mehr oder minder starken Widerstand. So wird die Bewegung durch das Gleichgewicht zwischen der ursächlichen elektromotorischen und der elastischen Kraft des Äthers begrenzt. Endet die Wirksamkeit der elektromotorischen Kraft, so federt die Elektrizität an ihren ursprünglichen Ort zurück. Diese reversible Auslenkung von Elektrizität in Dielektrika bezeichnet Maxwell als "elektrische Verschiebung" (§62)(1). Mit ihr geht in nicht näher bekannter Weise eine Verspannung des Äthers einher, die sich als mechanischer Zug entlang der elektrischen Kraftlinien und als Druck in allen zu ihnen senkrechten Richtungen äußert (§105). Da jede Kraftlinie zwei ungleichnamig geladene Oberflächen miteinander verbindet, werden die elektrostatischen Kräfte zwischen ihnen durch diese Spannung im Äther erklärt. Zudem besitzt das verspannte Medium potentielle Energie, die Energie des elektrostatischen Feldes. Die Energiedichte stimmt numerisch mit dem Betrag der Spannungen überein (§59).

Phänomenologisch gesehen befindet sich ein Dielektrikum, auf das elektromotorische Kräfte wirken, im Zustand der "elektrischen Polarisation"; es ist, wie Maxwell auch schreibt, der "elektrischen Induktion" unterworfen. "Polarisation" meint allerdings nicht mehr, als daß die kleinsten Teilchen des Dielektrikums eine gerichtete Eigenschaft besitzen, nämlich die der elektrischen Verschiebung (§60).

Wo ein leitender Körper vorliegt, hält der Äther der Spannung der elektrischen Verschiebung nicht stand. Seine elastischen Kräfte geben nach; sie verschwinden und die Elektrizität verharrt an ihrem neuen Ort. Dann aber stellt die elektromotorische Kraft sofort wieder den Zu-

---

(1) Hier wie im folgenden Text dieses Kapitels bezieht sich die "nackte" Paragraphenangabe auf den "Treatise" (Maxwell 1891).

stand der Verschiebung her. So besteht Leitungsstrom aus der - je nach Leitfähigkeit - mehr oder minder raschen Folge solcher Spannungs- und Entspannungsvorgänge im Äther. Als deren Folge bewegt sich die Elektrizität. Um den Spannungszustand immer wieder aufzubauen, leistet die externe elektromotorische Kraft Arbeit. Und mit den Entspannungsvorgängen wird die potentielle Energie der Verschiebung dann in Wärme verwandelt; sie äußert sich als Joulesche Wärme des stromdurchflossenen Leiters (§111).

Es gibt nur ein ideales Medium: den leeren Raum, d.h. den von keiner normalen Materie beeinflußten Äther. Er weist keine Leitfähigkeit auf und seine spezifische Kapazität hat den Wert eins. Alle anderen Medien besitzen sowohl Leitfähigkeit als auch spezifische Kapazität, sind Leiter und Dielektrikum zugleich. Deshalb unterscheiden sich reale Verschiebungsvorgänge nur graduell. Im Fall bestimmter Glasarten können Jahre vergehen, ehe eine einmal erzeugte Polarisation auf die Hälfte ihres ursprünglichen Wertes absinkt. In Kupfer benötigt der entsprechende Vorgang weniger als den billionsten Teil einer Sekunde. In beiden Fällen wird beim Vorgang der Verschiebung Elektrizität bewegt und damit werden magnetische Felder erzeugt. Jedesmal handelt es sich um Strom: Leitungs- oder Verschiebungsstrom (§62). Als eine Art inkompressibler Substanz kann sich die Elektrizität dabei stets nur in Form geschlossener Ströme bewegen; die Summe aus Leitungs- und Verschiebungsstrom hat weder Quellen noch Senken (§61f).

Ladung ist ein anhand der Phänomene gebildeter Begriff. Wir bezeichnen einen Körper als geladen, sofern elektrische Kräfte von ihm ausgehen. In Bezug auf Sitz und Stellenwert des Phänomens "Ladung" schließt Maxwell sich der Faradayschen Auffassung an: Der elektrischen Induktion unterworfen, sind die Teilchen des Dielektrikums polarisiert. Man kann ihren (in Bezug auf die Richtung der elektrischen Kraft) entgegengesetzten Enden Ladung je verschiedenen Vorzeichens zuordnen. Im Innern eines homogenen Dielektrikums heben sich die Polarisationsladungen benachbarter Teilchen gegenseitig auf. An der Grenzfläche zwischen einem Dielektrikum und einem Leiter bleiben die Polarisationsladungen des Dielektrikums jedoch unkompensiert. Ihre Summe ist die - sogenannte - Ladung des Leiters (§111).

Die Polarisation eines Volumenelements des Dielektrikums wird mit Maxwells Ätherkonzept erklärt: "Polarisation" bezeichnet den Zustand der elektrischen Verschiebung. Nun ordnet Maxwell derjenigen Seite des Volumenelements, an der die elektrische Verschiebung in es hineinzeigt, rein formal positive Flächenladung zu, negative Flächenladung derjenigen Seite, an der die Elektrizität aus dem Volumenelement herausgeschoben wurde (§62, 111). Die Polarisationsladung einer Einheitsfläche wird als Menge der insgesamt und reversibel durch sie hindurchbewegten Elektrizität definiert. Da in Leitern, zumindest, wenn hinreichend lang gewartet wird, keine elektrische Verschiebung existiert, besitzen sie keine eigene Ladung.

Beispielsweise wird ein Konduktor positiv geladen, wenn elektrischer Strom (konventionelle Stromrichtung) in ihn hineinfließt. Nach Maxwells Konzeption wird ihm Elektrizität durch Leitungsstrom zugeführt. Aber ebensoviel Elektrizität wird durch elektrische Verschiebung auch wieder aus ihm herausgedrängt (Bedingung der geschlossenen Ströme). Die Volumenelemente des angrenzenden Dielektrikums werden polarisiert; sie besitzen positive Flächenladung auf der dem Konduktor zugewandten Seite, an der die Verschiebung in sie hineinzeigt. Negative Flächenladung befindet sich jeweils auf den abgewandten Seiten. Im Dielektrikum heben sich die Flächenladungen benachbarter Volumenelemente auf. Da im Leiter keine Verschiebung existiert, besitzt er keine Oberflächenladung, und deshalb bleibt die positive Ladung der angrenzenden Oberfläche des Dielektrikums unkompensiert. Sie wird als Ladung des Konduktors bezeichnet, und ihr Betrag stimmt sowohl mit der durch die Zuleitung geflossenen, als auch mit der insgesamt durch die Oberfläche des Konduktors geschobenen Menge Elektrizität überein. So wird der Ladungsbegriff von dem des Stroms getrennt: Strom ist die Bewegung von Elektrizität. Ladung fließt nicht; sie entsteht oder verschwindet (vgl. Buchwald 1980, S.63). Da sich Elektrizität überall im Äther befindet, sind wirkliche Ströme auch im leeren Raum, z.B. zwischen den Platten eines Kondensators, denkbar (Abb. 3.6.4).

Diese Konzeptionen liegen Maxwells mathematischer Theorie der Elektrostatik zugrunde. Sie werden stets nur andeutungsweise benannt und es findet sich keine Stelle, an der Maxwell sie explizit zu begründen versucht. Zu ihrer mathematischen Verarbeitung definiert Maxwell die elektrische Intensität $\underline{E}(\underline{x})$ als die elektrische Kraft, die eine Einheitsladung im Feldpunkt $\underline{x}$ erfährt. Sie wirkt sowohl auf den geladenen Kör-

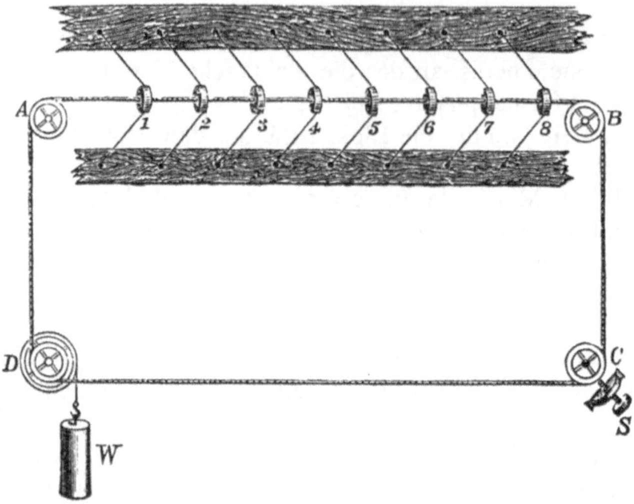

Abb. 3.6.4 Modell zur Illustration Maxwellscher Grundbegriffe: Ein Stromkreis aus Batterie und Kondensator (Lodge 1876). Das Seil repräsentiert die Elektrizität, im Leiter (zwischen A, D, C, B) und im Dielektrikum (zwischen A, B). Jede Bewegung des Seils ist ein elektrischer Strom. Die elektromotorische Kraft der Batterie wird durch das Gewicht W simuliert, der Ohmsche Widerstand des Kreises durch die mit der Spannschraube S regulierbaren Reibungskräfte. Die Perlen (1 bis 8) sind mit dem Seil fest verbunden und mit elastischen Bändern am Träger befestigt. Mit ihrer Hilfe wird die im Dielektrikum auf die Elektrizität wirkende elastische Kraft des Äthers dargestellt. Aufladungsvorgang: Das Gewicht W wird angehängt und dadurch die Elektrizität im Uhrzeigersinn bewegt. Es ergibt sich ein geschlossener Ladungsstrom. Seine Stärke (Geschwindigkeit des Seils) wird durch den Ohmschen Widerstand (Reibung) begrenzt. Er endet, sobald Gewichtskraft (externe EMF) und elastische Kraft der Bänder (Kraft des Äthers) im Gleichgewicht stehen. Während des Aufladungsvorgangs wird ein Stück Seil durch die Kondensatorplatten (bei A bzw. B) hindurchgeführt. Es entspricht der Ladung der Platten. Entsprechend: Entladung, Schwingungen (vgl. Lodge 1876).

per, als auch auf die Elektrizität in ihm (§68) und ist als negativer Gradient des elektrostatischen Potentials berechenbar:

$$\underline{\underline{E}}(\underline{x}) = - \text{grad } V_E(\underline{x})$$

Wirkt eine elektrische Kraft auf ein Dielektrikum, wird in ihm Elektrizität verschoben. Der Betrag der elektrischen Verschiebung $\underline{D}(\underline{x})$ ist die dabei reversibel und senkrecht durch eine Einheitsfläche hindurchbewegte Elektrizitätsmenge. Der Vektor der Verschiebung wird entlang der Bewegungsrichtung notiert (§60, 101c).

Jedes Medium besitzt spezifische Kapazität, d.h. es verändert die Elastizität des Äthers (vgl. §60). Deshalb verursacht eine gegebene elektromotorische Intensität in verschiedenen Dielektrika je unterschiedliche elektrische Verschiebungen. Bei isotropen Substanzen ist dieser Zusammenhang mit einer einfachen Vektorgleichung darstellbar:

$$\underline{D}(\underline{x}) = k\epsilon_o\underline{E}(\underline{x}) \qquad \text{(F)}$$

Dabei bezeichnet die Materialkonstante k die induktive Kapazität des Mediums (§68, 101e).

Sei jetzt ein Oberflächenelement des Mediums mit der inneren Flächennormalen $\underline{n}_1$ gegeben. Aufgrund der elektrischen Verschiebung $\underline{D}_1$ liegt auf dem Flächenelement die Polarisationsladung $\underline{n}_1\underline{D}_1$. Entsprechend hat das Oberflächenelement des angrenzenden Mediums die Polarisationsladung $\underline{n}_2\underline{D}_2$. Mithin trägt die Grenzfläche eine Ladungsdichte $\sigma(\underline{x})$ mit:

$$\sigma(\underline{x}) = \underline{n}_1\underline{D}_1(\underline{x})+\underline{n}_2\underline{D}_2(\underline{x}) \qquad \text{(K)}$$

Da sich Elektrizität wie eine inkompressible Flüssigkeit bewegt, sind $\underline{D}_1$ und $\underline{D}_2$ im Moment ihrer Entstehung identisch. Jedoch weist jedes Medium ein spezifisches Verhältnis von Leitfähigkeit zu induktiver Kapazität auf. Es bestimmt, wie schnell oder langsam die Elastizität des Äthers der Verschiebung nachgibt und sich damit der Betrag von $\underline{D}$ reduziert. Nach einer gewissen Zeit haben $\underline{D}_1$ und $\underline{D}_2$ unterschiedliche Werte angenommen; auf der Grenzfläche zwischen ihnen ist dann Ladung lokalisiert. Prinzipiell entsteht jede Ladung durch einen Verschiebungsprozeß, gefolgt von einem ungleichzeitigen Nachgeben der Elastizität. In einem homogenen Medium kann deshalb keine tatsächliche Ladung vorliegen. Vielmehr sind Inhomogenität und Leitfähigkeit die Bedingungen, unter denen Ladung entsteht (vgl. Buchwald 1988, S.28, 37f, 180).

Wenn sich die elektrischen Eigenschaften eines Mediums kontinuierlich ändern, können auch Raumladungsdichten $\rho(\underline{x})$ existieren. Gleichung (K) entsprechend gilt in diesem Fall (§101c):

$$\text{div } \underline{D}(\underline{x}) = \rho(\underline{x}) \qquad \text{(J)}$$

Da k für Luft wie für den leeren Raum den Wert eins hat (§75), reduziert sich Gleichung (J) für diese Medien auf die Differentialgleichung von Poisson. Im Grenzfall ist Maxwells Formalismus mit dem der Fernwirkungstheorie konsistent.

Schließlich erzeugt jede Bewegung von Elektrizität magnetische Felder; auch der Vorgang der reversiblen Verschiebung ist in diesem Sinne ein Strom. Die Gesamtstromdichte der Elektrizität $\underline{j}(\underline{x})$ läßt sich in einen irreversiblen und einen reversiblen Teil, in Leitungs- $\underline{j}'(\underline{x})$ und Verschiebungsstrom $\dot{\underline{D}}(\underline{x})$ zerlegen. Dabei hat der Leitungsstrom nur makroskopische Bedeutung; er mittelt über die Folge der raschen Vorwärtsbewegungen in Leitern (vgl. Buchwald 1988, S.30f):

$$\underline{j}(\underline{x}) = \underline{j}'(\underline{x})+\dot{\underline{D}}(\underline{x}) \qquad \text{(H)}$$

Theorie statischer magnetischer Felder

Vormals hatte Poisson im Rahmen der Fluidaphysik das Potential realer Magneten bestimmt. Er hatte gezeigt, daß die in ihnen meßbare Kraft von der Form der dazu angelegten Aussparung abhängt, und Ansätze einer Theorie der induzierten Magnetisierung entworfen (Kap. 3.1). Auf diese Ergebnisse aufbauend, hatte Thomson die Theorie statischer magnetischer Kräfte weitergeführt. Dies geschah zunächst mit dem ausdrücklichen Ziel einer phänomenologischen Theoriebildung, die alle hypothetischen Konzepte wie magnetisches Fluidum oder Molekularstrom umging. Thomson unterschied in magnetisierter Materie zwischen zwei magnetischen Gößen, auch der Ausdruck für die magnetische Feldenergie geht auf ihn zurück (vgl. Knudsen 1985, S.161ff). Im "Treatise" greift Maxwell diese Ergebnisse auf; wie Thomson verwendet er Formeln aus Poissons Theorie, verwirft aber deren physikalische Basis (§380). "Polarität" eines Teilchens bedeutet in Maxwells Text nicht mehr als eine gerichtete Eigenschaft, die dieses Teilchen besitzt (§381).

Nach Poissons Theorie läßt sich das skalare Potential eines Magneten mit Hilfe von einer gedachten Oberflächen- und Volumenverteilung magnetischer Substanz berechnen (vgl. Abb.3.1.5). Außerhalb des Magneten gibt dann der negative Gradient des Potentials die magnetische Kraft auf einen positiven Einheitspol an. Dies ist Maxwells Vektor $\underline{H}(\underline{x})$ der magnetischen Kraft (§395):

$$\underline{H}(\underline{x}) = -\text{grad } V_M(\underline{x})$$

Sei nun eine kleine zylindrische Aushöhlung im Innern des Magneten geschaffen und sei deren Mantel zur Magnetisierung $\underline{I}(\underline{x})$ parallel. Wird die Aussparung hinreichend klein angelegt, ändert sich das Potential des Magneten nicht und so wirkt auf einen Einheitsprobepol in ihrer Mitte die Kraft $\underline{H}(\underline{x})$. Jedoch tritt zu ihr im allgemeinen noch ein weiterer Beitrag hinzu. Denn nach der Theorie gedachter magnetischer Oberflächenverteilungen ist die eine Stirnfläche der Höhle mit nördlichem Magnetismus, die andere mit südlichem Magnetismus belegt und von diesen Belegungen gehen zusätzliche Kräfte auf den Probepol aus. Sie verschwinden im Grenzfall einer langen, dünnen Aussparung; unter diesen Umständen wirkt nur die Kraft $\underline{H}(\underline{x})$. Im Grenzfall einer kurzen Aushöhlung mit großem Durchmesser verschwinden sie jedoch nicht; in ihr erfährt der Probepol die Kraft $\underline{H}(\underline{x})+(1/\mu_0)\underline{I}(\underline{x})$. Nun definiert Maxwell den Vektor der magnetischen Induktion $\underline{B}(\underline{x})$ als die in einer solchen kurzen Aussparung meßbare magnetische Kraft (§400).

$$\underline{B}(\underline{x}) = \mu_0\underline{H}(\underline{x})+\underline{I}(\underline{x}) \qquad \text{(D)}\,(1)$$

Aufgrund dieser Setzung hat das Feld der magnetischen Induktion (im Gegensatz zu dem der magnetischen Kraft) weder Quellen noch Senken (§403): $\text{div}\underline{B}=0$. Die Linien der magnetischen Induktion sind in sich geschlossen und deshalb identifiziert Maxwell sie mit Faradays magnetischen Kraftlinien (§404; Faraday 1891, Bd.3, §3117, 3120).

Eine nur vorübergehende Magnetisierung entsteht durch Einwirkung einer externen magnetischen Kraft. Bei "gutartigen" Materialien ist sie in jedem Punkt der wirksamen magnetischen Kraft proportional (§426):

$$\underline{I}(\underline{x}) = \kappa\mu_0\underline{H}(\underline{x})$$

Die Konstante κ heißt "Koeffizient der induzierten Magnetisierung"; für paramagnetische Substanzen ist sie positiv, für diamagnetische negativ. $\underline{H}(\underline{x})$ rührt dabei sowohl von den externen Quellen, als auch von der induzierten Magnetisierung selbst her. Durch Einsetzen in Feldgleichung (D) und mit der Einführung der "induktiven Kapazität" oder

(1) Die Einführung von μ_0 erscheint an dieser Stelle unlogisch. Sie geht auch nicht auf Maxwell zurück, sondern wird hier wegen der Konsistenz des verwendeten Einheitensystems vorgenommen. Dies gilt entsprechend für die hier willkürlich erscheinende Einführung der Einheitenkonstanten ϵ_0 in Gleichung (F).

"Permeabilität" $\mu=1+\kappa$ erhält Maxwell die Feldgleichung (L)(§428):

$$\underline{B}(\underline{x}) = \mu\mu_0\underline{H}(\underline{x}) \qquad \text{(L)}$$

Um einen Zusammenhang zwischen magnetischer Kraft und den felderzeugenden Strömen zu konstruieren, benutzt Maxwell die Äquivalenz von geschlossenem Stromkreis und magnetischer Doppelschicht: Das Potential des Stromkreises auf einen positiven Einheitspol ist das Produkt aus Stromstärke i und dem Raumwinkel, unter dem der Stromkreis vom Aufpunkt her gesehen erscheint. Es springt beim Durchgang durch die gedachte Doppelschicht um den Betrag $\pm i$ (vgl. Kap. 3.5). Deshalb ist das Wegintegral der magnetischen Kraft für das von einer Stromschleife erzeugte Feld im allgemeinen nicht wegunabhängig. Vielmehr gilt:

$\oint\underline{H}(\underline{x})\,\underline{ds} = 0,$ falls der Integrationsweg den Leiter nicht umfaßt,

$\oint\underline{H}(\underline{x})\,\underline{ds} = \pm i,$ falls er ihn genau einmal umfährt.

Diesen Zusammenhang verwertet Maxwell als elektromagnetisches Maß der elektrischen Stromstärke. Die Umformung mit Hilfe des Stokeschen Satzes ergibt (§606f):

$$\text{rot}\ \underline{H}(\underline{x}) = \underline{i}(\underline{x}) \qquad \text{(E)}$$

Elektrodynamik als dynamische Theorie

In einem einfachen Stromkreis mit Spule erhält man beim Unterbrechen des Stroms einen Spannungsimpuls - ein Effekt der sogenannten Selbstinduktion. Es liegt nahe, schreibt Maxwell, diesen Effekt auf eine angenommene Trägheit der in der Leitung fließenden Elektrizität zurückzuführen und damit den elastischen Wasserschlauch als Modell des stromdurchflossenen Leiters zu verwenden: Aufgrund des Impulses der strömenden Flüssigkeit ergibt sich ein starker Druck, falls die Leitung plötzlich verschlossen wird. Der Effekt hängt von Menge und Bewegungszustand des Wassers ab, nicht aber von der Form, in die die Leitung gebogen wurde (§ 547f). Doch die nähere Betrachtung zeigt sofort die Grenzen dieses einfachen Modells: Die Intensität des induzierten Spannungsimpulses hängt von der Geometrie des verwendeten Leiters und zudem auch von den Eigenschaften der umgebenden Medien ab. Da die Energie eines bewegten Körpers von solchen äußeren Umständen nicht abhängt, kann der mechanische Impuls der Elektrizität in der Leitung nicht die Ursache der Selbstinduktion sein. Dennoch gibt Maxwell die Analogie zu mechanischen Vorgängen wegen deren grundsätzlicher Bedeutung nicht auf:

"The fundamental dynamical idea of matter, as capable by its motion of becoming the recipient of momentum and of energy, is so interwoven with our forms of thought that, whenever we catch a glimpse of it in any part of nature, we feel that a path is before us leading, sooner or later, to the complete understanding of the subject." (§ 550)

Einerseits besitzt elektrischer Strom etwas, das mechanischem Impuls zumindest ähnlich ist (§551). Er hat zudem Energie, da er in der Lage ist, Arbeit zu verrichten und Wärme zu erzeugen. Da elektrischer Strom nur als kinetisches Phänomen denkbar ist, muß es sich um kinetische Energie handeln. Andererseits kann die Elektrizität im Leiter nicht die Substanz sein, die den Impuls und die Energie trägt. Man muß also, argumentiert Maxwell, Bewegungen von Massen im umgebenden Raum annehmen. Und sie machen einen wesentlichen Teil der elektrodynamischen Vorgänge aus (§552).

Maxwell entwickelt das Bild eines rein kinetischen Mechanismus', dessen Zustand mit n verallgemeinerten Koordinaten beschrieben werden kann. An das System sind sozusagen n von außen zugängliche Stangen oder Zeiger angekoppelt. Sie zeigen einerseits die Werte der einzelnen Koordinate an und sind andererseits die Handhaben, mit denen der Mechanismus in Gang gesetzt werden kann (§555ff). Der Experimentator kann beispielsweise die vom System auf einen Zeiger wirkende Trägheitskraft messen oder untersuchen, wie sich eine von außen eingeprägte Veränderung einer Koordinate auf das System auswirkt. Wenn es gelingt, die kinetische Energie des Systems als Funktion der verallgemeinerten Koordinaten und Geschwindigkeiten darzustellen, ist man mit Hilfe der Gleichungen von Lagrange in der Lage, die auf die einzelnen Koordinaten wirkenden Kräfte ohne weitere Kenntnis der Maschinerie anzugeben.

Sei nun ein System aus mehreren stromdurchflossenen und in sich starren linearen Leitern gegeben. Im sie umgebenden Raum verbirgt sich ein Äthermechanismus und er ist der eigentliche Sitz der elektrodynamischen Vorgänge. Die Stromkreise sind Handhaben, d.h. Antriebspunkte der Maschinerie und zugleich Zeiger. Denn einerseits werden Teile des Mechanismus in Bewegung versetzt, sobald die Elektrizität in einem der Kreise zu zirkulieren beginnt. Und andererseits zwingt der Mechanismus der Elektrizität in den Leitern Bewegungen auf. Indem Maxwell nur kinetische Energien betrachtet, nimmt er unelastische Kopplungen zwischen den Antriebspunkten und den verborgenen Massen an. Der Zustand des Äthermechanismus' wird nun durch zwei Arten von Koordinaten bestimmt. Die x_i beschreiben Form und Lage der Leiterkreise, die y_i die Position der Elektrizität in ihnen und damit auch die der an sie gekoppelten Massen (§571). Die Zeitableitung von y_i gibt mithin die Stromstärke im i-ten Leiter an. Unter Vernachlässigung der kinetischen Energie der Leiter, die in den Bereich der normalen Mechanik fällt und zur Diskussion der elektrischen Kräfte nicht beiträgt, hat die kinetische Gesamtenergie T des Systems die Darstellung (§571):

$$T = (1/2)\Sigma_{ik}(y_i y_k)\dot{y}_i\dot{y}_k + \Sigma_k(x_k y_k)\dot{x}_k\dot{y}_k =$$
$$=: T_E + T_{ME}$$

Maxwell vereinfacht diesen Ausdruck aufgrund experimenteller Daten:
* In die mit runden Klammern geschriebenen Koeffizienten gehen im allgemeinen Fall alle Koordinaten des Systems ein, hier jedoch nur die Ortskoordinaten der Leiter. Denn sei angenommen, die elektrischen Ströme seien konstant und die Leiterkreise an ihren Orten fixiert. Obwohl Ströme fließen und sich die y_i verändern, ist der makroskopische Zustand des Systems konstant. Mithin gehen die Ortskoordinaten der Elektrizität in die kinetische Energie nicht ein (§572).
* Die Terme aus T_{ME} verbinden den Bewegungszustand eines Leiters mit dem der in ihm befindlichen Elektrizität. Sie ergeben bei Anwendung der Lagrangeschen Gleichungen Trägheitskräfte der Elektrizität auf den Leiter, so beispielsweise beim Einschalten eines Spulenstroms ein Drehmoment auf den Spulenkörper oder umgekehrt eine elektromotorische Kraft bei einer Winkelbeschleunigung der Spule. Diese Terme würden Elektrizität tatsächlich einer mit Trägheit ausgestatteten Flüssigkeit vergleichbar machen. Solche Effekte, so Maxwell, wurden jedoch bislang (1873) nicht nachgewiesen. Deshalb nimmt er an, der Energiebeitrag T_{ME} existiere nicht oder produziere zumindest keine meßbaren Effekte (§577). Damit reduziert sich T auf T_E, die "elektrokinetische Energie" (§578) des Systems und erhält die Darstellung:

$$T = (1/2)\Sigma_{ik} M_{ik} i_i i_k$$

Sei jetzt ein Leiterkreis herausgegriffen und die Wirkung des Systems auf ihn untersucht: Nach Lagranges Gleichungen ist die von der Maschinerie auf die Variable q_k ausgeübte Kraft F_k als

$$F_k = \frac{\partial T}{\partial q_k} - \frac{d}{dt}\left(\frac{\partial T}{\partial \dot{q}_k}\right)$$ darstellbar.

Wird für q_k die Koordinate y_k eingesetzt, ergibt sich die auf die Elektrizität im Leiterkreis k wirkende elektromotorische Kraft: Dabei verschwindet der erste Summand, da die elektrokinetische Energie nicht von den y_i abhängt. Für die Ableitung von T nach der Stromstärke i_k führt Maxwell die Bezeichnung "elektrokinetischer Impuls" des Leiterkreises k ein. Damit ist die im Kreis k induzierte elektromotorische Kraft die negative Zeitableitung von dessen elektrokinetischem Impuls (§578f). Die Begrifflichkeit verweist auf die Deutung, daß induzierte elektromotorische Kräfte durch Impulsänderungen des Äthermechanismus', d.h. auf Grund von dessen Trägheit entstehen. Maxwell illustrierte diesen Gedanken für den Spezialfall zweier induktiv gekoppelter Stromkreise mit einem mechanischen Modell (Abb. 3.6.5).

Wird für q_k die Koordinate x_k eingesetzt, ergibt sich dagegen die auf den Leiter ausgeübte elektromagnetische Kraft: Da T von den Geschwindigkeiten der Leiter nicht abhängt, ist die elektromagnetische Kraft die Ableitung der elektrokinetischen Energie nach der Ortskoordinate des Leiters (§580).

Eine Theorie des elektromagnetischen Feldes wird die lokale Dynamik der Vorgänge im Äther beschreiben, die sie als Gesetzmäßigkeiten zwischen den lokalen Feldgrößen ausdrückt. Dementsprechend geht Maxwell nun mit der Annahme, jedes Linienelement ds des betrachteten Kreises (der Index k wird im folgenden weggelassen) trage zu dessen elektrokinetischem Impuls p und entsprechend zur elektrokinetischen Feldenergie des Gesamtsystems bei, zur lokalen Betrachtungsweise über (vgl. Buchwald 1988, S.55). Für den elektrokinetischen Impuls postuliert er die Darstellung:

$$p = \int \underline{A}(\underline{x})\underline{ds}$$

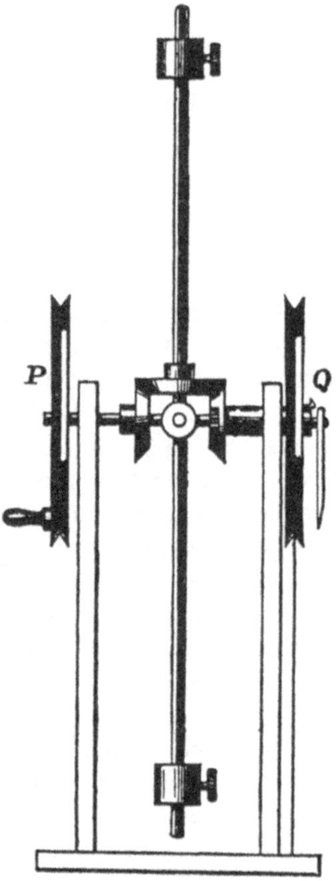

Abb. 3.6.5 Modell zur induktiven Kopplung zweier Stromkreise (Maxwell 1874) Die Winkelgeschwindigkeit der Scheibe P entspricht der induzierenden Stromstärke i_1, die der Scheibe Q der induzierten i_2. Beide Bewegungen sind durch das Differentialgetriebe gekoppelt. Der Ohmsche Widerstand im induzierten Kreis wird durch die Reibung eines über Q gespannten Bandes simuliert. Wird P nun in Drehung versetzt (Einschalten von i_1), beginnt Q gegenläufig zu rotieren. Aufgrund der Reibung auf Q setzt sich das Zwischenrad mit den Schwungmassen allmählich in Bewegung. Gleichzeitig verringert sich die Winkelgeschwindigkeit von Q. Schließlich rotieren P und das Zwischenrad gleich schnell, während Q steht: Der Einschaltvorgang ist abgeschlossen. Wird nun P angehalten (der induzierende Strom unterbrochen), setzt sich Q in Bewegung. Verglichen mit der vormaligen Drehung von P rotiert es nun gleichsinnig. Seine Bewegung dauert an, bis die gesamte kinetische Energie des rotierenden Mechanismus' durch Reibung in Wärme umgesetzt ist. Das Modell illustriert Maxwells Auffassung von Strom als einem kinetischen Phänomen. Als Ursache der induzierten elektromotorischen Kräfte wird die Trägheit des Kopplungsmechanismus' erkannt.

Dabei ist $\underline{A}(\underline{x})$ eine erst zu interpretierende Feldgröße: Mit Hilfe des Satzes von Stokes' läßt sich das Linienintegral in ein Integral über eine von S berandete Fläche umformen. Dabei wird eine Funktion $\underline{B}(\underline{x})$ integriert, die Maxwell als

$$\underline{B}(\underline{x}) = \mathrm{rot}\ \underline{A}(\underline{x}) \qquad \text{(A)}$$

definiert.

Faradays Induktionsgesetz zufolge (vgl. Faraday 1891, §3087) wird im geschlossenen Leiterkreis eine elektromotorische Kraft induziert, wenn sich die Anzahl der insgesamt durch den Kreis hindurchgreifenden magnetischen Kraftlinien ändert. Diese Anzahl wird hier offenbar durch p ausgedrückt und deshalb interpretiert Maxwell $\underline{B}(\underline{x})$ als lokale Kraftliniendichte, d.h. als magnetische Induktion (§592). Mithin ist $\underline{A}(\underline{x})$ das Vektorpotential dieser Größe; es kann auch als lokaler elektrokinetischer Impuls bezeichnet werden (§590).

Für die im gesamten Kreis induzierte elektromotorische Kraft U gilt nun:

$$U = -(d/dt)\int \underline{A}(\underline{x})\underline{ds}$$

Durch Ausführung der Differentiation (Abb. 3.6.6) erhält Maxwell daraus:

$$U = \int \underline{E}(\underline{x})\underline{ds} \qquad \text{mit:}$$

$$\underline{E}(\underline{x}) = \underline{v} \times \underline{B}(\underline{x}) - \dot{\underline{A}}(\underline{x}) - \text{grad } V_E(\underline{x}) \qquad \text{(B)}$$

Dabei bezeichnet $\underline{E}(\underline{x})$ die elektromotorische Intensität am betrachteten Punkt $\underline{x}$, $\underline{v}$ die Geschwindigkeit von $\underline{ds}$ und V_E eine nicht näher bestimmte und nur der Allgemeinheit halber eingeführte Potentialfunktion. Sie ist jedoch nichts anderes als das elektrostatische Potential (§598) (1).

Dasselbe Verfahren wird nun angewandt, um die elektromagnetische Kraft auf einen stromdurchflossenen Leiter im magnetischen Feld zu berechnen.

$$F = (\partial/\partial x)T = (\partial/\partial x)pi = i(\partial/\partial x)\int \underline{A}(\underline{x})\underline{ds}$$

---

(1) Die Gleichung (B) führt auf eine bemerkenswerte Asymmetrie: Den Phänomenen der elektromagnetischen Induktion zufolge macht es keinen Unterschied, ob sich der induzierte Leiter gegen den ruhenden Magneten bewegt oder umgekehrt der Magnet gegen den ruhenden Leiter. Die Transformation der Gleichung (B) in ein bewegtes Koordinatensystem (§600f) führt jedoch auf zwei physikalisch unterschiedliche Situationen: Zwar ergibt sich jeweils dasselbe numerische Ergebnis; aber im ersten Fall existiert das induzierte elektrische Feld nur im Leiter, im zweiten Fall im gesamten Raum (vgl. Knudsen 1980, S.349ff). Die Asymmetrie ist von Belang, da Maxwell elektrische Felder als reale Ätherzustände auffaßte. Rund zwei Jahrzehnte später gab sie zur Ausarbeitung der Relativitätstheorie Anlaß (Holton 1984, S.117). Hier zeigt sich zudem eine grundlegende Schwäche der Maxwellschen Theorie: Es bleibt unklar, ob der Äther in bewegten Körpern mitgeführt wird oder nicht. Deshalb fehlt die Grundlage einer Elektrodynamik bewegter Körper (vgl. §794 und Chalmers 1973, S.478).

Ableitung von Maxwells Formel der induzierten elektromotorischen Intensität

$$-U = \frac{d}{dt}\oint_{S'} \underline{A}(t,\underline{x})\,\underline{ds} = \frac{d}{dt}\oint \underline{A}(t,\underline{x}(\lambda,t))\,\underline{x}'(\lambda,t)\,d\lambda$$

$$\text{mit: } \underline{ds} = \frac{d\underline{x}}{d\lambda}\,d\lambda =: \underline{x}'\,d\lambda$$

$$= \oint \dot{\underline{A}}\,\underline{x}'\,d\lambda + \oint [J(\underline{A})\,\dot{\underline{x}}]\,\underline{x}'\,d\lambda + \oint \underline{A}\,\frac{\partial^2 \underline{x}}{\partial\lambda\,\partial t}\,d\lambda$$

$$\text{mit } J(\underline{A}) = \begin{pmatrix} \nabla A_1 \\ \nabla A_2 \\ \nabla A_3 \end{pmatrix} \text{ und } \underline{A} = \begin{pmatrix} A_1 \\ A_2 \\ A_3 \end{pmatrix}$$

nun gilt:

$$[J(\underline{A})\,\dot{\underline{x}}]\,\underline{x}' = [J(\underline{A})^T \underline{x}']\,\dot{\underline{x}} = [J(\underline{A}) - \mathrm{rot}\,\underline{A} \times \underline{x}']\,\dot{\underline{x}}$$

$$= [J(\underline{A})\,\underline{x}']\,\dot{\underline{x}} - [\dot{\underline{x}} \times \mathrm{rot}\,\underline{A}]\,\underline{x}'$$

$$\Rightarrow -U = \oint_{S'} [\dot{\underline{A}} + \mathrm{rot}\,\underline{A} \times \dot{\underline{x}}]\,\underline{ds} + \underbrace{\oint_{S'} \left[\underline{A}\,\frac{\partial^2 \underline{x}}{\partial\lambda\,\partial t} + (J(\underline{A})\,\underline{x}')\,\dot{\underline{x}}\right] d\lambda}_{= \oint_{S'} \frac{d}{d\lambda}(\underline{A}\,\dot{\underline{x}})\,d\lambda \,=\, 0}$$

$$\Rightarrow U = \oint_{S'} (\underline{v} \times \underline{B} - \dot{\underline{A}})\,\underline{ds}$$

$$= \oint_{S'} \underline{E}(\underline{x})\,\underline{ds}$$

$$\text{mit: } \underline{E}(\underline{x}) = \underline{v} \times \underline{B} - \dot{\underline{A}} - \nabla V_E$$

Abb. 3.6.6 Rechenbeispiel zu Maxwells Theorie: Ableitung von Gleichung (B)

Die Differentiation ergibt den Ausdruck $i\underline{ds}\times\underline{B}(\underline{x})$ für die Kraft auf das Stromelement $i\underline{ds}$. Durch Übergang zur Stromdichte $\underline{i}(\underline{x})$ in einem ausgedehnten Leiter erhält Maxwell daraus einen Ausdruck für die Volumendichte der elektromagnetischen Kraft auf den Leiter:

$$\underline{F}(\underline{x}) = \underline{i}(\underline{x}) \times \underline{B}(\underline{x}) \qquad \text{(C)}$$

Maxwell unterscheidet strikt zwischen elektromagnetischen und elektromotorischen Kräften (vgl. § 501, 569). Die ersten wirken auf den stromdurchflossenen Leiter, jedoch nicht auf die Elektrizität in ihm. Die magnetische Kraft in Gleichung (C) ist deshalb nicht die Ursache der elektromotorischen Kraft $\underline{v}\times\underline{B}$ in Gleichung (B).

Das Maxwellsche Gleichungssystem

Zur Vervollständigung des Maxwellschen Gleichungssystems fehlt nun lediglich noch das Ohmsche Gesetz. Maxwell führt es im Teil "Electrokinematics" des Treatise als empirische Gegebenheit ein. Er bezeichnet mit c die Leitfähigkeit des betrachteten Mediums:

$$\underline{i}'(\underline{x}) = c\ \underline{E}(\underline{x}) \qquad \text{(G)}$$

Insgesamt hat sich damit folgendes Gleichungssystem des elektromagnetischen Feldes ergeben: Die elektromagnetischen Eigenschaften des Äthers werden an jedem Punkt durch die elektrische Leitfähigkeit c, die spezifische Kapazität k und die magnetische Permeabilität μ charakerisiert. Zur Beschreibung des Feldes werden folgende Größen eingeführt:

$\underline{A}$	elektrokin. Impuls	$\underline{B}$	magnetische Induktion
$\underline{i}$	Gesamtstromdichte	$\underline{D}$	elektr. Verschiebung
$\underline{E}$	elektromot. Intensität	$\underline{F}$	Dichte der mech. Kraft
$\underline{v}$	Geschw. eines Punktes	$\underline{H}$	magnetische Kraft
$\underline{I}$	Magnetisierung	$\underline{i}'$	Leitungsstromdichte
V_E	elektr. Potential	ρ	Ladungsdichte
σ	Flächenladungsdichte		

Für sie gelten die folgenden Beziehungen (§ 613, 618, 619):

$\underline{B} = \mathrm{rot}\,\underline{A}$	(A)	$\underline{j}' = c\underline{E}$	(G)
$\underline{E} = \underline{v}\times\underline{B} - \dot{\underline{A}} - \mathrm{grad}\,V_E$	(B)	$\underline{j} = \underline{j}' + \dot{\underline{D}}$	(H)
$\underline{F} = \underline{j}\times\underline{B}$	(C)	$\mathrm{div}\,\underline{D} = \rho$	(J)
$\underline{B} = \mu_0\underline{H} + \underline{I}$	(D)	$\sigma = \underline{n}_1\underline{D}_1 + \underline{n}_2\underline{D}_2$	(K)
$\underline{j} = \mathrm{rot}\,\underline{H}$	(E)	$\underline{B} = \mu\mu_0\underline{H}$	(L)
$\underline{D} = k\epsilon_0\underline{E}$	(F)		

Nimmt man noch die elektrische und magnetostatische Kraft hinzu, ergibt sich die Gleichung (C) der mechanischen Kraft als:

$$\underline{F} = \underline{j}\times\underline{B} + \rho\underline{E} - \theta\,\mathrm{grad}\,V_M$$

V_M - magnetisches Potential, θ - Dichte der gedachten magnetischen Materie

Das Gleichungssystem läßt transversale elektromagnetische Wellen zu. Ihre Ausbreitungsgeschwindigkeit stimmt mit der des Lichts überein und so erklärt Maxwell Licht als ein elektromagnetisches Phänomen (vgl. §781ff, Abb. 3.6.7).

3.6.5 Die Utopie des universellen Äthers

Etwa ab der Jahrhundertmitte war die Wellentheorie des Lichts und mit ihr die Existenz des Äthers in England allgemein anerkannt. In den folgenden Jahrzehnten gewann er dann eine offenbar kaum hinterfragbare Materialität. So bestimmte Thomson 1854 die mechanische Energiedichte der Lichtschwingungen im Äther (in der Nähe der Erdoberfläche) zu etwa $4\cdot10^{-6}\mathrm{Nm/m^3}$, die Ätherdichte schätzte er größer als $1{,}02\cdot10^{-19}\mathrm{kg/m^3}$ ab (Thomson 1854). In den 60er Jahren machte Maxwell den Äther zum Träger der elektromagnetischen Erscheinungen und mit dem 1867 erfundenen "Wirbelatom" schien dann die einheitliche Welterklärung auf der Basis des universellen Mediums in greifbare Nähe gerückt.

Helmholtz hatte 1858 eine Abhandlung über die Theorie der Wirbelbewegungen in idealen, reibungsfreien Flüssigkeiten veröffentlicht. Alle in

Maxwells Lichttheorie (§ 783 ff)

$$\underline{j} \underset{(H)}{=} \underline{j}' + \underline{\dot{D}} \underset{(F)(G)}{=} c\underline{E} + K\varepsilon_0 \underline{\dot{E}}$$

$$\underset{(B)}{=} -\left(c + K\varepsilon_0 \frac{d}{dt}\right)\left(\underline{\dot{A}} + \nabla V_E\right) =: \otimes$$

$$\underline{j} \underset{(E)}{=} \mathrm{rot}\, \underline{H} \underset{(L)}{=} \frac{1}{\mu\mu_0} \mathrm{rot}\, \underline{B} = \frac{1}{\mu\mu_0} \mathrm{rot}(\mathrm{rot}\, \underline{A})$$

$$= \frac{1}{\mu\mu_0}\left[\nabla(\nabla \underline{A}) - \Delta \underline{A}\right] =: \boxdot$$

$$\otimes = \boxdot \Rightarrow$$

$$-\left(c + K\varepsilon_0 \frac{d}{dt}\right)\left(\underline{\dot{A}} + \nabla V_E\right) = \frac{1}{\mu\mu_0}\left[\nabla(\nabla \underline{A}) - \Delta \underline{A}\right]$$

$$\Rightarrow \mu\mu_0\left(c + K\varepsilon_0 \frac{d}{dt}\right)\left(\underline{\dot{A}} + \nabla V_E\right) + \nabla(\nabla \underline{A}) - \Delta \underline{A} = \underline{0}$$

Maxwell setzt: $c = 0$ (nichtleitendes Medium)
und $\mu\mu_0 K\varepsilon_0 \frac{d}{dt} \nabla V_E + \nabla(\nabla \underline{A}) = \underline{0}$
und erhält die Wellengleichung:

$$\mu\mu_0 K\varepsilon_0 \underline{\ddot{A}} - \Delta \underline{A} = \underline{0}$$

$\Rightarrow$ i) Jede Änderung von $\underline{A}$ breitet sich mit der Geschwindigkeit $v = (\mu\mu_0 K\varepsilon_0)^{-\frac{1}{2}}$ aus; $\underline{A}$ ist retardiert (§ 485).

ii) Elektromagnetische Wellen sind möglich. Im Standardmedium haben sie die Geschwindigkeit $v = (\mu_0\varepsilon_0)^{-\frac{1}{2}}$ = Lichtgeschwindigkeit.

Abb. 3.6.7 Rechenbeispiel zu Maxwells Lichttheorie

solchen Medien existierende Wirbel waren ringartig in sich geschlossen und existierten, falls einmal erzeugt, ewig weiter. Auf diese Anregung hin konstruierte Tait einen Apparat, mit dem er Rauchringe produzieren und ihre von Helmholtz errechneten Eigenschaften eindrucksvoll demonstrieren konnte. Eine seiner Vorführungen inspirierte Thomson zur Idee der Wirbelatome: Atome waren nichts anderes als Wirbelringe im homogen angenommenen Äther, normale Materie also kinetisch, durch Bewegung zu erklären (vgl. Siegel 1981, S.255f).

Es gab durchaus Argumente für diese Auffassung: Aus der Theorie folgte die Stabilität der Wirbelatome. Es waren beliebig viele verschiedene Verknotungen oder Anordnungen von Wirbeln denkbar, was der Vielfalt der Eigenschaften verschiedener Substanzen entsprach. Wirbelringe konnten in sich schwingen, wodurch möglicherweise die Spektren strahlender Materie erklärt werden konnten (Silliman 1963, S.469ff). Thomson veröffentlichte 1867 den ersten Aufsatz über Wirbelatome; er gewann mit dieser Idee in Großbritannien viele Anhänger, unter ihnen Tait, Maxwell, FitzGerald und Lodge. Bis zur Jahrhundertwende nahm sie eine respektable Position unter den Theorien der Materie ein (vgl. Siegel 1981, S.256ff). Schließlich zeichnete sich mit ihr die Möglichkeit ab, alle Erscheinungen der physikalischen Welt durch Bewegungen eines universellen Mediums zu erklären:

"One continuous substance filling all space: which can vibrate as light; which can be sheared into positive and negative electricty; which in whirls constitutes matter; and which transmits by continuity, and not by impact, every action and reaction of which matter is capable. This is the modern view of the Ether and its functions."(Lodge 1889, S.358)

3.7 Äthermaschine oder elektrische Teilchen?

In England fand Maxwell Anhänger. Schon in den 70er Jahren begannen seine Schüler mit der Ausarbeitung seiner Theorie. Die dem herkömmlichen Ladungskonzept verpflichteten Physiker des Kontinents hatten dagegen große Schwierigkeiten, seine Elektrodynamik überhaupt zu verstehen; sie wurde zunächst einfach nicht zur Kenntnis genommen. Schließlich gab eine Erweiterung der Fernwirkungstheorie durch Helmholtz Anlaß zu einer Untersuchung, durch die 1888 die Existenz elektromagnetischer Wellen gezeigt und damit Maxwells Theorie belegt wurde. Dies löste in Deutschland den Umschwung zur Feldtheorie aus.

Maxwells britische Schüler

Nach Erscheinen des Treatise wurde Maxwells Theorie in England anerkannt. Die "Maxwellianer", eine etwa 40 Mitglieder zählende Gruppe der jüngeren Viktorianischen Physiker, bildeten eine Interessengemeinschaft. Sie verband nicht nur die Arbeit an Maxwells Theorie, sondern auch persönliche Freundschaften und regelmäßiger Gedankenaustausch (Hunt 1983, S.342). Zu ihnen gehörten u.a. Lodge, FitzGerald, John Henry Poynting (1852-1914), Oliver Heaviside (1850-1925), Joseph John Thomson (1856-1940), Joseph Larmor (1857-1942) und der Amerikaner Henry A.Rowland (1848-1901).

Alle Maxwellianer hatten Elektrodynamik entweder unter Maxwells Anleitung am Cavendish-Labor oder zumindest durch Studium des Treatise gelernt. Sie waren mit dem Ideal der dynamischen Theoriebildung vertraut und betrachteten es neben Maxwells Ladungskonzept als Grundlage der Elektrodynamik (vgl. Buchwald 1985, S.228ff). Die Ausarbeitung der Theorie bestand für sie wesentlich darin, dem Vorbild der dynamischen Theorie geschlossener Stromkreise folgend, schließlich alle Feldgleichungen aus der Annahme eines geeigneten materiellen Kontinuums, d.h. Äthermodells, und mit Hilfe der Prinzipien der allgemeinen Dynamik herzuleiten. Sie setzten dazu ein entsprechendes Medium voraus, in dem gewisse Bewegungs- und Spannungszustände auftreten sollten. Wo sie vorlagen, besaß jedes Volumenelement kinetische und potentielle Energie. Die Kunst bestand nun darin, den Zustand des Mediums gerade mit solchen verallgemeinerten Koordinaten zu beschreiben, die sich mit Maxwells Feldgrößen in Beziehung setzen ließen. Insbesondere mußten diese Koordinaten auf Energiedichten führen, die den von Maxwell für das elektromagnetische Feld angegebenen, also $(1/2)\underline{E}\cdot\underline{D}$ und $(1/2)\underline{H}\cdot\underline{B}$ (vgl. Maxwell 1891, §631, 635), entsprachen. Die Anwendung des Hamiltonschen Prinzips auf diese Terme sollte dann ohne weitere Annahmen Maxwells Feldgleichungen ergeben. Dies Vorgehen setzte voraus, daß die elektrische und magnetische Energie des Feldes tatsächlich wie die potentielle und kinetische Energie eines mechanischen Kontinuums in den einzelnen Volumenelementen lokalisierbar war. Nur unter dieser Voraussetzung konnte aus lokalen Inhomogenitäten der Energiedichten auf die dort wirksamen Kräfte geschlossen werden. Und in diesem Sinne wurde die Elektrodynamik auf Mechanik reduziert, auch wenn die angenommenen Äthermodelle unrealistische Eigenschaften aufwiesen. Es war eben ein Vorteil der Methode, daß man sich über die verborgene innere Struktur der Medien zumindest zunächst keine weiteren Gedanken machen mußte. Eine Erweiterung von Maxwells Theorie, wie sie beispielsweise zur Erklärung des 1879 entdeckten Halleffekts notwendig wurde, setzte dann bei der Annahme zusätzlicher Energieterme an. Wurden sie glücklich gewählt, produzierte der Formalismus eine in Maxwells Gleichungen bislang nicht enthaltene (in diesem Fall elektromotorische) Kraft, die den neuen Phänomenen Rechnung trug (vgl. Buchwald 1988, S.22, 34f, 61f, 136f). Ausführbare mechanische Modelle, die die Struktur des Äthers weiter idealisierten und greifbar konkretisierten, hatten illustrative oder heuristische Funktion (Buchwald 1988, S.137f; Hunt 1987, S.317).

Bei diesen Untersuchungen erwies sich ein inkompressibles und auf Verdrehungen elastisch reagierendes Medium, der rotationselastische Äther, als zwar nicht unproblematische, aber letztlich doch einzige erfolgversprechende Möglichkeit (z.B. Buchwald 1988, S.142). Es funktionierte zumindest für elektromagnetische Felder in Dielektrika, also für den optischen Anwendungsfall, in dem weder Leitungsströme noch Ladungen auftraten: Nahm man $\underline{u}(\underline{x})$ als Auslenkungsvektor eines Teilchens am Ort $\underline{x}$ an, dann konnte $\dot{\underline{u}}$ als magnetische Feldstärke $\underline{H}$ und $\mathrm{rot}\underline{u}$ als elektrische Verschiebung $\underline{D}$ angesetzt werden. Mithin galt $\mathrm{rot}\underline{H}=\mathrm{rot}\dot{\underline{u}}=\dot{\underline{D}}$; die Feldgleichung (E) war durch den Ansatz vorgegeben. Nun entsprach die kinetische Energie des Mediums der magnetischen und seine potentielle Energie der elektrischen Feldenergie. Durch Anwendung des Formalismus auf die Energiedichten erhielt man als Bewegungsgleichung des Mediums das Induktionsgesetz (B) (ebenda).

Das Beispiel lehrte, daß der Äther offenbar kein simples "wackelpuddingähnliches" Medium war und daß Maxwells elektrische Verschiebung $\underline{D}$ keine einfache Auslenkung von Ätherteilchen, sondern möglicherweise einen recht komplexen Prozeß im Äther bezeichnete (Hunt 1987, S.309f). Zudem zeichneten sich hier die Grenzen des Programms ab, die schließlich Mitte der 90er Jahre zu seiner Aufgabe führten: Auch bei diesem bestmöglichen Ansatz stieß der Versuch, zusätzlich noch Leitungsströme ins Schema der dynamischen Theoriebildung einzubauen, auf unüberwindliche Schwierigkeiten (vgl. Buchwald 1988, S.65ff).

Offenbar konnten sich alle Zustände in solchen Medien nur mit endlicher Geschwindigkeit ausbreiten. Aus Maxwells impliziter Annahme $\mathrm{div}\underline{A}=0$ (Coulomb-Eichung) ergab sich aber mathematisch die Folgerung, daß sich Änderungen des Vektorpotentials $\underline{A}$ mit endlicher, dagegen die des skalaren Potentials V_E mit unendlicher Geschwindigkeit in den Raum hineinbewegten. Da zudem die Energiedichten und der Energiefluß im Feld nicht von den Potentialen abhingen, schienen nur die Vektoren $\underline{E}$ und $\underline{H}$ tatsächliche Zustände zu beschreiben, während es sich bei den Potentialen um mathematische Artefakte ohne physikalische Bedeutung handelte. So bürgerte sich in den 90er Jahren (die noch heute übliche,) auf Heaviside zurückgehende Schreibweise der Gleichungen ohne Potentiale ein (vgl. Hunt 1987, S.311f).

Bemerkenswerterweise hat sich Maxwell selbst, obwohl er als Direktor des Cavendish Labors die materiellen Möglichkeiten dazu gehabt haben muß, nie um einen direkten empirischen Beleg seiner Theorie bemüht (vgl. Simpson 1966)(1). Einen derartigen Nachweis zu führen, sei es als empirischen Beleg des Verschiebungsstroms oder der elektromagnetischen Wellen, scheint auch kein vorrangiges Interesse der Maxwellianer gewesen zu sein. Offenbar schien ihnen die Theorie so einleuchtend, daß ein empirischer Beleg nicht von Nöten war (vgl. Turpin 1980, S.163). So äußerte der Maxwell-Schüler A. Schuster:

"Had there been two equally probable theories in the field, I doubt not the attempt to carry out a crucial experiment would have been made; but we were perhaps over confident in the inherent truth and simplicity of Maxwell's conception. ...
We were wrong, because we forgot that the great body of scientific thought abroad, and to some extent in this country, was apathetic and even reluctant to abandon an elastically solid aether which hat done good service, and to accept in its place a medium, the properties of which were unlike those of any known body."(Schuster 1911, S.45)

Die Maxwellianer hatten Schwierigkeiten, ihre Ansichten außerhalb des Kreises der britischen Fachphysiker durchzusetzen. Ihre Ausarbeitungen galten den in der wachsenden elektrotechnischen Industrie tätigen Ingenieuren als esoterisch und rein hypothetisch. Die Praktiker bestritten, daß Maxwells Theorie für ihre Tätigkeit überhaupt eine Bedeutung hatte. Denn ihrer Meinung nach war das Wasserschlauchmodell des

---

(1) Tatsächlich waren schon vor den Hertzschen Experimenten (s.u.) Effekte beobachtet worden, die man heute als Erscheinungen elektromagnetischer Wellen interpretieren würde, deren Bedeutung damals allerdings nicht einmal Maxwell erkannte (vgl. Süsskind 1964).

elektrischen Stroms für alle technischen Probleme ausreichend (Hunt 1983, S.345). Diese Situation änderte sich erst 1888, als in Deutschland scheinbar stichhaltige experimentelle Beweise für die Gültigkeit von Maxwells Theorie angeführt wurden.

Maxwell versus Neumann & Weber

Zu welcher Einschätzung mußte ein aufgeschlossener Anhänger der Weber-Neumann-Schule gelangen, wenn er sich in den 70er Jahren anhand des Treatise ein Urteil über Maxwells Theorie bildete? Offensichtlich unterschied sie sich von der herkömmlichen Theorie in ihrer mathematischen Machart: Maxwells Gleichungen (A) bis (K) beschrieben die lokale Dynamik der Feldgrößen und erst ihre Lösungen führten auf die Integraldarstellungen für die Wirkungen zwischen Strömen oder Ladungen. Die Fernwirkungstheorie ging dagegen umgekehrt von den Potentialen oder den Kräften zwischen Ladungen bzw. Stromelementen aus. In ihren Grundgleichungen wurden an verschiedenen Orten existierende Größen miteinander verkettet und dann daraus gegebenenfalls in einem zweiten Schritt lokale Darstellungen abgeleitet.

Trotz der Verschiedenheit der mathematischen Methoden waren die Gleichungen beider Theorien teilweise miteinander konsistent:
* Für den stationären Fall hatte Maxwell als Lösung seiner Gleichungen das Vektorpotential

$$\underline{A}(\underline{x}_2) = \frac{\mu\mu_0}{4\pi} \int \frac{\underline{i}(\underline{x}_1)}{|\underline{x}_2 - \underline{x}_1|} dv$$

angegeben (Maxwell 1891, §616). Bei zwei linearen Leitern unterschied sich seine elektrokinetische Energie T_E deshalb nur im Hinblick auf die Handhabung der Vorzeichen von Neumanns elektrodynamischem Potential P (vgl. auch Hertz 1894, S.242ff). Das Gesetz der elektromagnetischen Induktion (B) wie das der elektromagnetischen Kraft (C) waren im Fall geschlossener Kreise und statischer Verhältnisse bzw. langsamer Prozesse mit Neumanns bzw. Webers Theorie konsistent.
* Aus Poissons Magnetismustheorie hatte Maxwell die Definition der magnetischen Induktion (D) entwickelt und aus ihr ergab sich Gleichung (A) für das Vektorpotential. Entsprechend lag Maxwells Formel

für die magnetische Kraft eines Stroms (E) Ampères Konzept der magnetischen Doppelschicht und Neumanns Potentialformel zugrunde. Diese Gleichungen drückten bekannte Zusammenhänge mit neuer mathematischer Technik aus.

* Im Fall des Standardmediums gingen Maxwells Gleichungen der Elektrostatik (F) (J) (K) in die entsprechenden Formeln der Fernwirkungstheorie über. Zwar berücksichtigte Maxwell noch die Wirkung dielektrischer Medien; aber den Fernwirkungstheoretikern stand die Option offen, ihre Gleichungen durch eine Poissons Magnetismustheorie (vgl. Kap. 3.1, S.74ff) entsprechende Theorie elektrischer Medien noch zu erweitern.

* Es gab in der Fernwirkungstheorie allerdings keine Maxwells Verschiebungsstrom entsprechende Größe, und die darausfolgenden Thesen von der Geschlossenheit aller Ströme und der endlichen Ausbreitungsgeschwindigkeit elektromagnetischer Wirkungen widersprachen dem traditionellen Fernwirkungsstandpunkt.

Mithin lieferte Maxwells Theorie für die bekannten Erscheinungen stationärer und quasistationärer Prozesse im Vakuum keine von der traditionellen Theorie abweichenden Ergebnisse (vgl. auch Buchheim 1971, S.28; Hoppe 1926, S.474). Unterschiede waren für sehr schnelle Vorgänge und ungeschlossene Kreise zu erwarten, die aber bis dahin kaum untersucht und vor allem mit der verfügbaren Meßtechnik kaum zugänglich waren. Schließlich breiteten sich Maxwells Felder mit Lichtgeschwindigkeit aus; bei Experimenten im Labormaßstab konnten sich nur extrem kurze Laufzeiten elektrischer Signale ergeben.

Gravierende Unterschiede bestanden jedoch in Bezug auf die physikalische Bedeutung der einzelnen Größen, hinsichtlich der jeweils zugrundegelegten Konzeptionen und physikalischen Weltbilder: Für den Fernwirkungstheoretiker spielten sich die elektrodynamischen Phänomene im Leiter ab, für den Maxwellianer dagegen hauptsächlich im umgebenden Raum. Wo der eine instantane Wechselwirkungen elektrischer Teilchen feststellte, sah der andere dynamische Prozesse in einem materiellen Kontinuum. Ladung, der Grundbegriff der Fernwirkungstheorie, bezeichnete bei Maxwell nicht mehr als eine Randerscheinung des elektrischen Feldes; ihr entsprach keine primäre Qualität. Die herkömmliche Vorstellung als Ladungstransport war mit Maxwells Konzept des elektrischen Stroms unvereinbar. Und gerade auf diesen obskuren Vorstellungen basierte seine zentrale Hypothese des Verschiebungsstroms. Umgekehrt war Webers elektrodynamisches Grundgesetz, das die Formeln von Ampère und Neumann erst zu einer einheitlichen Theorie verband, eine in Maxwells Theorie unsinnige Gleichung. Denn erstes unterschied Maxwell zwischen elektromagnetischen und elektromotorischen Kräften, die Weber mit einem Gesetz darstellte, und zweitens war der Maxwellsche Leitungsstrom kein Ladungstransport und mithin eine Kraft zwischen Strömen keine Wirkung bewegter Ladung.

Es ist für das Verhältnis der Theorien kennzeichnend, daß der Treatise allgemein, besonders aber Maxwells Ladungskonzept für die Physiker des Kontinents erhebliche Verständnisschwierigkeiten aufwarf (z.B. Hirosige 1969, S.161; Buchwald 1988, S.177; Boltzmann 1982, S.V,3; McCormmach 1973, S.441). Beispielsweise bekundete ein französischer Physiker, alles im Treatise hätte er verstanden, nur sei ihm unklar, was eigentlich mit einer geladenen Kugel gemeint sei (vgl. Bromberg 1968, S.142). Heinrich Hertz räumte ein, es sei ihm nicht möglich gewesen, sich ein völlig widerspruchsfreies Bild von Maxwells Konzeptionen zu machen (Hertz 1894, S.22). Und es wird berichtet, daß Johann W. Hittorf (1824-1914), Professor für Physik in Münster, beim Studium des Treatise in Depressionen fiel:

"Schlimmer war eine Nervenattacke, die ihn im Anfang der 80er Jahre befiel. ... Er sprach tagelang fast kein Wort, brütete nur immer über einem und demselben Gedankengang. Dieser Gedankengang bezog sich auf die mathematische Physik, in der er auf einen Punkt gekommen war, der selbst dem scharfen Verstande Hittorfs nicht verständlich war. Darüber grübelte er nun dauernd; das Buch (Maxwell) begleitete ihn fast Tag und Nacht. Darüber verlor er Appetit, Schlaf, vor allem auch seine gleichmäßige Stimmung. Düster und schweigsam saß er in seinem Studierzimmer über den Maxwell gebeugt, und alle Bemühungen seiner Freunde ihn auf andere Gedanken zu bringen, waren fruchtlos. Hittorfs Schwester litt unsäglich in dieser Zeit und sie kam oft mit heißen Tränen zu mir." (Adelheid Sturm: Lebenserinnerungen einer Professorenfrau. zit. nach Heydweiller 1915, S.51f)

Offenbar waren die in den traditionellen Auffassungen ausgebildeten Physiker mehrheitlich nicht in der Lage, Maxwells Konzeptionen zu erfassen (vgl. Buchwald 1988, S.177, 183, 188f). Ihre Schwierigkeiten rührten sicherlich von Maxwells mitunter mehrdeutiger Ausdrucksweise her. Sie waren aber nicht zuletzt auch darin begründet, daß besonders die Phänomene der Elektrostatik in beiden Theorien auf vollkommen verschiedene Weisen gedeutet wurden und so der Übergang von der einen Theorie zur anderen eine Art Gestaltwandel erzwang (vgl. Buchwald 1988, S.4, 33).

Auch in Bezug auf die jeweils verwendeten Wissenschaftsbegriffe unterschieden sich die Theorien. Die Webersche entsprach noch dem das Erbe der Romantik tragenden Ideal der einheitlichen Naturerklärung. Sie ging von einer definitiven und begründeten Hypothese über die den Phänomenen zugrundeliegende Struktur aus und gab ihnen in diesem Sinne eine Erklärung. Dagegen mied Maxwell, soweit möglich, alle Strukturhypothesen und behauptete nur, daß eine Erklärung prinzipiell möglich sei. Bei Weber bestand die Erklärung in der Angabe eines theoretischen atomistischen Modells, bei Maxwell dagegen in der Angabe einer möglichen Analogie zu einem makroskopischen mechanischen System. Entsprechend argumentierte Maxwell mit den Prinzipien der Dynamik, während sich Weber nicht scheute, über die Gesetze der Mechanik hinauszugehen. Webers Methoden repräsentierten deutsche "Gelehrsamkeit", dagegen Maxwells den Pragmatismus Viktorianischer Industrie (vgl. Duhem 1978, S.118).

In den 70er Jahren konnte Maxwell nur wenige experimentelle Evidenzen für seine Theorie vorlegen. Direkte Beweise für Existenz und elektrodynamische Wirkung der Verschiebungsströme wie für die Existenz elektromagnetischer Wellen waren nicht bekannt. Es gab lediglich Hinweise auf eine elektromagnetische elektromagnetische Natur des Lichts:

* Für die Ausbreitungsgeschwindigkeit v der hypothetischen elektromagnetischen Wellen galt $v = 1/\sqrt{\mu\mu_0 K\epsilon_0}$. Der empirische Wert für $1/\sqrt{\mu_0\epsilon_0}$ stimmte im Rahmen der Meßgenauigkeit mit dem der Lichtgeschwindigkeit überein. Im Standardmedium $(\mu=K=1)$ mußten sich elektromagnetische Wellen mit derselben Geschwindigkeit wie Lichtwellen ausbreiten (vgl. Maxwell 1891, §786f).
* Wenn Licht aus elektromagnetischen Wellen bestand, mußten deshalb nach den Sätzen der Wellenoptik die induktiven Kapazitäten transparenter Medien (, denn für sie galt in der Regel $\mu=1$,) mit dem Quadrat ihrer Brechungsindizes übereinstimmen (ebenda, §788). Tatsächlich lieferten einige Messungen positive Ergebnisse, aber der Test an sich war angreifbar: Wie allgemein bekannt, hing der Brechungsindex eines optischen Mittels von der Frequenz des Lichts ab (Dispersion), was Maxwells Theorie jedoch nicht berücksichtigte. Zudem konnten die Dielektrizitätskonstanten nur unter statischen Verhältnissen gemessen werden. Diese Werte für die Frequenz Null sollten dann den bei extrem hohen Frequenzen gemessenen Brechungsindizes entsprechen (vgl. Kaiser 1981, S.141, 177f).

* Aus Maxwells Theorie folgte ein Zusammenhang zwischen Undurchsichtigkeit und Leitfähigkeit elektrischer Medien. Er war in vielen Fällen erfüllt; aber es ließen sich, wie Maxwell selbst einräumte, durchaus auch Gegenbeispiele (z.B. Elektrolyte, Blattgold) angeben (Maxwell 1891, §798f).

Nach dem Ergebnis des Vergleichs zu urteilen, konnte Maxwells Theorie zunächst wohl keinen besonders attraktiven Forschungsgegenstand für die deutschen Elektrodynamiker abgeben. Eine deutsche Übersetzung des Treatise erschien auch erst 1883, also 10 Jahre nach der Veröffentlichung des englischen Originals. Vorerst, d.h. in den 70er und frühen 80er Jahren, beschäftigten sich die deutschen Theoretiker mit den Problemen, die die eigene Theoriebildung aufwarf (1).

Probleme und Modifikationen des Fernwirkungsstandpunkts in den 60er und 70er Jahren

Für die jüngeren der deutschen Physiker war das Konzept von Kraft als Ausdruck einer raumzeitlichen Beziehung nicht mehr selbstverständlich. So versuchten Bernhard Riemann (1826-1866) und Carl Neumann (Sohn von F.E. Neumann, 1832-1925), beide Schüler von Weber und mit ihm befreundet, der besonderen Form des elektrodynamischen Grundgesetzes eine im engeren Sinne physikalische Begründung zu geben. Dazu verfolgten sie den Gedanken, daß die Geschwindigkeits- und Beschleunigungsabhängigkeit der Weberschen Kraft, d.h. die elektrodynamische Wirkung bewegter Ladungen, aus einer endlichen Ausbreitungsgeschwindigkeit der elektrischen Wirkungen herrührte (vgl. Wise 1981, S.287). Das elektrostatische Potential sollte demnach mit endlicher Geschwindigkeit vom ersten zum zweiten Teilchen hinüberfliegen. Als ein sogenanntes "retardiertes Potential" hatte es beim Eintreffen am zweiten Teilchen einen Betrag, der den Begebenheiten am ersten Teilchen zu einem um die "Flugzeit" früheren Zeitpunkt entsprach. Es gelang C. Neumann 1869, Webers elektrodynamisches Grundgesetz mit

---

(1) Die Durchsicht der Sachregister der Annalen der Physik (Poggendorffsche und Wiedemannsche Serie) zeigt unter den Stichwörtern "Wesen, Wirkung der Elektrizität" und "Elektrodynamik" vom Anfang der 70er bis Mitte der 80er Jahre eine lebhafte Auseinandersetzung um die elektrodynamischen Grund- bzw. Elementargesetze (Weber, Helmholtz, Clausius, Theorie von Edlund). Der Name "Maxwell" fällt in den Titeln 1883 zum ersten Mal.

Hilfe des Hamiltonschen Prinzips aus dem retardierten elektrostatischen Potential herzuleiten (vgl. Bevilacqua 1983, S.107).

Zwei Jahre zuvor hatte der Däne Ludvig Valentin Lorenz (1829-1891) den Gedanken der verzögerten Fernwirkung praktisch vollständig in das System der herkömmlichen Elektrodynamik integriert. Anders als C. Neumann vertrat er dabei ausdrücklich das Ziel, die Einheit der Naturkräfte mit der Identität von Licht und Elektromagnetismus zu belegen. Retardierte Potentiale waren ihm aus vorangegangenen Untersuchungen von Schwingungen in elastischen Medien als Lösungen der Wellengleichung bekannt. Mit dem Argument, die Retardierung der elektrostatischen und elektrodynamischen Potentiale würde bei den üblichen Experimenten unter stationären oder quasistationären Bedingungen keine meßbaren Abweichungen ergeben, setzte er sie in Kirchhoffs Gleichungen für Ströme in räumlichen Leitern (S.172f) ein.

$$V_E(\underline{x}_2,t) = \frac{1}{4\pi\epsilon_0}\int \frac{\rho\left(\underline{x}_1, t - \frac{|\underline{x}_2-\underline{x}_1|}{c}\right)}{|\underline{x}_2-\underline{x}_1|}\,dv_1$$

$$A(\underline{x}_2,t) = \frac{\mu_0}{4\pi}\int \frac{\underline{j}\left(\underline{x}_1, t - \frac{|\underline{x}_2-\underline{x}_1|}{c}\right)}{|\underline{x}_2-\underline{x}_1|}\,dv_1$$

Er erhielt dadurch eine Wellengleichung für Stromdichten, die formal der Differentialgleichung für Lichtwellen in einem elastischen Äther entsprach. Deshalb schloß Lorenz, Licht bestände aus Schwingungen von Strömen im leitend angenommenen Äther (vgl. Kaiser 1981, S.157ff). Auf diese Weise hatte Lorenz im Grunde Zusammenhänge, die sich auch aus Maxwells Gleichungssystem ergaben, ohne nähere Begründung in die Fernwirkungstheorie eingebaut. Bezüglich der Wellenphänomene war seine Theorie mit der Maxwellschen formal äquivalent (Bevilacqua 1983, S.105; Whittaker 1973, S.268ff)(1). Dennoch basierte

(1) Eben darin sieht Kaiser (1981, S.149, 185), auf dessen Rechnungen ich mich wiederholt berufe, einen Beleg für seine These der konvergenten Entwicklung in der Elektrodynamik des 19. Jahrhunderts. Der Widerspruch zu der hier vertretenen Auffassung ergibt sich daraus, daß er seiner Untersuchung einen vergleichsweise engen Theoriebegriff zugrundelegt und mithin fast ausschließlich formale Zusammenhänge diskutiert.

sie auf anderen Konzeptionen, Methoden und Begrifflichkeiten. Maxwell hat sich auch von Lorenz' Theorie radikal distanziert:

"... the electromagnetic speculation which was originated by Gauss, and carried on by Weber, Riemann, J. and C. Neumann, Lorenz & c., is founded on the theory of action at a distance, but depending either directly on the relative velocity of the particles, or on the gradual propagation of something, whether potential or force, from the one particle to the other ...
These physical hypotheses, however, are entirely alien from the way of looking at things which I adopt ...
In a philosophical point of view, moreover, it is exceedingly important that two methods should be compared, both of which have succeeded in explaining the principal electromagnetic phenomena, and both of which have attempted to explain the propagation of light as an electromagnetic phenomenon and have actually calculated its velocity, while at the same time the fundamental conceptions of what actually takes place, as well as most of the secondary conceptions of the quantities concerned, are radically different." (Maxwell 1891, Bd.1, S.X; vgl.§805)

Ein schwerwiegendes Problem der Fernwirkungstheorie war der unsichere Status aller Elementargesetze für die elektrodynamische Kraft oder das elektrodynamische Potential einzelner Stromelemente: Bei ihrer Integration über einen geschlossenen Stromkreis verschwanden alle als Gradient darstellbaren Summanden. Und auf diesen Fall bezogen sich alle mathematisch verwertbaren Experimente (vgl. Helmholtz 1882, S.546ff, 563f), so daß, allein auf der Basis der verfügbaren Daten geurteilt, in den 70er Jahren noch verschiedene Elementargesetze möglich waren. So stimmten Webers mit Neumanns Induktionsgesetz, bzw. Webers mit Neumanns Potential (S.159, 169f) und ebenso ein von Grassmann 1845 (siehe S.114, Anm.) gegebenes mit Ampères Kraftgesetz zwar nach Integration über geschlossene Kreise, aber dennoch nicht in der elementaren Form für zwei Stromelemente überein. Die Unsicherheit war entsprechend für alle Gesetze gegeben, die wie Webers die elektrodynamische Kraft zwischen Elektrizitätsteilchen beschrieben. Auch sie konnten nur durch Experimente mit geschlossenen Kreisen, d.h. nach entsprechenden Integrationen verifiziert oder widerlegt werden.

An diesen Zusammenhängen setzten die Überlegungen des in jenen Jahren einflußreichsten (Jungnickel/McCormmach 1986, Bd.2, S.18) deutschen theoretischen Physikers Hermann von Helmholtz (1821-1894) ein. Helmholtz gehörte zu jenen deutschen Naturwissenschaftlern, die sich ganz entschieden gegen alle Reste romantischen Denkens in den Wissenschaften wandten. Kennzeichnend für seinen Stil war die entschiedene Ablehnung aller metaphysischen Spekulation, verbunden mit dem unbeirrbaren Vertrauen in Mathematik und Mechanik (Turner 1972, S.252). Seiner Meinung nach konnten die Prinzipien der Mechanik in allen Bereichen der Naturwissenschaften Geltung beanspruchen. Um Hypothesen über Konstitution der Materie, der Elektrizität oder des Äthers zu vermeiden, versuchte er, seine Untersuchungen auf allgemeinen Prinzipien der Mechanik aufzubauen (Wiedemann 1895, S.XXXI).

Dieses Vorgehen ergab sich aus seinem physikalischen Weltbild: Weil - so Helmholtz - alle elementaren Substanzen in ihren Eigenschaften unveränderlich sind, entstehen alle Veränderungen in der Welt durch Variation der räumlichen Lage von Materie, also letztlich durch Bewegung. Materie wird aber durch mechanische Kräfte bewegt, weshalb "das Endziel der Naturwissenschaften ist, die allen anderen Veränderungen zu Grunde liegenden Bewegungen und deren Triebkräfte zu finden, also sich in Mechanik aufzulösen" (Helmholtz 1884, Bd.1, S.345). Die Triebkräfte der Natur - sollen sie letzte Ursachen sein - müssen zeitunabhängig gelten; ihre Intensität kann deshalb nur von räumlichen Bedingungen abhängen. Die Zerlegbarkeit der Materie in kleine Teile vorausgesetzt, müssen die elementaren Kräfte zwischen punktförmigen Massen wirken und können deshalb nur anziehender oder abstoßender Natur sein. Nach den Gesetzen der Mechanik gilt der Energiesatz für solche zeitunabhängigen Zentralkräfte. Nimmt man nun beide Gedanken zusammen, so folgt die Gültigkeit des Energieprinzips in allen Bereichen der Natur (Planck 1958, S.31f; Helmholtz 1882, S.13ff).

Seine Ansichten hatte Helmholtz erstmals 1847 öffentlich vertreten. Mit ihnen begründete er die Gültigkeit des Energieprinzips auf der Basis des mechanistischen Naturbildes. Und zugleich wandte er sich mit ihnen gegen die älteren vitalistischen Konzepte der Physiologie. Diesen zufolge wurden alle Lebensvorgänge von einer Lebensseele gesteuert, die die Wirksamkeit der physikalischen Kräfte planmäßig beeinflußte - für Helmholtz ein klarer Verstoß gegen das Energieprinzip (Helmholtz 1884, S.351f). Auch mit der Weberschen Tradition standen Helmholtz' Argumentationen im latenten Konflikt. Denn Weber und seine Nachfolger hatten sich nicht gescheut, den Boden der konventionellen, Newtonschen Mechanik zu verlassen (McCormmach 1970, S.472). Webers elektrodynamische Kraft war geschwindigkeits- und beschleunigungsabhängig und war deshalb keine zeitunabhängige Zentralkraft. Ebenso unkonventionell war C. Neumanns Theorie der sich mit endlicher Geschwindigkeit ausbreitenden Fernkraft. Dieser Tendenz, die Newtonsche Mechanik nicht unbedingt als grundlegend zu betrachten, entsprach auch Webers Versuch, die ganze Welt mit seinem Gesetz elektrodynamisch zu erklären. Die metaphysische Verbrämung, die Zöllner und Fechner der Weberschen Elektrodynamik gegeben hatten, war für Helmholtz schlicht indiskutabel (Helmholtz 1884, Bd.2, S.342). Hinsichtlich des Stellenwerts von Mechanik und Energieprinzip hatten seine methodischen Vorstellungen durchaus Ähnlichkeit mit denen der Viktorianischen Physiker. Dies mag ein Grund dafür gewesen sein, daß Helmholtz sich für deren Theorien interessierte, Übersetzungen englischer Lehrbücher herausgab bzw. anregte (z.B. Thomson/Tait: Handbuch der theoretischen Physik. 1871, Lodge: Neueste Anschauungen über Elektricität.1896) und persönliche Kontakte mit einigen von ihnen, z.B. Thomson, pflegte.

Ende der 60er Jahre begann Helmholtz, sich systematisch mit Elektrodynamik zu beschäftigen. Dabei widmete er sich besonders dem Problem der Uneindeutigkeit der Elementargesetze. Um in dieser Frage eine Entscheidung herbeizuführen, entwickelte er einen allgemeinen Ausdruck für das Vektorpotential, der durch Wahl einer Konstanten u.a. die Form von Webers, Neumanns und eines weiteren Potentialausdrucks, den Helmholtz Maxwell zuordnete, annehmen konnte. Zur theoretischen oder experimentellen Bestimmung dieser Konstanten leitete Helmholtz die formalen Eigenschaften seines Ausdrucks in Form von Differentialgleichungen aus der vorliegenden Integraldarstellung ab. Durch Einsetzen in Kirchhoffs Gleichungen für räumliche Leiter erhielt er die Bewegungsgleichung der Elektrizität. Nun zeigte sich, daß negative Werte der Konstanten und damit auch die Webers Potential entsprechende Wahl selbstbeschleunigende Bewegungen, also unzulässige, labile Zustände der Elektrizität als Lösungen der Bewegungsgleichung zuließen (Helmholtz 1882, S.582). Mithin kamen nur positive Werte für die Konstante in Frage; es blieben jedoch noch immer unendlich viele Möglichkeiten. Und es stellte sich heraus, daß auf diese Weise kein Experiment konstruierbar war, das - im Rahmen der technischen Möglichkeiten - die Bestimmung der Konstanten zuließ (Helmholtz 1882, S.555f; Woodruff 1968, S.308).

Das Versagen von Webers Vektorpotential führte Helmholtz auf die Struktur des elektrodynamischen Grundgesetzes zurück. Zwar ließ sich seine ursprüngliche (1847) Argumentation, geschwindigkeitsabhängige Kräfte widersprächen prinzipiell dem Energieprinzip, nicht mehr aufrechterhalten, da Weber inzwischen ein (generalisiertes) Potential seiner Kraft (S.168) angegeben hatte. Trotzdem beharrte Helmholtz darauf, daß das elektrodynamische Grundgesetz absurde Folgerungen zuließe. Seiner Meinung nach konnten zwei elektrische Teilchen durch Webers elektrodynamische Kraft in kleinen, aber endlichen Entfernungen unendlich hohe Geschwindigkeiten erreichen und deshalb beliebig viel Energie erzeugen - eine in der Natur des Gesetzes begründete Unzulänglichkeit, die es unbrauchbar machte (Helmholtz 1882, S.550ff). Weber und seine Parteigänger wiesen Helmholtz' Kritik zurück. Sie argumentierten, Helmholtz hätte extreme Größenverhältnisse vorausgesetzt, die real gar nicht auftreten könnten. Innerhalb der von Helmholtz vorausgesetzten Größenordnung wäre ferner die Gültigkeit aller physikalischen Gesetze ohnehin mehr oder minder eingeschränkt (Kaiser 1981, S.100f). Es entzündete sich eine hitzige Debatte, die sich über Jahre hinzog und in die besonders durch Webers Freund Zöllner Schärfe und Polemik hineingetragen wurde. Sie endete ohne ein definitives Ergebnis, ohne den Sieg einer der Parteien (Rosenberger 1890, Bd.3, S.757f; Woodruff 1962, S.448), führte aber dazu, daß das Vertrauen in die traditionellen Vorstellungen erschüttert wurde. So diskutierten die deutschen Elektrodynamiker in den 70er Jahren mögliche Alternativen zu Webers Grundgesetz. Seine Formulierung erwies sich dabei jedoch als einzige galileiinvariante und mit dem Energieprinzip konsistente Möglichkeit (vgl. Woodruff 1962, S.447ff).

Bei seinen Untersuchungen hatte Helmholtz bislang den traditionellen Fernwirkungsstandpunkt zugrunde gelegt. Nun untersuchte er noch, zu welchen Ergebnissen sein verallgemeinertes Potential bei Berücksichtigung elektrischer Medien führen würde. Seine unausgesprochene Absicht war offenbar, ohne grundlegende Änderungen der herkömmlichen Theorie, also ohne Einführung obskurer geschwindigkeitsabhängiger (Weber) oder sich mit endlicher Geschwindigkeit ausbreitender Kräfte (C. Neumann, Lorenz), Maxwells Wellen entsprechende Phänomene herzuleiten (vgl. Helmholtz 1882, S.558, 628; Wise 1981, S.297f). Helmholtz machte dazu folgende Annahmen (vgl. Helmholtz 1882, S.556f, 612ff):

* Der Lichtäther ist ein dielektrisches und magnetisierbares Medium. Die entsprechenden Wirkungen ponderabler Materie überlagern die des Äthers.

• Die elektrische Polarisierung geschieht in ponderablen Dielektrika und im Äther durch Trennung der Elektrizitäten in den Teilchen der Medien; sie ist Poissons Magnetisierungsmodell analog. Der Vorgang der elektrischen Polarisierung, d.h. die Verschiebung von Ladung hat die elektrodynamische Wirkung eines normalen Leitungsstroms. Umgekehrt werden Polarisierungen nicht nur durch elektrostatische, sondern ebensogut durch induzierte elektromotorische Kräfte herbeigeführt.
• Den üblichen Theorien entsprechend, werden Magnetisierungen durch magnetische oder elektromagnetische Kräfte hervorgerufen. Zeitliche Änderungen von Magnetisierungen induzieren elektromotorische Kräfte.
Auf diese Weise hielt Helmholtz grundsätzlich am Standpunkt der instantanen Fernwirkung fest. Zu den direkten Fernkräften traten jedoch noch die von den polarisierten oder magnetisierten Medien ausgehenden statischen oder dynamischen Fernkräfte hinzu. Diese sekundären Effekte führten nun zu Wellengleichungen in den elektrischen und magnetischen Polarisierungen. Die Ausbreitungsgeschwindigkeit der Transversalwellen stimmte im mathematischen Grenzfall unendlich großer elektrischer und magnetischer Polarisierbarkeit des Äthers mit der Lichtgeschwindigkeit überein (Helmholtz 1882, S.557).

Helmholtz war offenbar der Ansicht, er hätte Maxwells Theorie als Spezialfall seines allgemeineren Ansatzes hergeleitet (vgl. Buchheim 1971, S.34). Dennoch unterschieden sich beide Theorien rein formal (Buchwald 1988, S.181) und erst recht in Bezug auf die Bedeutung ihrer jeweiligen Grundbegriffe und die Qualität des Wellenphänomens. Das verwendete Poissonsche Polarisationsmodell für Dielektrika war dem Maxwellschen geradezu entgegengesetzt (Abb. 3.7.1). Prekär war zudem die Tatsache, daß Helmholtz' Theorie im sogenannten "Maxwellschen Grenzfall" ihre physikalische Basis verlor. Denn bei unendlich großer Polarisierbarkeit des Äthers mußten die Polarisationsladungen die Wirkung der sie erzeugenden Ladungen kompensieren, so daß von der primären Fernkraft nichts blieb.

Seinem Ziel, das "richtige" Elementargesetz zu bestimmen, war Helmholtz auch auf diese Weise nicht nähergekommen. Aus der Berechnung der elektromagnetischen Kräfte, die das allgemeine Potentialgesetz bei der Anwendung auf ungeschlossene Leiter ergab, gewann er schließlich 1874 die langgesuchten experimentellen Methoden. Das Ergebnis der Versuche muß für ihn niederschmetternd gewesen sein: Die aus seinem

Gesetz gezogene Folgerung einer elektrodynamischen Wirksamkeit sogenannter Stromenden (z.B. Leiterspitzen, von denen Ladung abgesprüht wurde) wurde in jedem Fall widerlegt; die älteren Theorien dagegen teilweise bestätigt. Als Ausweg vermutete Helmholtz, daß diesem Mißerfolg noch nicht berücksichtigte elektrodynamische Wirkungen von Konvektionsströmen oder elektrischen Polarisierungen zugrunde lägen (Buchheim 1971, S.34f). Mit all diesen Überlegungen verdeutlichte er die nicht gelösten Probleme des Fernwirkungsstandpunkts und lenkte zugleich die Aufmerksamkeit seiner Schüler auf die Maxwellsche Theorie.

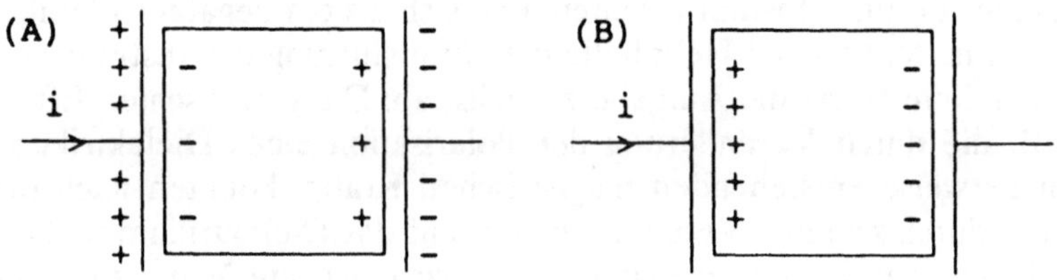

Abb. 3.7.1 Wirkung des Dielektrikums im Kondensator nach Helmholtz (A) und Maxwell (B). Dem Standpunkt der Fernwirkung (A) zufolge wird durch den Strom Ladung auf die Kondensatorplatten transportiert. Sie verdichtet sich dort, und durch die abstoßenden Kräfte zwischen den einzelnen Ladungsportionen wird der Vorgang begrenzt. Von den Platten gehen nun Fernkräfte aus. Sie trennen und verschieben die Elektrizitäten in den Teilchen des Dielektrikums; es wird polarisiert. Von den entstandenen elektrischen Dipolen gehen zusätzliche Fernkräfte aus; sie heben die Kräfte der geladenen Platten teilweise auf. In der Regel liegen zwei überlagerte Dielektrika vor, deren Wirkungen sich summieren: der dielektrische Äther und das materielle Dielektrikum. - Dem Maxwellschen Standpunkt (B) zufolge wird vermöge einer externen elektromotorischen Kraft Elektrizität (im Maxwellschen Sinne) in einer geschlossenen Strömung durch den linken Anschluß, die linke Kondensatorplatte, das Dielektrikum, die rechte Kondensatorplatte und den rechten Leiter hindurchgedrückt. Die Elastizität des Äthers begrenzt die Bewegung. Nach kurzer Zeit ist die Ätherspannung in den Drähten und den Platten verschwunden; die elektrische Verschiebung springt an der Grenzfläche Leiter - Dielektrikum von Null auf einen endlichen Wert. Diese Diskontinuität wird als Oberflächenladung des Dielektrikums interpretiert. Sie ist die sogenannte Ladung der Kondensatorplatten, links positiv und rechts negativ. Die Kräfte auf die Platten entstehen durch die (an der Grenzfläche Leiter - Dielektrikum gegebene) Inhomogenität der mechanischen Spannungen im Äther. Es gibt grundsätzlich nur ein Medium, den Äther. In ihm spielen sich alle elektrischen Vorgänge ab und seine physikalischen Eigenschaften werden durch die jeweils vorliegende ponderable Materie verändert.

Auf den Vorschlag von Helmholtz hin (D'Agostino 1975, S.282) schrieb die Berliner Akademie der Wissenschaften 1879 die Aufgabe als Preisarbeit aus, "irgend eine Beziehung zwischen den elektrodynamischen Kräften und der dielektrischen Polarisation der Isolatoren experimentell nachzuweisen, sei es nun eine elektrodynamische Kraft, welche durch Vorgänge in Nichtleitern erregt würde, sei es eine Polarisation der Nichtleiter durch die Kräfte der elektrodynamischen Induction" (Hertz 1894, S.1). Mithin wurde nicht weniger als ein Beleg für die Hypothese des Verschiebungsstroms nach der Maxwellschen oder Helmholtzschen Konzeption erwartet. Auf die Ausschreibung machte Helmholtz seinen Schüler Heinrich Hertz (1857-94) aufmerksam, der damals an seinem Berliner Institut arbeitete und sich als ein begabter Physiker erwiesen hatte. Obwohl Helmholtz die Unterstützung des Instituts versprach, lehnte Hertz die Aufgabe zunächst ab: Die gewünschten Effekte, z.B. die durch Veränderung der Polarisation eines Dielektrikums möglicherweise entstehenden magnetischen Kräfte, konnten nach der Theorie durch schnelle Veränderung der auf das Dielektrikum wirkenden elektrischen Kräfte erzeugt werden. Das geeignete Mittel zu deren Erzeugung waren elektrische Schwingungen, wie sie bei Entladungen Leydener Flaschen entstanden. Anhand einiger Rechnungen überzeugte sich Hertz, daß die so erreichbaren Frequenzen noch zu niedrig waren, um einen nachweisbaren Effekt zu ergeben (D'Agostino 1975, S.282). Trotzdem war sein Ehrgeiz geweckt und seine Aufmerksamkeit für alles geschärft, was mit schnellen elektrischen Schwingungen zusammenhing. Tatsächlich fand er dann etwa sieben Jahre später durch Zufall auch die technischen Mittel, um sie zu erzeugen. Damit begann seine legendäre Versuchsserie über die Ausbreitung der elektrischen Kraft, die den Umbruch zur Anerkennung der Maxwellschen Theorie auslöste. Die wichtigsten Etappen seiner Untersuchung bildeten die folgenden Experimente (1):

(a) Erzeugung schneller elektrischer Schwingungen:
Bei Induktionsexperimenten mit sogenannten "Riesschen Spiralen", die er für Demonstrationen in seinen Vorlesungen verwendete, machte Hertz 1886 eine ihm merkwürdig erscheinende Beobachtung: Die Spira-

(1) Die geraffte Darstellung suggeriert eine Stringenz, die es tatsächlich nicht gab: Die Experimente zogen sich über drei Jahre hin; sie müssen unendlich mühsam und oft auch frustrierend gewesen sein. Den Erfolgen gingen stets Mißerfolge oder Fehldeutungen voraus.

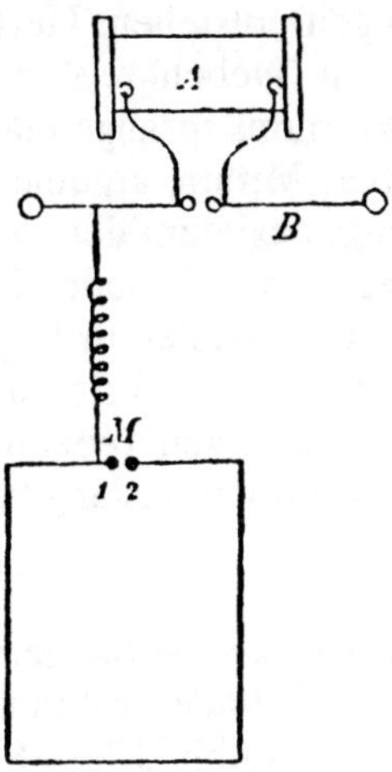

Abb. 3.7.2 Versuch zu Erzeugung und Nachweis schneller elektrischer Schwingungen (Hertz 1887). Das Induktorium A liefert Hochspannungsimpulse, durch die die beiden Zweige des offenen Entladerkreises B gegensätzlich geladen werden. Bei einer bestimmten Spannung schlagen Funken über; es setzt eine oszillatorische Entladung, d.h. eine gedämpfte elektrische Schwingung im Entladerkreis ein. Von ihm läuft eine Drahtwelle in den galvanisch gekoppelten Nebenkreis. Sie erreicht erst Kugel 1 und nach einem gewissen Zeitintervall, das sich aus ihrer Geschwindigkeit und der Drahtlänge des Nebenkreises ergibt, die Kugel 2. Wenn dies Zeitintervall etwa mit der halben Schwingungsperiode übereinstimmt, liegt zwischen 1 und 2 Spannung an: Im Mikrometer springen Funken über.

len bestanden jeweils aus einem doppelt genommenen und uhrfederartig gewickelten Draht, waren also Induktionsspulen mit kleinem Selbstinduktionskoeffizient. Die induzierte Spirale war bis auf eine kleine, fein einstellbare Funkenstrecke, den Funkenmikrometer geschlossen. Wurde nun eine vergleichsweise kleine Leydener Flasche per Funkenüberschlag durch die induzierende Spirale nach Masse entladen, ließen sich ungewöhnlich starke Funken im Mikrometer der induzierten Spirale beobachten (vgl. Hertz 1894, S.2). Entscheidend für das Eintreten des Effekts war, daß die Entladung der Leydener Flasche über eine Funkenstrecke geschah, mithin die Spirale nach dem Überspringen des Funkens nicht mehr in leitendem Kontakt mit der Flasche stand. Hertz deutete dies mit der Annahme, in einer offenen Spule geringer Induktivität seien besonders hochfrequente Schwingungen möglich (Hertz 1894, S.33), die in diesem Fall durch den überspringenden Funken in Gang gesetzt wurden. Aus der Schnelligkeit der Schwingungsvorgänge ergab sich dann der ungewöhnlich starke Induktionseffekt. Demzufolge mußte es möglich sein, in einfachen Drähten, an deren Enden Kugeln aus leitendem Material angebracht waren, noch schnellere Vorgänge zu erzeugen. Dies bewahrheitete sich in einem zweiten Experiment (Abb. 3.7.2): Als Spannungsquelle verwendete Hertz ein sogenanntes Induktorium A, d.h. einen mit zerhacktem Gleichstrom gespeisten Transformator, der Spannungen im Kilovoltbereich lieferte. Sie wurden im offenen "Entladerkreis" B über eine Funkenstrecke entladen und dadurch sollten in diesem Kreis hochfrequente Schwingungen entstehen. Hertz übertrug sie durch eine Ableitung auf den eckigen "Nebenkreis" mit dem Funkenmikrometer M. Bei Betrieb des Induktoriums sprangen tatsächlich zwischen den Kugeln 1 und 2 Funken über. Mithin, argumentierte Hertz, war die Laufzeit, in der ein Spannungsmaximum den Nebenkreis von 1 bis 2 umrundete, noch klein gegen die Periode der Schwingungen. Mit der Annahme, daß sich elektrische Wellen in Kupferdrähten nahezu mit Lichtgeschwindigkeit fortpflanzten, ließ sich die Frequenz der Schwingungen zu größer als 10^8 abschätzen (ebenda, S.34). Sie war damit etwa 100 mal höher als die der mit den bislang bekannten Methoden erzeugbaren Schwingungen.

Um die Schwingfähigkeit des Entladerkreises zu verstärken, verlängerte Hertz den von der Funkenstrecke B unterbrochenen Entladerdraht und montierte an dessen Enden die Konduktoren C und C'(Abb. 3.7.3). Sie nahmen relativ große Ladungsmengen auf und erlaubten dann im Moment des Funkenüberschlags entsprechend große Stromstärken. Dadurch wurde der Widerstand der Luftstrecke soweit gesenkt, daß eine reguläre Schwingung entstand (ebenda S.43. Wegen der hohen Induktivität der Hochspannungsspule hatte das Induktorium auf die Entladung selbst keinen Einfluß). Mit dieser Ausrüstung produzierte der Entladerkreis deutliche Induktionsphänomene. Im Mikrometer M des induzierten Drahtvierecks abcd waren bei 0,5m Entfernung der Kreise Funken von 2mm Länge nachweisbar. Auch bei einer Entfernung von 1,5m ließ sich noch ein deutliches Funkenspiel beobachten (ebenda, S.44). Mit diesem Versuchsaufbau wies Hertz nun auch Resonanzerscheinungen nach: Die Funkenlänge im Mikrometer war von der Geometrie der Kreise, d.h. ihren Eigenfrequenzen abhängig und konnte durch die Abstimmung der Kreise aufeinander optimiert werden. Es mußte sich bei den elektrischen Vorgängen um tatsächlich regelmäßige Schwingungen handeln.

Auf der Grundlage dieser Ergebnisse gelang Hertz dann auch der Nachweis elektrodynamischer Kräfte, die von schnellen Änderungen der Polarisation materieller Dielektrika herrühren mußten. Er erhielt daraufhin 1887 den Preis der Berliner Akademie. Danach wandte er sich dem zu, was er als den Kern von Maxwells Theorie ansah, nämlich dem Nachweis der endlichen Ausbreitungsgeschwindigkeit elektrischer Kräfte im Raum (Hertz 1894, S.7).

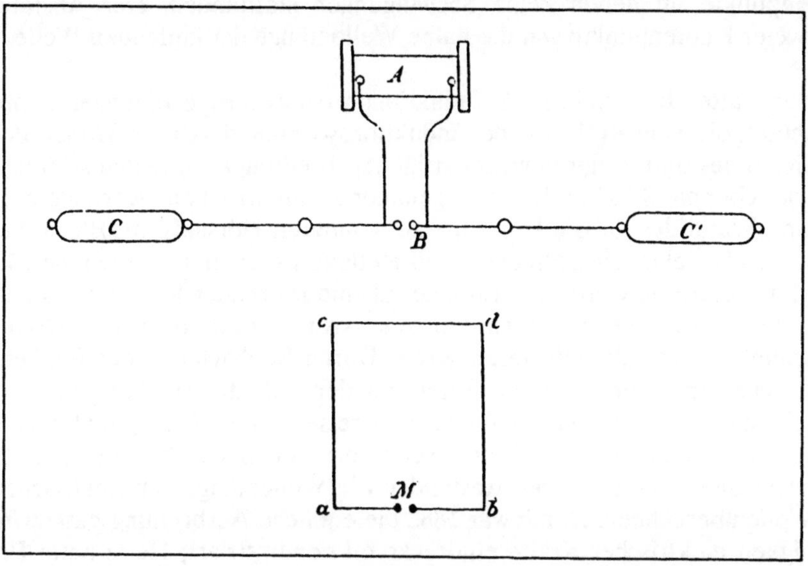

Abb. 3.7.3 Versuch zur elektromagnetischen Induktion zwischen offenen Kreisen. Wegen den Kondukoren C und C' läßt der offene induzierende Kreis CBC' kräftige hochfrequente Schwingungen zu. Sie werden durch die Spannungsimpulse des Induktoriums M bzw. den Funkenüberschlag bei B in Gang gesetzt. Bei hinreichend großen Stromstärken reduziert sich der Widerstand der Funkenstrecke und damit auch die Dämpfung des Kreises. Die Schwingung induziert im Kreis abcd Wechselspannungen mit gleicher Frequenz. Sie können als Funkenüberschläge im Mikrometer M nachgewiesen werden.

(b) Stehende elektrische Wellen:
Hertz untersuchte die Frage, ob eine, wenn auch kurze, Zeitspanne verstrich, ehe die Induktionswirkung des primären Kreises den induzierten erreichte. Es war schlicht unmöglich, diese bei Laborexperimenten extrem kurze Laufzeit zu messen. Hertz wandte ein anderes Verfahren an: Wurde die Wirkung der Schwingung im primären Kreis mit endlicher Geschwindigkeit übertragen, dann mußte dabei eine elektrische Welle entstehen. Nach der geschätzten Frequenz der mit seinem Apparat produzierten Schwingungen würde sich deren Wellenlänge in handhabbaren Dimensionen bewegen. Aus der allgemeinen Wellenlehre war bekannt, daß eine gegen ein Hindernis laufende Welle von diesem reflektiert wurde. Der rücklaufende Teil überlagerte sich dann mit dem einlaufenden zu einer sogenannten stehenden Welle. In ihr ließen sich stets feststehende, ausgezeichnete Punkte nachweisen, sogenannte Kno-

tenpunkte, in denen keine Schwingungen stattfanden. Der Abstand zweier Knotenpunkte war die halbe Wellenlänge der laufenden Welle.

Nun hatte Hertz bei seinen Induktionsversuchen Erscheinungen beobachtet, die eine Reflexion der Induktionswirkung durch die Wände des Gebäudes und so deren wellenartige Ausbreitung anzudeuten schienen (vgl. ebenda, S.133ff). Um dies genauer zu untersuchen, verkleidete er eine Wand des für die Experimente benutzten Hörsaals mit Blech. Sie sollte als elektrisches Hindernis, als Reflektor dienen. Ihr gegenüber, 13 Meter entfernt, wurde der Entlader als induzierender Kreis aufgestellt. Eine kreisförmige, mit einem Funkenmikrometer unterbrochene Drahtschleife diente als induzierter Kreis. Durch Beobachtung der Funkenstrecke ermittelte Hertz die Intensität der Induktionswirkung für verschiedene Stellungen des induzierten Kreises in den Raumpunkten zwischen induzierendem Kreis und Reflektor: Es ließen sich Knotenpunkte nachweisen und aus ihren Abständen die Wellenlänge der elektrischen Wellen berechnen. Damit war 1888 die endliche Ausbreitungsgeschwindigkeit elektrischer Kräfte eindrucksvoll demonstriert; Hertz hatte Erscheinungen dargestellt, "welche die wellenförmige Ausbreitung der Induction durch den Luftraum fast greifbar vor die Augen führen" (Hertz 1894, S.133).

(c) "Strahlen elektrischer Kraft"
War Licht nichts anderes als eine elektromagnetische Welle, dann mußten sich an Lichtstrahlen beobachtbare Effekte auch an den künstlich erzeugten elektrischen Wellen zeigen. Dazu bündelte Hertz seine Wellen zu parallelen Strahlen, indem er den induzierenden Leiter in einen Parabolspiegel aus Blech hineinmontierte (Abb. 3.7.4). Um die Wirkung auf den induzierten Leiter zusätzlich zu steigern, erhielt auch dieser einen als Reflektor dienenden Spiegel. Mit diesen Mitteln konnte er die Wirkung der Wellen noch in 16 Metern Entfernung nachweisen (vgl. ebenda, S.184ff).

Die "Strahlen der elektrischen Kraft", wie Hertz die aus dem Spiegel heraustretenden konzentrierten Wellen nannte, wiesen nun für Licht typische Eigenschaften auf:

* Sie breiteten sich geradlinig entlang der Brennlinie der Spiegel aus. Ein Zinkblech schirmte sie vollständig ab; hinter ihm entstand "Schatten", während sich Holzwände oder Holztüren als "durchsichtig" erwiesen.

Abb. 3.7.4 Apparate zum Nachweis lichtähnlicher Eigenschaften elektromagnetischer Wellen (Hertz 1888). Der induzierende Kreis besteht aus den Messingzylindern p_1 und p_2. Von ihnen gehen elektromagnetische Wellen aus, die der Metallreflektor P bündelt und in die Richtung des Empfängers lenkt. Die Metallstäbe s_1 und s_2 bilden den induzierten Kreis. Zur Verstärkung der Wirkung sind sie im Reflektor S montiert. Die induzierten Spannungen wies Hertz mit Hilfe eines Funkenmikrometers statt des gezeichneten Kohärers C nach. Zur Demonstration von Polarisations-, Reflexions- und Brechungseffekten beeinflußte Hertz die Ausbreitung der Wellen mit Drahtgittern, Metallplatten und Pechprismen.

* Ein mit parallelen Kupferdrähten bespannter Holzrahmen wirkte auf elektrische Wellen wie ein Polarisationsfilter auf Licht.
* Sie wurden an Metallflächen wie Licht nach dem Gesetz der Gleichheit von Einfalls- und Ausfallswinkel reflektiert.
* Fielen die Strahlen auf ein großes Prisma aus Hartpech, einer asphaltartigen Masse, wurden sie wie Lichtstrahlen von einem Glasprisma gebrochen.

Dank seiner Versuche wurde Hertz binnen kurzem zu einer bekannten Persönlichkeit. Sie versetzten die physikalische Welt in "Erstaunen und Spannung", erregten enormes Aufsehen, ja wirkten wie eine "Offenbarung" (Planck 1958, S.298; vgl. Jungnickel/McCormmach 1986, Bd.2, S.90f). Die deutschen und britischen Physiker werteten sie, wie Hertz selbst, als "vernichtend für jede Theorie, welche die elektrischen Kräfte als zeitlos den Raum überspringend ansieht," und zugleich als "glänzenden Sieg" der Maxwellschen Theorie (Hertz 1895, S.351; vgl. Hunt 1983, S.344; Boltzmann 1979, S.62, 130). In Deutschland setzte nun ein ausgesprochen rascher Meinungsumschwung zu Gunsten der Maxwellschen Theorie ein. Schon nach zwei Jahren erschienen die ersten lehrbuchartigen Texte, die vorgaben, den Leser in die Maxwellschen Gedanken einzuführen.

"Die Maxwellsche Theorie, die sich bis dahin in der deutschen Physik nur eines bescheidenen Achtungserfolges erfreut hatte, begann nun gleich einer mächtigen Flutwelle sich über die Länder des Kontinents zu ergießen, alle anderen elektrodynamischen Theorien im Nu umreißend und hinwegschwemmend" (Planck 1958, S.298).

Zudem herrschte die Auffassung vor, die Experimente hätten die Existenz eines materiellen Äthers bewiesen, der die scheinbaren Fernkräfte durch lokale Vorgänge schrittweise übertrug: Der Nachweis elektrischer Wellen wurde als endgültiger Sieg des mechanistischen Naturbildes gefeiert, in dem letztlich alle Erscheinungen der physikalischen Welt auf die Mechanik des Äthers zurückgeführt wurden (vgl. Hirosige 1969, S.156f). Dementsprechend zog Hertz im Rahmen seiner vielbeachteten Rede auf der Versammlung der "Gesellschaft deutscher Naturforscher und Ärzte" (1889) aus seinen Experimenten die Konsequenz, die Ätherforschung sei nun die vordringlichste Aufgabe der Physik:

"Und unmittelbar an diese [die "Frage nach dem Wesen der elektrischen und magnetischen Kräfte im Raume", d.V.] anschließend erhebt sich die gewaltige Hauptfrage nach dem Wesen, nach den Eigenschaften des raumerfüllenden Mittels, des Äthers, nach seiner Struktur, seiner Ruhe oder Bewegung, seiner Unendlichkeit oder Begrenztheit. Immer mehr gewinnt es den Anschein, als überrage diese Frage alle übrigen, als müsse die Kenntnis des Äthers uns nicht allein das Wesen der ehemaligen Imponderabilien offenbaren, sondern auch das Wesen der alten Materie selbst und ihrer innersten Eigenschaften, der Schwere und der Trägheit. ... Der heutigen Physik liegt die Frage nicht mehr ferne, ob nicht etwa alles, was ist, aus dem Äther geschaffen sei? Diese Dinge sind die äußersten Ziele unserer Wissenschaft, der Physik" (Hertz 1895, S.354).

Seiner Empfehlung folgend, verwandte in den folgenden Jahren nun auch eine Fraktion deutscher Physiker viel Mühe auf die Konstruktion mechanischer Äthermodelle (vgl. McCormmach 1970, S.461).

Eigentlich hatte Hertz nur zweierlei nachgewiesen: die endliche Ausbreitungsgeschwindigkeit elektrischer Kräfte im Raum und die Analogie zwischen den Eigenschaften von Licht und von elektromagnetischen Wellen. Diese Fakten konnten aber nicht nur mit Maxwells, sondern auch mit Lorenz' und möglicherweise auch mit Helmholtz' Theorie erklärt werden. Nach den formalen Strukturen geurteilt und in Anbetracht möglicher Weiterentwicklungen der herkömmlichen Theorien ließen Hertz' Experimente keine definitive Entscheidung zu. Der Meinungsumschwung wird in den bekannten Schilderungen stets als fast augenblicklich und äußerst entschieden geschildert, während eine eingehende Untersuchung der Experimente und ihrer Konsequenzen vermutlich Jahre in Anspruch genommen hätte. Sie hatten mithin keine entscheidende, sondern eine nur auslösende Funktion (vgl. Bevilacqua 1983, S.241f). Es muß schon zuvor eine latente Bereitschaft zur Aufgabe des Fernwirkungsstandpunktes gegeben haben oder zumindest neue Gesichtspunkte zu Gunsten der Maxwellschen Theorie:

Ein Anhänger der verzögerten Fernwirkung konnte nicht erklären, wo sich die Energie der elektrodynamischen Wechselwirkung zweier Teilchen befand, wenn das Potential das erste verlassen und das zweite noch nicht erreicht hatte. Dagegen - dies hatten Untersuchungen der Maxwellianer in der ersten Hälfte der 80er Jahre gezeigt - bot Maxwells Theorie mit dem Begriff der Feldenergie ein griffiges Konzept von großer heuristischer Kraft (vgl. Bevilacqua 1983, S.187ff): Der Maxwellianer konnte angeben, wo sich die Energie der Wechselwirkung zu jedem Zeitpunkt befand (im Feld) und wie sie sich bewegte (auf Äquipotentialflächen in Richtung des sogenannten Poyntingvektors $\underline{E}\times\underline{B}$).

War sie erst einmal verstanden, brachte Maxwells Theorie auch durchaus Vereinfachungen mit sich. In ihr waren alle elektrischen Ströme geschlossen und mithin war Helmholtz' Suche nach dem richtigen Elementargesetz für Stromelemente gegenstandslos.

"Mochte auch Helmholtz längst im allgemeinen nachgewiesen haben, daß die Maxwellsche Theorie in seiner eigenen elektrodynamischen Potentialtheorie mit enthalten sei, ..., ausschlaggebend für den allgemeinen und unbedingten Sieg der Maxwellschen Theorie war die großartige Vereinfachung, die in der Aufhebung jeglicher unvermittelter Fernwirkung gelegen war, gleichzeitig mit der Aufhebung des früheren Gegensatzes zwischen elektrostatischer und elektrodynamischer Kraft, und mit der Aufhebung aller ungeschlossenen Ströme, welche bis dahin den Theoretikern so viel zu schaffen gemacht hatten - ein deutlicher Beweis dafür, daß die Stärke einer physikalischen Theorie nicht in der Allgemeinheit ihrer Gleichungen liegt, sondern vielmehr in der Besonderheit der Vorstellungen, die zu den Gleichungen führen. Diese allein sind es, welche die Möglichkeit und die Richtung jeder fruchtbaren Weiterentwickelung bedingen, und je speziellerer und konkreterer Art sie sind, um so sicherer läßt sich mit ihnen operieren."(Planck 1958, S.298f)

Die hartnäckigen Probleme, die der Fernwirkungsstandpunkt bei der Festlegung der Elementargesetze aufwarf, trugen offenbar dazu bei, daß die deutschen Physiker schließlich bereit waren, sich mit einer grundsätzlich anderen Theorie zu beschäftigen.

"Heute denkt man kaum noch daran, in der Richtung des Weber'schen Elementargesetzes weiter zu arbeiten, ... Nachdem sich schon auf Grund der älteren Theorie die Unhaltbarkeit dieses Gesetzes definitiv herausgestellt hatte und sich kein Ersatz dafür finden liess, war die Leistungsfähigkeit der Fernwirkungstheorie erschöpft und ihre Unzulänglichkeit trat immer mehr zu Tage. Dadurch war der Boden für die Aufnahme einer grundsätzlich von jener verschiedenen Lehre wohl vorbereitet und unter dem Eindrucke der Hertz'schen Entdeckungen konnte sich der Umschwung der Meinungen daher mit ungewöhlicher Schnelligkeit vollziehen." (Föppl 1894, S.IV)

Schließlich hatte das Konzept der fernwirkenden imponderablen Flüssigkeiten, von dem ohnehin nur noch die elektrischen Fluida übrig geblieben waren, offenbar deutlich an Plausibilität verloren. Webers Schüler und Amtsnachfolger Eduard Riecke stellte ein Vorurteil gegen die Annahme fernwirkender Kräfte fest (Riecke 1892, S.27f), das die Weiterentwicklung der Weberschen Theorie verhinderte. Das Modell der fernwirkenden elektrischen Fluida hatte sich offenbar überlebt. Es wurde von vielen als unrealistisch oder gar lächerlich empfunden (vgl. Rosenberger 1965, Bd.3, S.12; Poincaré 1900, S.186).

3.8 Die klassische Elektrodynamik

Auf dem Kontinent führten Hertz' Experimente zwar zur Anerkennung der Maxwellschen Gleichungen wie des Nahwirkungsstandpunktes, dennoch aber nicht zur Aufnahme seiner Ideen über Ladung und Strom. Statt dessen wurde verschiedentlich versucht, das traditionelle Konzept elektrischer Teilchen mit dem Feldstandpunkt zu verbinden. Unter den Theorien dieses Typs setzte sich als "klassische Theorie" die des Holländers H.A. Lorentz durch: Sie kennt zwei elektrische Systeme, deren Wechselspiel die elektrischen Phänomene ausmacht. Da ist erstens ein von gewöhnlicher Materie vollkommen getrennter Äther, in dem sich alle Feldprozesse abspielen. Und zweitens ist in die normale Materie ein System elektrischer Teilchen eingebettet. Jedes Teilchen setzt einerseits Feldprozesse in Gang und ist andererseits den elektrodynamischen Kräften des Feldes unterworfen.

Eine verpaßte Revolution

Wie es schien, hatten Hertz' Versuche erwiesen, daß elektrodynamische Kräfte in Form einer Nahwirkung durch dynamische Prozesse im mechanischen Äther vermittelt wurden. Dieser Einsicht entsprechend beschäftigten sich die Physiker des Kontinents in den 90er Jahren intensiv mit der Maxwellschen Feldtheorie. Schon wegen der Unverständlichkeit des Originals versuchten sie mehrheitlich, sich den Maxwellschen Standpunkt mit Hilfe der Helmholtzschen Theorie anzueignen. So wurde in fast allen der bekannten Textbücher bzw. Vorlesungen über Maxwellsche Elektrodynamik deren Gleichungssystem nicht auf der Grundlage der Maxwellschen Konzeptionen, sondern vielmehr als Grenzfall der Helmholtzschen Theorie konstruiert (Buchwald 1988, S.177; vgl. Hirosige 1969, S.167). Mithin ging die Annahme des Gleichungssystems wie des vermittelnden Äthers keineswegs mit einer grundsätzlichen Umdeutung des herkömmlichen Ladungskonzepts einher. Denn wenn auch verschiedentlich Maxwells Ladung mit verschobener Elektrizität identifiziert wurde, fehlte in dieser Approximation doch der Gedanke, daß Ladung durch Leitfähigkeit an Grenzflächen verschiedener Medien entsteht, also als Unstetigkeit elektrischer Verschiebung aufzufassen ist. Und mit dieser Fehlinterpretation blieb der substantielle Charakter von Ladung noch gewahrt (vgl. Buchwald 1988, S.187ff). Bezeichnenderweise fand der Standpunkt von Hertz in dieser Situation grundlegender Verständnisschwierigkeiten besondere Anerkennung (1). Hertz identifizierte Maxwells Theorie schlicht mit dessen Gleichungssystem und stellte es 1890 (in einer überarbeiteten Version ohne Potentiale) axiomatisch an den Anfang seiner Darlegung der Feldtheorie, in der er dann den formalen Konsequenzen des Gleichungssystems nachging (Hertz 1894, S.22f, 208ff). Schließlich aber erübrigte sich das Problem der Maxwellschen Konzeptionen schon nach wenigen Jahren. Denn in den 90er Jahren fanden die Theoretiker des Kontinents eine Möglichkeit, das traditionelle Konzept elektrischer Teilchen mit dem Maxwellschen Feldstandpunkt zu verbinden. Eine wissenschaftliche Revolution, d.h. die grundsätzliche Umdeutung des Ladungs- und Strombegriffs, fand nicht statt.

---

(1) "Da fiel es mir wie Schuppen von den Augen, als ich die große Abhandlung von Hertz 'Über die Grundgleichungen der Elektrodynamik für ruhende Körper' las. Hier werden die durch Heaviside und Hertz gereinigten Maxwellschen Gleichungen axiomatisch an die Spitze gestellt. Aus ihnen wird deduktiv und systematisch die Gesamtheit der elektromagnetischen Erscheinungen erschlossen." (Sommerfeld 1988, Bd.3, S.2)

Verbindung von Teilchen und Äther: Lorentz' Elektronentheorie

Die sogannte Elektronentheorie des Holländers Hendrik Antoon Lorentz (1853-1928) war die letztlich erfolgreichste der Theorien, in denen die Substanzvorstellung von Ladung mit dem Nahwirkungsstandpunkt verbunden wurde. Sie basierte auf einem während der 90er Jahre in Deutschland und Holland allgemein verbreiteten Grundgedanken, der auf Überlegungen von Helmholtz aus den 70er Jahren zurückging. Er bestand in der Annahme, der Äther sei durch ponderable Materie in seinen elektromagnetischen Eigenschaften in keiner Weise beeinflußbar. Die Wirkungen elektrischer Medien sollten sich vielmehr durch deren molekulare Struktur, und das hieß, durch in sie eingelagerte elektrische Teilchen, ergeben. Mit diesem Ansatz, so der Gedanke, würden sich dann auch elektromagnetische Erklärungen komplexer optischer Phänomene, wie Dispersion und Aberration ergeben (vgl. Buchwald 1988, S.198f). Die Akzeptanz dieser Grundidee stand im Zusammenhang mit einer allgemeinen Hinwendung zur Annahme der atomistischen Struktur der Materie. Als Grundlage der kinetischen Gastheorie hatte sie sich in den 60er und 70er Jahren als besonders fruchtbar erwiesen. Auf ihre Validität schienen ebenso die Gesetzmäßigkeiten der Elektrolyse wie neueste Untersuchungen von Entladungsphänomenen in verdünnten Gasen (s.u.) hinzudeuten. So bezeichnete Lorentz 1878 die Annahme, ponderable Körper seien aus Molekülen zusammengesetzt, geradezu als eine physikalische Binsenweisheit (vgl. Hirosige 1969, S.180).

Lorentz war mit der traditionellen Fernwirkungstheorie bestens vertraut; er schätze Webers Arbeiten aus den 70er Jahren, in denen jener seine Teilchenelektrodynamik zu einem umfassenden Weltsystem ausgebaut hatte (vgl. McCormmach 1970, S.472). Zwar hatte sich Lorentz schon in den 70er Jahren mit Maxwells Ideen beschäftigt, damals jedoch die Helmholtzsche Theorie vorgezogen. Auf deren Basis hatte er eine elektromagnetische Theorie der Lichtbrechung und -reflexion erarbeitet. Und mit der zusätzlichen Annahme elektrischer, als Oszillatoren in normale Materie eingebetteter Teilchen war ihm 1878 dann auch eine Deutung der Dispersion gelungen. Erst 1891, unter dem Eindruck der Hertzschen Experimente, gab Lorentz den Fernwirkungsstandpunkt zu Gunsten des Maxwellschen auf (vgl. Hirosige 1969, S.183).

Neben Lorentz' Vorliebe für das Teilchenmodell und seiner Konversion zu Maxwells Theorie war noch ein weiterer Umstand für die Wahl der seiner eigenen Theorie (1892) zugrundegelegten Konzeptionen ausschlaggebend: Sollte sich eine elektrodynamische Theorie auch als Lichttheorie tragfähig erweisen, mußten die Eigenschaften des zugrundegelegten Äthers auch den Belangen der Optik genügen. Deshalb war die grundsätzliche Entscheidung zwischen zwei Äthermodellen zu fällen, dem "mitgeführten Äther" und dem "stationären". Das Modell des mitgeführten Äthers unterstellte, daß der in Körpern enthaltene Äther an ihrer Bewegung teilnahm und dementsprechend der sie umgebende von ihnen verdrängt bzw. in Bewegung versetzt wurde. Maxwell hatte sich dazu zwar nie ausdrücklich geäußert, jedoch offenbar dieses Äthermodell benutzt (Turpin 1980, S.105). Auch Hertz hatte es seinen theoretischen Arbeiten zugrundegelegt. Nach Lorentz' Auffassung dagegen war das für optische Theorien besser geeignete Modell des stationären Äthers vorzuziehen. Es unterstellte vollkommene Transparenz normaler Materie für den Äther; materielle Körper sollten, ohne den geringsten Widerstand zu erfahren, durch ihn hindurchbewegt werden. Von Materie konnte er - jedenfalls was deren mechanische Eigenschaften anging - nicht in Bewegung versetzt werden; er war, abgesehen von Bewegungen in kleinen Dimensionen, d.h. elektromagnetischen Feldern, ein absolut ruhendes Medium (vgl. Hirosige 1969, S.196f).

Lorentz' Ziel bestand mithin in der Entwicklung einer Theorie, in der die elektrodynamischen Kräfte zwar durch einen Äther vermittelt, gleichzeitig aber dessen Eigenschaften durch die Anwesenheit normaler Materie nicht verändert wurden und dies Medium zudem ohne die geringste mechanische Wechselwirkung durch normale Materie "hindurchwehen" konnte. Vonnöten war eine Idee, inwiefern ein vom Äther durchblasener Körper der Sitz von Ladung oder elektrischem Strom sein und wie auf ihn die Kräfte des vom Äther getragen Feldes wirken konnten. Lorentz konstruierte diesen Zusammenhang mit Hilfe eines mikroskopischen Modells: Er nahm an, die Dynamik des stationären Äthers sei im von ponderabler Materie freien Raum durch Maxwells Gleichungen zutreffend beschrieben. Nun sollte sich in normaler Materie eine Unzahl kleiner positiv oder negativ geladener Teilchen befinden. Jedes der Teilchen veränderte an seinem Ort den Zustand des Äthers, indem es elektrische und, wenn es in Bewegung begriffen war, magnetische Kräfte im Äther verursachte. Diese zunächst nur lokalen Störungen breiteten sich dann gemäß Maxwellscher Ätherdynamik mit

Lichtgeschwindigkeit aus. Wenn sie auf ein elektrisches Teilchen trafen, übten sie auf es eine elektrodynamische Feldkraft aus. Mithin, bemerkte Lorentz sinngemäß, näherte sich die Maxwellsche Theorie in dieser Darstellung den Vorstellungen von Weber. Es war prinzipiell sogar möglich und sinnvoll, auf ihrer Basis eine dem elektrodynamischen Grundgesetz entsprechende Formel zu entwickeln. Sie mußte sich von der Weberschen allerdings insofern unterscheiden, als sie dem durch die Ätherdynamik verursachten Retardierungseffekt Rechnung trug (vgl. Lorentz 1836, S.228f).

Lorentz präzisierte seine Konzeption (in einer endgültigen Darstellung der Theorie von 1906) mit folgenden Annahmen:

* Die physikalischen Eigenschaften des Äthers (z.B. Elastizität, Trägheit) werden durch Materie nicht verändert. Mithin reichen zwei Vektoren, ein elektrischer und ein magnetischer aus, um den Zustand des Äthers zu beschreiben. Bezeichne $\underline{d}$ die elektrische und $\underline{h}$ die magnetische Kraft im Äther. Dann reduzieren sich Maxwells Formeln (in der bereinigten Form nach Heaviside bzw. Hertz) für den von elektrischen Teilchen freien Raum auf folgendes Gleichungssystem:

$$\mathrm{div}\ \underline{d} = 0 \qquad \text{(I)}$$
$$\mathrm{div}\ \underline{h} = 0 \qquad \text{(II)}$$
$$\mathrm{rot}\ \underline{h} = \epsilon_0 \dot{\underline{d}} \qquad \text{(III)}$$
$$\mathrm{rot}\ \underline{d} = -\mu_0 \dot{\underline{h}} \qquad \text{(IV)}$$

Seine Lösungen zeigen, daß sich jede Störung im Äther mit Lichtgeschwindigkeit fortpflanzt (vgl. Lorentz 1916, S.5f).

* In ponderabler Materie befinden sich viele extrem kleine positiv oder negativ geladene Teilchen. Alle elektrischen und optischen Erscheinungen, die im "freien" Äther nicht auftreten, werden aufgrund von Lage und Bewegung der elektrischen Teilchen erklärt (ebenda, S.8). Jedes von ihnen nimmt ein, wenn auch sehr kleines, Volumen ein, und auch dieser Raum ist vom Äther besetzt. Somit existiert das elektromagnetische Feld auch im Innern der Teilchen. Ohne den Ladungsbegriff in irgendeiner Weise erklären zu wollen, sei angenommen, daß innerhalb der Teilchen eine Ladungsdichte $\rho(x)$ vorliegt. Hier nimmt der Äther einen Zustand an, in dem $\mathrm{div}\underline{d}=(1/\epsilon_0)\rho$ (I') gilt (ebenda, S.11ff).

* Jede Bewegung elektrischer Teilchen ist ein elektrischer Strom und erzeugt magnetische Kräfte im Äther (1). Wenn $\underline{v}$ die Geschwindigkeit eines Teilchens bezeichnet, erhält Gleichung (III) deshalb die Darstellung: $\text{rot}\,\underline{h}=\mu_0\dot{\underline{d}}+\rho\underline{v}$ (III'). Diese Ätherzustände laufen sozusagen mit den Teilchen mit; die Gleichungen (I') und (III') gelten an ihrem jeweiligen Ort.

* Die Teilchen haben Masse und können im Allgemeinen als starre Körper betrachtet werden, an die zusätzlich Ladung angeheftet ist. In dieser Hinsicht sind sie den Regeln der Mechanik unterworfen, wenn eine elektrische Kraft auf sie wirkt. Für die elektrische Kraft $\underline{f}$ des Feldes auf ein Teilchen mit Einheitsladung wird als Generalisierung experimenteller Erfahrung folgender Ausdruck angenommen:
$\underline{f}=\underline{d}+\mu_0\underline{v}\times\underline{h}$ (V) (ebenda, S.14).

Damit hatte Lorentz insgesamt folgendes Gleichungssystem postuliert (2):

$$\begin{aligned}
\text{div}\,\underline{d} &= (1/\epsilon_0)\,\rho && \text{(I')}\\
\text{div}\,\underline{h} &= 0 && \text{(II)}\\
\text{rot}\,\underline{h} &= \epsilon_0\dot{\underline{d}} + \rho\underline{v} && \text{(III')}\\
\text{rot}\,\underline{d} &= -\mu_0\dot{\underline{h}} && \text{(IV)}\\
\underline{f} &= \underline{h} + \mu_0\underline{v}\times\underline{h} && \text{(V)}
\end{aligned}$$

In dieser Form (3) beschrieb das Gleichungssystem mikroskopische Vorgänge. Um es anzuwenden, mußte man den Bewegungszustand einzelner Teilchen kennen und an ihrem Ort $\underline{h}$ bzw. $\underline{d}$ mit unendlich kleinen Sonden messen. Die üblichen Meßverfahren bezogen sich jedoch auf makroskopische Größen, die Lage und Bewegung einer Vielzahl

(1) An dieser Stelle geht die Möglichkeit einer konkreten physikalischen Deutung des Verschiebungsstroms im Äther verloren. Wenn Strom als Ladungskonvektion definiert wird, gibt es keine Ströme im Äther und können Maxwells Konzeptionen nicht mehr angewendet werden. Ein mit dem Teilchenkonzept konsistentes Modell der Feldprozesse steht nicht zur Verfügung.

(2) Lorentz konstruierte die Gleichungen 1892 mit Hilfe mechanischer Prinzipien, maß dem Verfahren jedoch keine tiefere Bedeutung bei. Es sollte die Gleichungen lediglich plausibel machen (Lorentz 1936, S.245f). In seinen folgenden Darstellungen der Elektronentheorie hat er das Gleichungssystem schlicht postuliert (z.B. Lorentz 1916; vgl. McCormmach 1970, S.468).

(3) Mit der Einführung der Maxwellschen Theorie setzte sich auch die Vektorschreibweise durch. Nur in Bezug auf die verwendeten Einheiten unterscheidet sich meine Darstellung des Gleichungssystems von der des Originals (vgl. Lorentz 1916, S.5ff).

von Teilchen, bzw. einen Mittelwert der Feldgrößen in einem kleinen Volumenelement beschrieben. Für den allgemeinen Anwendungsfall war mithin die Konstruktion eines makroskopischen Gleichungssystems notwendig (vgl. ebenda, S.133f). Dazu mittelte Lorentz $\underline{h}$ und $\underline{d}$ über Volumenelemente, die zwar unendlich viele Teilchen enthielten, aber doch so klein waren, daß die meßbaren Eigenschaften normaler Materie in ihnen als konstant betrachtet werden konnten. So entstanden die makroskopischen Feldvektoren $\underline{H}$ und $\underline{E}$. Komplizierter war die Deutung der mit diesem Verfahren aus den Beiträgen $\rho\underline{v}$ entstehenden Vektoren. Lorentz nahm an, daß sich die elektrischen Teilchen in Leitern zumindest zum Teil in einem ungebundenen Zustand befanden. Durch eine elektrische Feldkraft $\underline{f}$ wurden sie in Bewegung gesetzt, so daß eine gegenläufige Strömung positiver und negativer Teilchen entstand. In diesem Fall erschien die Konvektion der Teilchen makroskopisch als Leitungsstrom. Durch ihn konnte ein Körper einen Überschuß einer Teilchensorte erhalten und war dann im makroskopischen Sinne geladen. In dielektrischen Medien - so das Modell - waren die Teilchen durch elastische Kräfte an Gleichgewichtspositionen gebunden und konnten durch die Feldkräfte nur geringfügig ausgelenkt werden. Auch diese Bewegung war Ladungskonvektion und trug wegen Gleichung (III') als Verschiebungsstrom im Dielektrikum zum makroskopischen Gesamtstrom bei (vgl. ebenda, S.8f). Der Gesamtstrom $\underline{j}$ setzte sich also im allgemeinen Fall aus dem "echten" Verschiebungsstrom ($\epsilon_0\dot{\underline{E}}$) im Äther (einem reinen Feldeffekt) und den verschiedenen makroskopischen Erscheinungsformen von Ladungskonvektion (einem reinen Teilcheneffekt) zusammen. Zu diesen Erscheinungsformen zählten beispielsweise der Leitungsstrom, der Verschiebungsstrom in Dielektrika, aber auch die Bewegung geladener Körper oder polarisierter Dielektrika (vgl. Whittaker 1973, S.397f).

Die Verschiebung der elektrischen Teilchen im Dielektrikum deutete Lorentz makroskopisch als Polarisation dieses Mediums. Dazu ordnete er jedem verschobenen Teilchen ein Dipolmoment zu und die mittlere Dichte dieser Dipolmomente war dann der makroskopische Vektor $\underline{P}$ der elektrischen Polarisation. Den konventionellen Theorien (Poisson, Helmholtz) elektrischer oder magnetischer Medien entsprechend, ließ sich nun der Vektor $\underline{D}$ der elektrischen Verschiebung einführen: $\underline{D}=\epsilon_0\underline{E}+\underline{P}$. Mit einer Berechnung des (nun frequenzabhängigen) Zusammenhangs zwischen $\underline{E}$ und $\underline{P}$ ergab sich schließlich die Gleichung $\underline{D}=\epsilon\epsilon_0\underline{E}$ (vgl. Lorentz 1916, S.135ff, 142). Mit einer entsprechenden (von Lorentz nicht durchgeführten) Bearbeitung magnetischer Medien war damit das makroskopische Gleichungssystem fertiggestellt:

$$\mathrm{div}\ \underline{j} = 0 \qquad \mathrm{rot}\ \underline{H} = \underline{j}$$
$$\mathrm{div}\ \underline{B} = 0 \qquad \mathrm{rot}\ \underline{E} = -\dot{\underline{B}}$$

mit:

$$\underline{D} = \underline{P} + \epsilon_0\underline{E} = \epsilon\epsilon_0\underline{E}$$
$$\underline{B} = \underline{I} + \mu_0\underline{H} = \mu\mu_0\underline{H}$$
$$\underline{j} = \dot{\underline{D}} + \underline{j}'$$
$$\underline{j}' = c\underline{E} \text{ (bei Leitungsströmen)}$$

(vgl. Lorentz 1916, S.7f)

Die heute sogenannte "Lorentzkraft" (Gleichung V) lieferte makroskopisch erstens zusätzliche elektromotorische Kräfte und zweitens die auf einen Körper wirkende elektrische ($e\underline{E}$) und elektromagnetische ($\underline{j} \times \underline{B}$) Kraft (ebenda, S.26). Wie Lorentz bemerkte, erlaubte dieses Gleichungssystem im Gegensatz zum mikroskopischen keine tiefere Einsicht in die Natur der Zusammenhänge. Beipielsweise konnte mit ihm den Abhängigkeiten elektrischer und magnetischer Eigenschaften der Medien von ihrer Temperatur, Dichte und molekularer Konstitution nicht nachgegangen werden. Es verwischte zudem die Grundannahme, nach der sich das Gesamtsystem aus dem elektromagnetischen Äther und den elektrischen Teilchen zusammensetzt, mithin Feld- und Teilcheneffekte nebeneinander in die Gleichungen eingehen (ebenda, S.8, 135f).

Etwa um die Jahrhundertwende setzte sich die Erkenntnis durch, Lorentz' Überarbeitung von Maxwells Theorie sei die erfolgversprechendste der in den 90er Jahren vorgeschlagenen (Hirosige 1966, S.27). Dieser Erfolg rührte teilweise daher, daß Lorentz' Theorie die als relevant erachteten experimentellen Fakten besser als ihre Konkurrenten erklären konnte. Das betraf zum Beispiel die optischen Erscheinungen in bewegten Körpern, die Lichtbrechung sowie Faradays magnetooptischen Effekt. Ausschlaggebend für die Anerkennung der Lorentzschen Theorie war jedoch die Entwicklung in einem anderen Bereich der Elektrophysik, dem der sogenannten Kathodenstrahlen (Hirosige 1966, S.29; McCormmach 1970, S.475).

Die Entdeckung des Elektrons

Schon im 18. Jahrhundert war bekannt, daß sich in teilevakuierten Glasröhren Funkenüberschläge, d.h. Entladungen über relativ große Entfernungen produzieren ließen. Mit Erstaunen hatte man die sie begleitenden lebhaften Lichterscheinungen studiert. Faraday war offenbar der erste, der sie genauer beschrieb. Er unterschied 1838 zwischen dem Leuchten, das sich von dem positiven Pol, der Anode, bis in die Nähe des negativen Pols, der Kathode, erstreckte, und dem die Kathode umhüllenden Glimmen. Nach der Erfindung der Quecksilbervakuumpumpe (1855), mit der die Evakuierung der Röhren drastisch verbessert werden konnte, wurden dann Ende der 50er Jahre weitergehende Untersuchungen der Entladungserscheinungen möglich. So konnte der Bonner Physiker Julius Plücker (1801-1868) 1858 feststellen, daß bei fortschreitender Verringerung des Drucks in der Röhre das Leuchten der Anode immer weiter zurückwich, während sich das Glimmen der Kathode zunehmend ausdehnte. Offenbar handelte es sich bei beiden Erscheinungen um zwei verschiedene und voneinander unabhängige Effekte, denn eine magnetische Kraft hatte auf beide verschiedene Wirkungen (Turpin 1982, S.122). Zudem stellte Plücker ein Fluoreszieren des Glases in der Nähe der Kathode fest, was bald zu einer weiteren Entdeckung führte. Plückers Schüler Hittorf beobachtete 1869, daß ein vor der Kathode plazierter Gegenstand einen Schatten auf das Glas der Röhre warf. Deshalb erklärte er das Glimmen mit einer besonderen Art von Strahlung, die offenbar von der Kathode geradlinig ausging und, wo sie auf Glas traf, dieses fluoreszieren ließ. Eugen Goldstein (1850-1930) führte 1876 für diese Strahlung die Bezeichnung "Kathodenstahlen" ein.

Durch die Untersuchungen von Plücker, Hittorf, Goldstein und des Briten William Crookes (1832-1919) waren Ende der 70er Jahre folgende Eigenschaften der Kathodenstahlen bekannt:
(i) Sie werden in einer evakuierten Röhre von der Kathode und zwar im Allgemeinen senkrecht zu deren Oberfläche ausgesandt.
(ii) Sie bewegen sich geradlinig.
(iii) Sie lassen Glas floureszieren.
(iv) Sie werden durch Magnetfelder abgelenkt.
(v) Ihre Eigenschaften sind vom verwendeten Kathodenmaterial unabhängig.
(vi) Sie können unter Umständen chemische Reaktionen auslösen.
(vii) Wenn sie auf eine dünne Folie gerichtet werden, können sie die bis zur Glut erhitzen, d.h. sie transportieren Energie.

(viii) Wenn sie auf Gegenstände fallen, üben sie auf diese Kräfte aus (Anderson 1964, S.23ff).

Über die Natur der Strahlen war damit allerdings noch nichts ausgesagt und in dieser Frage gingen in den nächsten 20 Jahren die Meinungen auseinander: Crookes faßte sie als Teilchenstrahlung auf. Seiner Meinung nach bestand der Kathodenstrahl aus Molekülen des noch in der Röhre vorhandenen Restgases, die an der Kathode negativ geladen und dann von ihr abgestoßen wurden. Das Leuchten in der Röhre entstand durch Kollisionen der beschleunigten Moleküle mit ruhenden, wobei ihre kinetische Energie in Licht umgewandelt wurde. Bei guter Evakuierung der Röhre konnten sie die Glaswand erreichen und dort durch den Aufprall das bekannte Leuchten erzeugen (Turpin 1980, S.130). Diese Theorie konnte die bekannten Eigenschaften der Kathodenstrahlen im Wesentlichen erklären. Sie wurde in England allgemein anerkannt (Turpin 1980, S.134).

In Deutschland wurden verschiedenen Auffassungen vertreten: Einige Physiker folgten Crookes, andere, besonders Goldstein, Eilhard Wiedemann (1852-1928), Hertz und sein Schüler Philipp Lenard (1862-1947) vertraten die Position, Kathodenstrahlen seien eine Art Welle. Sie faßten die Entladung als Ätherbewegung oder Ätherschwingung auf, die die Moleküle des Restgases in Vibrationen versetzte. Von ihnen ging dann das sichtbare Leuchten aus. Die Schwäche dieser Theorie bestand darin, daß weder jemand präzisieren konnte, um welche Art von Ätherbewegung es sich bei einer Entladung handelte, noch in der Lage war, diese Bewegungen nachzuweisen (Turpin 1980, S.143ff). Doch auch diese Theorie konnte den bekannten Eigenschaften im wesentlichen Rechnung tragen, und vor allem legten ihre Anhänger Hertz und Lenard beeindruckende Argumente gegen die Korpuskulartheorie vor: Bisher hatte niemand eindeutig elektrostatische Effekte von und auf Kathodenstrahlen nachweisen können. Zudem konnten Kathodenstrahlen - dies hatte Hertz experimentell gezeigt - dünne Metallfolien durchdringen, was offenbar im Widerspruch zur Hypothese einer Teilchennatur stand.

Die Theorie der Teilchenstrahlung war harten Angriffen ausgesetzt, als J.J. Thomson in den 90er Jahren begann, sich mit Kathodenstrahlen zu beschäftigen. Thomson hatte in Cambridge studiert, war Maxwellianer, Anhänger des mechanistischen Naturbildes und ab 1884 Direktor des

Cavendish-Laboratoriums. Anfang der 80er Jahre hatte er im Rahmen einer Preisarbeit die Eigenschaften von W. Thomsons Wirbelatomen untersucht und war dabei besonders auch der Frage nachgegangen, in welchen Konfigurationen sich mehrere Wirbelatome zu stabilen Molekülen assoziieren konnten. Eines seiner Ergebnisse war, daß jede Störung des Bewegungszustands des Äthers, also auch elektrische Felder, die Verbindung zweier Wirbelatome auflösen konnte. Die entstandenen Ionen konnten dann beispielsweise elektrische Entladungen auslösen (Heilbron 1976, S.365). Wie die meisten seiner Landsleute glaubte Thomson an die Teilchennatur der Kathodenstrahlen. Anders als Crookes war er jedoch der Ansicht, daß die Restgasmoleküle an der Kathode nicht geladen, sondern seinen Untersuchungen über Wirbelatome entsprechend in Ionen zerlegt wurden. Das negative Ion wurde dann wie in Crookes Theorie von der Kathode weggeschleudert (Turpin 1980, S.180).

Zur Konsolidierung der Teilchentheorie versuchte Thomson, elektrostatische Effekte auf oder mit Kathodenstrahlen zu produzieren, was ihm schließlich mit Hilfe besonders hoher Evakuierungen auch gelang: Er konnte demonstrieren, daß sie einerseits getroffene Gegenstände negativ aufluden und andererseits durch elektrostatische Kräfte abgelenkt wurden. Zwar waren ähnliche Effekte schon zuvor beobachtet worden; Thomson stellte sie jedoch eindeutiger dar und interpretierte sie im Rahmen des Teilchenkonzepts. Um nun auch der Natur der hypothetischen Teilchen auf die Spur zu kommen, versuchte er ihre spezifische Ladung mit Hilfe der bekannten Methode der magnetischen Ablenkung von Kathodenstrahlen zu bestimmen (Abb. 3.8.1). Es zeigte sich, daß die Bahn der Teilchen, d.h. die Form des abgelenkten Strahls bei konstanter Anodenspannung von der Art des Restgases unabhängig und in Übereinstimmung mit der Theorie stets kreisförmig war. Überraschenderweise erwies sich bei diesen Messungen die spezifische Ladung der Teilchen als etwa 1000-mal größer als die von Wasserstoffionen. Also mußte entweder ihre Ladung viel größer oder ihre Masse viel kleiner als die Ladung bzw. Masse der Wasserstoffionen sein.

Damals herrschte die Meinung vor, Atome seien nicht weiter zerlegbare Teilchen und das Wasserstoffatom von ihnen das kleinste (Owen 1955, S.174f). Andere Physiker, die vor Thomson die spezifische Ladung der hypothetischen Teilchen gemessen hatten, hatten deshalb ihren Meßwerten nicht getraut. Thomson dagegen nahm an, die Kathodenstrahl-

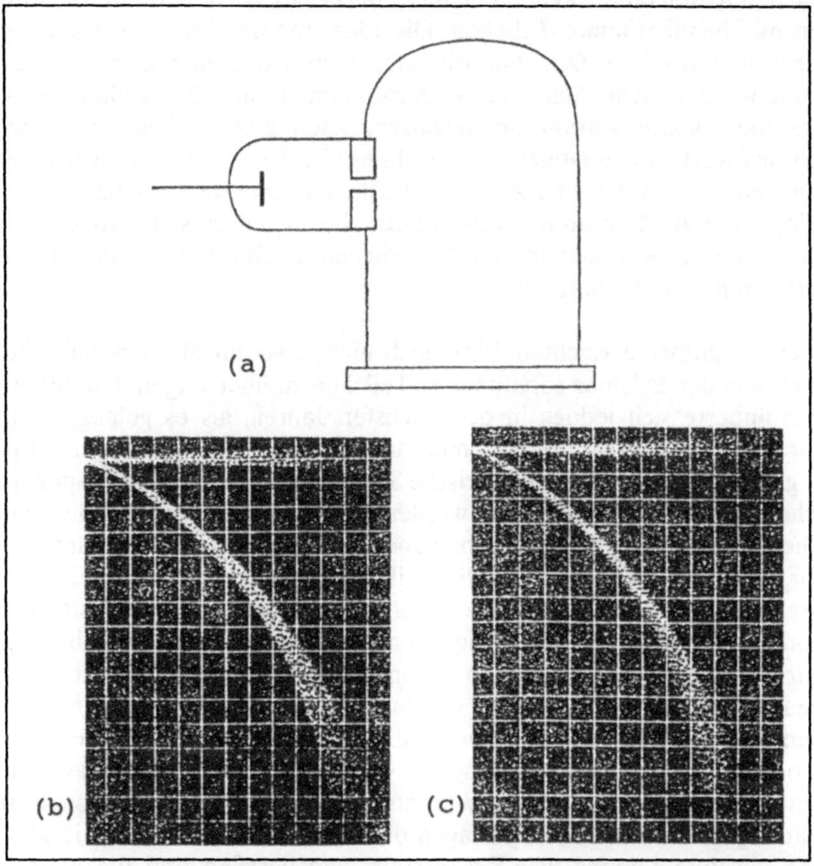

Abb. 3.8.1 Versuch zur Messung der spezifischen Ladung der hypothetischen Kathodenstrahlteilchen (J.J. Thomson 1897). (a) Skizze des Aufbaus: Die Kathode befindet sich links im Seitenarm der evakuierten Glasglocke; die Anode ist das geschlitzte Metallplättchen in der Öffnung des Seitenarms. Durch sie fallen Kathodenstrahlen in die Glasglocke, wo sie eine (nicht gezeichnete) Glasplatte mit quadratischem Raster streifen. Die Apparatur befindet sich zwischen zwei Spulen, die ein zur Zeichenebene senkrechtes Magnetfeld erzeugen. Es krümmt die Strahlen und spreizt sie fächerartig auf. (b) und (c) Fotos der Strahlen bei Wasserstoff bzw. Luft als Restgas: Die waagerechten Zweige interpretierte Thomson als Effekte ungeladener Restgasmoleküle. Die Krümmungen der abgelenkten Zweige unterschieden sich bei verschiedenen Restgasen nicht. Zur Berechnung der spezifischen Ladung der Teilchen wurde durch die Erwärmung eines bestrahlten Thermoelements ihre kinetische Energie, mit einem Elektrometer ihre Ladung, ferner der Radius der Krümmung und die magnetische Feldstärke gemessen. Thomson erhielt Werte um $0{,}5\ 10^{-7}$, mit einem anderen Aufbau um $1{,}3\ 10^{-7}$ Gramm pro elektromagnetische Ladungseinheit (vgl. Thomson 1897, S.300ff, ders. 1948).

teilchen hätten eine 1000-mal kleinere Masse als Wasserstoffatome, wären mithin subatomare Teilchen. Die Idee war tragfähig: Sie stand in Einklang mit seiner Zerlegungstheorie, wenn man annahm, an der Kathode würden nicht Moleküle, sondern Atome in ihre Bestandteile zerlegt. Sie erklärte, warum die spezifische Ladung der Teilchen von der Art des Restgases unabhängig war, da es sich bei ihnen um invariante Bausteine der Materie handelte. Schließlich machte sie auch die Durchdringung von Metallfolien verständlich. Denn bei diesen Größenverhältnissen war es denkbar, daß die Teilchen durch die Poren im Atomverband hindurchschlüpften.

Diese Argumente reichten 1897 noch nicht aus, um die physikalische Welt von der Existenz subatomarer Teilchen zu überzeugen. Die Situation änderte sich jedoch in den nächsten Jahren, als es gelang, auch durch Bestrahlung von Metallen mit ultraviolettem Licht sowie mit Hilfe glühender Kohlefäden elektrische Teilchen zu erzeugen. Ihre spezifische Ladung konnte gemessen werden und stimmte jeweils mit der von Thomsons Kathodenstrahlteilchen überein. Unklar war jedoch nach wie vor, welche absolute Ladung die Teilchen besaßen. Die von elektrolytisch erzeugten Wasserstoffionen getragene - offenbar die kleinste vorkommende Ladungsmenge - die "atomare Ladungseinheit", war bislang nur ungenau bestimmt worden. Thomson gelang es nun, sie mit einer neuen Meßmethode an Ionen, die durch Röntgenstrahlen erzeugt worden waren, exakter zu bestimmen (Abb. 3.8.2). Mit einer ähnlichen Methode ließ sich auch die Ladung der durch Bestrahlung mit ultraviolettem Licht erzeugten Teilchen bestimmen. Sie stimmte mit der atomaren Ladungseinheit überein; hier lagen offenbar Teilchen vor, die die gleiche absolute Ladung wie Wasserstoffionen besaßen und die gleiche spezifische wie die Kathodenstrahlteilchen (vgl. Romer 1942/43, S.158f).

Obwohl ein direkter Beweis für die Existenz subatomarer Teilchen auch mit diesen Experimenten nicht gegeben wurde, stützten sie doch die These, allen diesen Phänomenen lägen mit der atomaren Ladungseinheit geladenen Teilchen mit 1000-mal kleinerer Masse als der von Wasserstoffatomen zugrunde. Alle Ergebnisse ließen sich im Einklang mit Lorentz' Theorie erklären. So wurden Lorentz' Teilchen mit Thomsons identifiziert; für das negative Teilchen bürgerte sich der Name "Elektron" ein, den der Ire Johnstone Stoney (1826-1911) im Jahre 1874 für die atomare Ladungseinheit geprägt hatte.

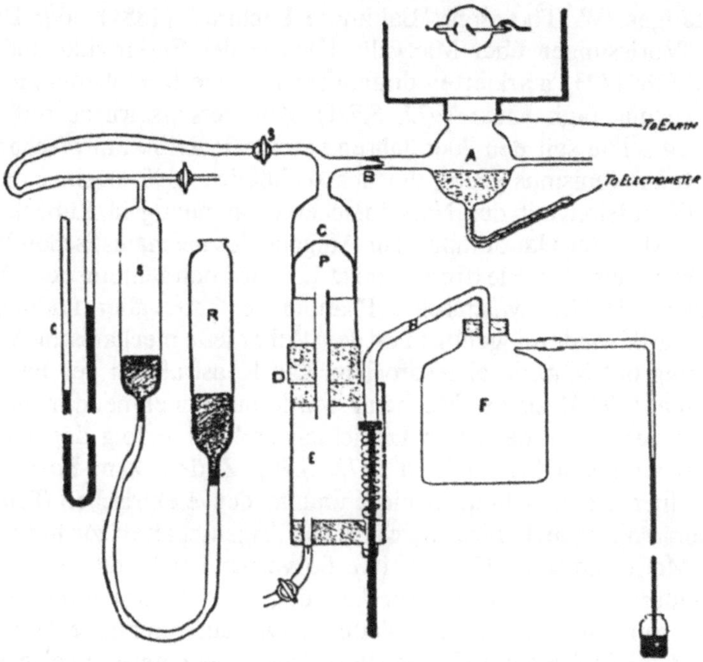

Abb. 3.8.2 Versuch zur Messung der atomaren Ladungseinheit (J.J. Thomson 1898). Zentral ist das Gefäß A. Die in ihm befindliche Luft wird durch Röntgenstrahlung ionisiert und dann ihre Leitfähigkeit gemessen. Dazu wird das Wasser im unteren Teil von A geladen und der zeitliche Spannungsverlust am Elektrometer verfolgt. Aus der Leitfähigkeit ergibt sich die im Glas insgesamt vorhandene Ladungsmenge. Der Rest des Aufbaus dient dazu, schnelle Druckminderungen in A herbeizuführen. Das Gefäß F ist evakuiert; nach Öffnen des Ventils in E schnellt der Kolben P nach unten. Dadurch wird der Druck in A um einen mit den Gefäßen S und R einstellbaren Betrag herabgesetzt. Die kontrollierte Expansion erzeugt eine definierte Abkühlung des Gases in A; durch sie kondensiert eine berechenbare Menge Wasserdampf in Tröpfchen an den einzelnen Gasionen. Aus der Sinkgeschwindigkeit der so entstandenen Wolke läßt sich die Größe der Tropfen und damit auch ihre Anzahl bestimmen. Aus der bekannten Gesamtladung und der Tröpfchenzahl ergibt sich die Ladung der einzelnen Gasionen. Thomson erhielt einen Wert von etwa $6{,}5\ 10^{-10}$ elektrostatischen Ladungseinheiten, was mit dem damals nur grob abgeschätzten Wert für die Ladung elektrolytisch erzeugter Wasserstoffionen übereinstimmte (vgl. Thomson 1898, Romer 1942/43)

Das ausgehende 19. Jahrhundert war die Blütezeit des mechanistischen Weltbildes, in der sich schon sein Niedergang abzeichnete. Einerseits schienen die Erfolge der Maxwellschen Elektrodynamik wie die der kinetischen Gastheorie das Programm der mechanischen Welterklärung zu bestätigen. W. Thomsons "Baltimore Lectures" (1884) oder Boltzmanns "Vorlesungen über Maxwells Theorie der Elektrizität und des Lichtes" (1891/93) markierten dramatisch inszenierte Höhepunkte dieser Bewegung (vgl. Klein 1972, S.72f). Andererseits wurde auf dem Kontinent schon seit den 70er Jahren vereinzelt Kritik am mechanistischen Reduktionismus geübt, die sich schließlich 1895 in einer öffentlichen Diskussion auf der Naturforscherversammlung in Lübeck verdichtete. Aber der Hauptimpuls zur Aufgabe des mechanistischen Weltbildes kam aus der Elektrodynamik: Lorentz betrachtete den Äther zwar noch als Sitz dynamischer Phänomene, hatte aber Ladung als Grundbegriff wiedereingeführt und dem Äther jede mechanische Wechselwirkung mit Materie abgesprochen. Die Konstruktion der Feldgleichungen auf der Basis der Mechanik wurde nun zunehmend irrelevant, denn sie lieferte keine neuen Einsichten und der Erfolg der Theorie war von ihr unabhängig (Klein 1972, S.78). Zudem kam Lorentz im Zuge seiner Untersuchungen nicht umhin, den elektrischen Teilchen wie dem Äther auch nicht-mechanische Eigenschaften zuzusprechen (siehe McCormmach 1970, S.471ff). So verband sich mit der um die Jahrhundertwende erfolgten Anerkennung der Elektronentheorie die Abkehr vom mechanistischen Weltbild. Die aufkommende Hoffnung auf eine elektrodynamische Welterklärung bedeutete eine gewisse Rückkehr zu Weberschen Visionen.

"Diese Erwägungen zeigen uns auch, warum gewisse Theorien, die man endgültig verlassen und vom Experiment widerlegt glaubte, plötzlich wieder aus ihrer Asche auferstehen und eine neues Leben beginnen. Darum, weil sie wahre Beziehungen ausdrückten; und weil sie nicht aufgehört hatten, das zu thun, als man aus dem einen oder anderen Grunde dieselben Beziehungen in einer anderen Sprache ausdrücken zu müssen glaubte. Sie hatten so eine Art latenten Lebens bewahrt. Noch vor kaum 15 Jahren gab es keinen lächerlicheren, mehr überwundenen Standpunkt, als die Fluida Coulombs; und siehe da, sie erscheinen heute unter dem Namen Elektron wieder. ... Es wäre kühn, zu behaupten, dass der Glaube an die Elektrons nicht einst wieder erschüttert würde. Das würde nicht weniger seltsam sein, wie diese unerwartete Wiedergeburt zu konstatieren." (Poincaré 1900, S.186)

Literaturverzeichnis

Literatur zu Kapitel 2

Alonso, M.; Finn, E. J.: Fundamental University Physics. Vol. II: Fields and Waves, 10. Auflage, Reading/Mass. 1979

Bernal, J. D.: Sozialgeschichte der Wissenschaften. Bd.2: Die Geburt der modernen Wissenschaft. Wissenschaft und Industrie. Reinbek bei Hamburg 1978

Bevilacqua, F.: The Principle of Conservation of Energy and the History of Classical Electromagnetic Theory (1845 - 1903). Diss. Cambridge 1983

Black, M.: Models and Metaphors. Studies in Language and Philosophy. 4. Auflage Ithaka, New York 1968

Böhme, G.; Daele, W.v.d.; Hohlfeld, R.; Krohn, W.; Schäfer, W; Spengler, T.: Starnberger Studien I. Die gesellschaftliche Orientierung des wissenschaftlichen Fortschritts. Frankfurt/M. 1978

Breger, H.: Die Natur als arbeitende Maschine. Zur Entstehung des Energiebegriffs in der Physik 1840 - 1850. Frankfurt/M. 1982

Brouwer, W.; Singh, A.: The Historical Approach to Science Teaching. In: The Physics Teacher April 1983, S.230 - 236

Bruhn, J.: Lernschwierigkeiten im Physikunterricht. Modelle und Konsequenzen. In: physica didactica Bd.13, Heft 1 (1986a), S.35 - 47

Bruhn, J.: Wissenschaftsgeschichte im Physikunterricht - Historische Analyse eines didaktischen Prinzips. In: physica didacta Bd.13 Sonderheft 1986b, S.23 - 32

Brush, S. G.: Kinetische Theorie I. Die Natur der Gase und der Wärme. Einführung und Originaltexte. Braunschweig 1970

Brush, S. G.: The Role of History in the Teaching of Physics. In: The Physics Teacher, Mai 1969, S.271 - 280

Brush, S. G.; King, A. L. (Hrsg.): History in the Teaching of Physics. Proceedings of the International Working Seminar on the Role of the History of Physics in Physics Education. Hanover/New Hampshire 1972

Brush, S. G.: Should the History of Science Be Rated X? The way scientists behave (according to historians) might not be a good model for students. In: Science. Bd.183 (1974), S.1164 - 1172

Buchwald, J. Z.: The Hall Effect and Maxwellian Electrodynamics in the 1880's. Part I: The Discovery of a New Electric Field. In: Centaurus Bd.23 (1980), S.51 - 95

Bunge, M.: Analogy in Quantum Theorie: From Insight to Nonsense. In: British Journal for the Philosophy of Science Bd.18 (1967), S.265 - 286

Bunge, M.: Philosophy of Physics. Dordrecht 1973

Collins, H. M.; Shapin, S.: Experiment, naturwissenschaftlicher Unterricht und die neue Geschichte und Soziologie der Naturwissenschaft. In: physica didactica Bd.11 (1984), S.33 - 46

Devons, S.; Hartmann, L.: A History-of-Physics Laboratory. In: Physics Today Bd.23, Heft 2 (1970), S.44 - 49

Diedrich, W. (Hrsg.): Theorien der Wissenschaftsgeschichte. Beiträge zur diachronischen Wissenschaftstheorie. Frankfurt/M. 1974

Deutsche Physikalische Gesellschaft (DPG): Empfehlungen zum Physikunterricht an den Schulen des Sekundarbereiches. In: Physikalische Blätter Bd.36 (1980), S.273 - 282
DPG: Empfehlungen der DPG zur Neustrukturierung des Physikstudiums. In: Physikalische Blätter Bd.28 (1972) S.464 - 467, 503 - 507
DPG: Rettet die mathematisch-naturwissenschaftliche Bildung! In: Physikalische Blätter Bd.38 (1982), S.25
Duhem, P.: Ziel und Struktur der physikalischen Theorien. (Nachdruck der Auflage Leipzig 1908) Hamburg 1978
Ewers, M.: Einführung in die wissenschaftsgeschichtliche Didaktik. In: ders. (Hrsg.): Wissenschaftsgeschichte und naturwissenschaftlicher Unterricht. Bad Salzdetfurth 1978, S.1 - 28
Ewers, M. (Hrsg.): Naturwissenschaftliche Didaktik zwischen Kritik und Konstruktion. Weinheim 1975
Ewers, M. (Hrsg.): Wissenschaftsgeschichte und naturwissenschaftlicher Unterricht. (Texte zur mathematisch-naturwissenschaftlich-technischen Forschung und Lehre Bd.3) Bad Salzdetfurth 1978
Ewers, M. (Hrsg.): Wissenschaftstheorie und Naturwissenschaftsdidaktik. (Texte zur mathematisch-naturwissenschaftlich-technischen Forschung und Lehre Bd.6) Bad Salzdetfurth 1979
Farwig, P. F.: The Energy Flow in the Electric Circuit. In: Duit, R.; Jung, W.; Rhöneck, Ch. v. (Hrsg.): Aspects of Understanding Electricity. Kiel 1985, S.393 - 401
Fertig, H.: Die Modellmethode in der Physik. In: Physikalische Blätter Bd.30 (1974), S.193 - 203
Feyerabend, P.: Wider den Methodenzwang. Frankfurt/M. 1983
Feynman, R. P.; Leighton, R. B.; Sands, M.: The Feynman Lectures on Physics. Mainly Electromagnetism and Matter. 4. Auflage Reading/Mass. 1966
Feynman, R. P.; Leighton, R. B.; Sands, M.: The Feynman Lectures on Physics. Mainly Mechanics, Radiation, and Heat. 5. Auflage Reading/Mass. 1975
Fraunberger, F.: Illustrierte Geschichte der Elektrizität. Köln 1985
Galison, P.: Re-reading the Past from the End of Physics: Maxwell's Equatations in Retrospect. In: Sociology of the Sciences Bd.7: Functions and Uses of Disciplinary History. (1983), S.35 - 51
Gee, B.: Models as a Pedagogical Tool: Can we Learn from Maxwell? In: Physics Education Bd.13 (1978), S.287 - 291
Gee, B.: Some Suggestions for the Use of the History in a Physics Course. In: Physics Education Bd.7 (1972), S.53 - 57
Halliday, D.; Resnick, R.: Physics. Parts I and II, New York 1966
Harré, Rom: The Principles of Scientific Thinking. London 1970
Haubold, K.: Skizze der Elektrodynamikvorlesung im Sommersemester 1980. Manuskript, Oldenburg 1980
Helm, G.: Die Theorien der Elektrodynamik nach ihrer geschichtlichen Entwicklung. Leipzig 1904
Henseling, K. O.; Quitzow, W.: Zum Stellenwert der Wissenschaftsgeschichte in Schulunterricht und Lehrerausbildung. In: Ewers, M. (Hrsg.): Wissenschaftsgeschichte und naturwissenschaftlicher Unterricht. Bad Salzdetfurth 1978, S.55 - 91
Hesse, M. B.: Models and Analogies in Science. London 1963
Holton, G.: Themata. Zur Ideengeschichte der Physik. Braunschweig 1984

Hoppe, E.: Geschichte der Elektrizität. Leipzig 1884, Reprint 1969

Hucklenbroich, P.: Was kann die Wissenschaftstheorie für die Didaktik des naturwissenschaftlichen Unterrichts leisten? In: Ewers, M. (Hrsg.): Wissenschaftsgeschichte und Naturwissenschaftlicher Unterricht. Bad Salzdetfurth 1978, S.93 - 104

Hund, F.: Geschichte der physikalischen Begriffe. Bd.1: Die Entstehung des mechanischen Naturbildes. 2. Auflage Mannheim 1978

Hund, F.: Denkschemata und Modelle in der Physik. In: Studium Generale Bd.18 Heft 3 (1965), S.174 - 183

Jammer, M.: Die Entwicklung des Modellbegriffes in den physikalischen Wissenschaften. In: Studium Generale Bd.18 Heft 3 (1965), S.166 - 173

Jodl, H.: Modell und Struktur - Versuch einer Neuordnung der Inhalte der Physik. In: Physik und Didaktik Bd.3 (1973), S.205 - 211 und Bd.4 (1973), S.260 - 288

Joos, G.: Lehrbuch der theoretischen Physik. Leipzig 1945

Jung, W.: Erklären als wissenschaftstheoretisches und didaktisches Problem. In: Ewers, M. (Hrsg.): Naturwissenschaftliche Didaktik zwischen Kritik und Konstruktion. Weinheim 1975a, S.159 - 202

Jung, W.: New History and Sociology of Science (NHS) und die Ziele des Physikunterrichtes. In: Physik und Didaktik Bd.4 (1985), S.257 - 262

Jung, W.: Phänomen, Begriff, Theorie - Drei Thesen zur Didaktik der Physik. In: Ders.: Aufsätze zur Didaktik der Physik. Frankfurt/M. 1979, S.10 - 40

Jung, W.: Über die Schwierigkeiten, Physik zu lernen. In: physica didactica Bd.9 (1982), S.135 - 157

Jung, W.: Verständnisse und Mißverständnisse. In: physica didactica Bd.14 (1987), S.23 - 30

Jung, W.: Geschichte der Naturwissenschaften im naturwissenschaftlichen Unterricht - Pro und Contra. In: Ewers, M.(Hrsg.): Wissenschaftsgeschichte und naturwissenschaftlicher Unterricht. Bad Salzdetfurth 1978, S.29 - 53

Jung, W.: Kann man Physik nur historisch "wirklich verstehen"? In: Der Physikunterricht Bd.17 (1983), S.5 - 18

Jung, W.: Was heißt: Physiklernen? Didaktik der Physik zwischen Physik und Wissenschaftstheorie. In: Ewers, M. (Hrsg.): Naturwissenschaftliche Didaktik zwischen Kritik und Konstruktion. Weinheim 1975b, S.133 - 158

Jung, W.: Das historisch-genetische Prinzip im Physikunterricht. In: Wiebel, K.H. (Hrsg.): Zur Didaktik der Physik und Chemie. Alsbach 1988, S.24 - 45

Jupe, K.: Über die erkenntnistheoretische und didaktische Bedeutung von Modellen in der Physikausbildung an der allgmeinbildenden Schule und an der Hochschule. In: Physik in der Schule Bd.10 (1972), S.411 - 414

Kagan, M. H.; Mendoza, E.: Down with the History of Relativity. In: The Physics Teacher April 1978, S.225 - 227

Kaiser, W.: Theorien der Elektrodynamik im 19. Jahrhundert. Hildesheim 1981

Kircher, E.; Rhöneck, Ch. v.: Einige Bemerkungen zum fachdidaktischen Aspekt des Modellbegriffs. In: Der Physikunterricht Bd.9 Heft 4 (1975), S.13 - 16

Klein, M. J.: The Use and Abuse of Historical Teaching in Physics. In: Brush, S. G.; King, A. L. (Hrsg.): History in the Teaching of Physics. Hanover/New Hampshire 1972, S.12 - 18

Klopfer, L. E.: The Teaching of Science and the History of Science. In: Journal of Research in Science Teaching Bd.6 (1969), S.87 - 95

Köhnlein, W.: Bemerkungen zur Konzeption des genetischen Physikunterrichts. In: Naturwissenschaften im Unterricht, Physik/Chemie Bd.26 (1978), S.167 - 173

Krüger, L.: Die systematische Bedeutung wissenschaftlicher Revolutionen, pro und contra Thomas Kuhn. In: Diedrich, W. (Hrsg.): Theorien der Wissenschaftsgeschichte. Frankfurt/M. 1974, S.210 - 243

Kuhn, T. S.: Die Entstehung des Neuen. Studien zur Struktur der Wissenschaftsgeschichte. Herausgegeben von L. Krüger, Frankfurt/M. 1978

Kuhn, T. S.: Die Struktur wissenschaftlicher Revolutionen. 4. Auflage Frankfurt/M. 1979

Kuhn, T. S.: Bemerkungen zu meinen Kritikern. In: Lakatos, I.; Musgrave A.(Hrsg.): Kritik und Erkenntnisfortschritt. Braunschweig 1974, S.223 - 269

Kuhn, T. S.: Objektivität, Werturteil und Theorienwandel. In: ders.: Die Entstehung des Neuen. Studien zur Struktur der Wissenschaftsgeschichte. Frankfurt/M. 1978, S.421 - 445

Kuhn, T. S.: Second Thoughts on Paradigms. In: Suppe, F. (Hrsg.): The Structure of Scientific Theories. 2. Auflage Urbana 1977, S.459 - 482

Kuhn, T. S.: Theory-Change as Structure-Change: Comments on the Sneed Formalism. In: Erkenntnis Bd.10 (1976), S.179 - 199

Kuhn, W.: Physikgeschichte - wissenschaftstheoretische und didaktische Thesen. In: Der Physikunterricht Bd.17 Heft 3 (1983), S.19 - 40

Lakatos, I.: Die Geschichte der Wissenschaft und ihre rationalen Rekonstruktionen. In: Diederich, W. (Hrsg.): Theorien der Wissenschaftsgeschichte. Frankfurt/M. 1974, S.55 - 115

Lakatos, I.; Musgrave, A. (Hrsg.): Kritik und Erkenntnisfortschritt. Abhandlungen des Internationalen Kolloquiums über die Philosophie der Wissenschaft, London 1965. Band 4, Braunschweig 1974

Longair, M.S.: Theoretical Concepts in Physics. An Alternative View of Theoretical Reasoning in Physics for Final-Year Undergraduates. 2. Auflage Cambridge 1986

Maichle, U.: Wissen und Verstehen im Physikunterricht: Diagnose auf Kognitionspsychologischer Grundlage. In: physica didactica Bd.13, Sonderheft 1986, S.53 - 65

Masterman, M.: Die Natur eines Paradigmas. In: Lakatos, I.; Musgrave A.: Kritik und Erkenntnisfortschritt. Braunschweig 1974, S.59 - 88

Maurer, M.: Das Verhältnis von Wissenschaftstheorie und Naturwissenschaftsdidaktik, unter besonderer Berücksichtigung der Biologie. In: Ewers, M. (Hrsg.): Wissenschaftstheorie und Naturwissenschaftsdidaktik. Bad Salzdetfurth 1979, S.147 - 215

Mehrle, U.; Meya, J.; Rieß. F.; Rohlfs, G.; Sibum, H. O.: Von der Elektrisiermaschine zur Äthertheorie. Denkmodelle und Apparate aus der Geschichte der Elektrizität im 18. und 19. Jahrhundert. Austellungskatalog, Broschüre, Oldenburg 1987

Orear, J.: Physik. München 1985

Pappas, P.T.: The Original Ampère Force and Biot-Savart and Lorentz Forces. In: Nuovo Cimento Bd.76 B, N. 2 (1983), S.189 - 197

Petersen, G.: Wissenschaftsgeschichte und Didaktik. In: Ewers, M. (Hrsg.): Naturwissenschaftliche Didaktik zwischen Kritik und Konstruktion. Weinheim 1975, S.59 - 103

Popper, K.: Die Normalwissenschaft und ihre Gefahren. In: Lakatos, I.; Musgrave, A.: Kritik und Erkenntnisfortschritt. Braunschweig 1974, S.51 - 57

Pukies, J.: Das Verstehen der Naturwissenschaften. Braunschweig 1979

Purcell, E. M.: Electricity and Magnetism. (Berkeley Physics Course Vol. 2) New York 1965

Quitzow; W.: Zur wissenschaftstheoretischen Grundlegung des naturwissenschaftlichen Curriculums. In: Ewers, M. (Hrsg.): Wissenschaftstheorie und Naturwissenschaftsdidaktik. Bad Salzdetfurth 1979, S.59 - 95

Raebiger, C.: Verstehen - ein Menschenrecht. In: physica didactica Bd.14 Heft 1/2 (1987), S.3 - 8

Rieß, F.; Schulz, R.: Zur Rechtfertigung des historisch-genetischen Ansatzes im naturwissenschaftlichen Unterricht. In: physica didactica Bd.15, Heft 3/4 (1988) S.32 - 59

Rieß, F.: Die Rolle des Experiments im historisch-genetischen Unterrichtsverfahren. In: Wiebel, K.H.(Hrsg.): Zur Didaktik der Physik und Chemie. Alsbach 1989, S.219 - 21

Röben, P.: Dokumentation einer Evaluation des 1. Semesters an der Carl-von-Ossietzky-Universität (WS 1982/83). Manuskript Oldenburg 1983

Roche, J.: Explaining Electromagnetic Induction: A Critical Re-Examination. The Clinical Value of History in Physics. In: Physics Education Bd.22 (1987), S.91 - 99

Rohlfs, G.: Die Ohmsche Drehwaage. Oder: Was hat Georg Simon Ohm mit dem Idiotendreieck zu tun? Manuskript, Oldenburg 1986

Rohlfs, G.: Anmerkung zur Unipolar-Induktionsmaschine. Manuskript Oldenburg o.J.

Rohlfs, G.: Die Gauss'sche Meßmethode. Ein Weg zur quantitativen Bestimmung des Erdmagnetismus', des Magnetismus' von Körpern und des elektrischen Stromes in mechanischen Einheiten. Manuskript Oldenburg 1988

Rollnik, H.: Fachbereichskonferenz beschließt Empfehlungen zur Struktur des Physikstudiums. In: Physikalische Blätter Bd.34 (1978), S.339 - 340

Rumpf, H.: Der Verlust der Wirklichkeit und Martin Wagenscheins Pädagogik. In: Wiebel, K. H. (Hrsg.): Zur Didaktik der Physik und Chemie. Alsbach 1987, S.89 - 98

Russel, T. L.: What History of Science, How Much, and Why? In: Science Education Bd.65, Heft 1 (1981), S.51 - 64

Rutherford, F. J.; Holton, G.; Watson, F. G.: Project Physics. Text. New York 1975

Saadi, B.: Probleme eines Begründungszusammenhanges für eine integrierten historisch-naturwissenschaftlichen Unterricht. Diplomarbeit im Fach Erziehungswissenschaft an der Universität Hannover, München 1979

Schramm, E.: Geschichten statt Geschichte?? Zur Einbeziehung historischer Aspekte in den naturwissenschaftlichen Unterricht. In: Soznat Bd.9, Heft 2/3 (1986), S.75 - 81

Schürmann, H. W.: Der wissenschaftstheoretische Aspekt des Modellbegriffs in der Physik und der Physikdidaktik. In: Der Pysikunterricht Bd.9 Heft 4 (1975), S.5 - 12

Schürmann, H. W.: Theoriebildung und Modellbildung. Wiesbaden 1977

Sibum, H. O.; Meya, J.: Ansätze zur historischen Rekonstruktion der Elektrizitätslehre. In: Mikelskis, H. (Hrsg.): Zur Didaktik der Physik und Chemie. Alsbach 1985, S.176 - 178

Sibum, H.O.: Physik aus ihrer Geschichte verstehen: Die historische Rekonstruktion vor-wissenschaftlicher Erfahrung mit Elektrizität und ihre Bedeutung im Vermittlungprozeß. Diss. Oldenburg 1989

Simpson, T. K.: Maxwell and the Direct Experimental Test of His Electromagnetic Theory. In: Isis Bd.57 (1966), S.411 - 432

Sommerfeld, A.: Vorlesungen über theoretische Physik. Bd.III: Elektrodynamik. Reprint der 4. Auflage 1963, Thun 1988

Spreckelsen, K.: Konzepte und Theorien der Naturwissenschaften als Ansatz für ein integriertes Curriculum. In: Frey, K.; Häußler, P. (Hrsg.): Integriertes Curriculum Naturwissenschaft: Theoretische Grundlagen und Ansätze. (Bericht über das 4.IPN Symposion) Weinheim 1973, S.87 - 94

Suppe, F.: The Search for Philosophic Understanding of Scientific Theories. In: Suppe, F. (Hrsg.): The Structure of Scientific Theories. 2. Auflage Urbana 1977, S.2 - 241

Suppe, F. (Hrsg.): The Structure of Scientific Theories. Second Edition; Edited with a Critical Introduction and an Afterword by Frederick Suppe, Urbana 1977

Teichmann, J.: Das historische Experiment im Physikunterricht. Wissenschaftstheoretische Betrachtungen und praktische Beispiele. In: Ewers, M. (Hrsg.): Wissenschaftsgeschichte und naturwissenschaftlicher Unterricht. Bad Salzdetfurt 1978, S.185 - 212

Teichmann, J.: Die Rekonstruktion historischer Modelle und Experimente für den Unterricht - das Verhältnis von Didaktik und Geschichte (1). In: Der Physikunterricht Bd.17 (1973), S.84 - 97

Teichmann, J.: Elektrizität. München 1985

Tricker, R. A. R.: Einige Gedanken zum naturwissenschaftlichen Unterricht. In: Der mathematische und naturwissenschaftliche Unterricht Bd.18 Heft 5/6 (1965/66), S.152 - 155

Volk, D.: Martin Wagenschein: Genetischer Unterricht. In: ders.: Didaktik und Mathematikunterricht. Weinheim 1980, S.61 - 84

Wagenschein, M.: Die pädagogische Dimension der Physik. Braunschweig 1976

Wagenschein, M.: Rettet die Phänomene! (Der Vorrang des Unmittelbaren) In: Der mathematische und naturwissenschaftliche Unterricht Bd.30 Heft 3 (1977), S.129 - 137

Wagenschein, M.: Ursprüngliches Verstehen und exaktes Denken II. Stuttgart 1970

Wagenschein, M.: Verstehen Lehren. Weinheim 1968

Weber, R.; Born, G.: Historisierende Methode der physikalischen Begriffsbildung. In: physica didactica Bd.4 (1977), S.189 - 196

Wehler, H.U.(Hrsg.): Moderne deutsche Sozialgeschichte. Düsseldorf 1981

Wenzel, A. (Hrsg.): Naturwissenschaften alternativ. Erfahrungen mit historisch-genetischen Unterrichtskonzepten. (Ambos Nr. 8) Bielefeld o. J.

Whitaker, M. B. A.: History and Quasi-History in Physics Education. In: Physics Education Vol. 14 (1979), S.108 - 112 und 239 - 242

Whittaker, Sir E.: A History of the Theories of Aether and Electricity. The Classical Theories. New York 1973

Williams, L. P.: The Origins of Field Theory. New York 1966

Woodall, A. J.: Science History. The Place of the History of Science in Science Teaching. In: Physics Education Bd.2 (1967), S.297 - 305

Literatur zu Kapitel 3.1

Biot, J. B.: Anfangsgründe der Erfahrungs-Naturlehre. Aus dem Französischen übersetzt von Fr. Wolff. 2 Bde. Berlin 1819

Biot, J. B.: Lehrbuch der Experimental-Physik. Zweite Auflage der deutschen Bearbeitung von G. T. Fechner. 4 Bde. Leipzig 1828 - 1829

Brown, T. M.: The Electric Current in Early Nineteenth-Century French Physics. In: Hist. Stud. Phys. Sci. Bd.1 (1969), S.61 - 103

Costabel, P.: Poisson, Siméon-Denis. In: Dictionary of Scientific Biography. Bd.15 (Supplement 1), New York 1978, S.480 - 490

Coulomb, C. A.: Vier Abhandlungen über die Elektricität und den Magnetismus (1785 - 1786). (= Ostwald's Klassiker der exakten Wissenschaften, Nr. 13) Leipzig 1890
Crosland, M. P.: Biot, Jean Baptiste. In: Dictionary of Scientific Biography. Bd.2, New York 1970, S.133 - 40
Fox, R.: The Laplacian Programme for Physics. In: Boletin de la Academia Nacional de Ciencias de la Republica Argentina Bd.48 (1970), S.429 - 437
Fox, R.: The Rise and Fall of Laplacian Physics. In: Hist. Stud. Phys. Sci. Bd.4 (1974), S.89 - 136
Frankel, E.: Career-Making in Post-Revolutionary France: The Case of Jean-Baptiste Biot. In: British Journal for the History of Science Bd.11 (1978), S.36 - 48
Frankel, E.: J. B. Biot and the Mathematization of Experimental Physics in Napoleonic France. In: Hist. Stud. Phys. Sci. Bd.8 (1977), S.33 - 72
Gillispie, C. C. u. a.: Laplace, Pierre-Simon, Marquis de. In: Dictionary of Scientific Biography. Bd.15 (= Supplement 1), New York 1978, S.273 - 403
Gillmore, C. S.: Coulomb, Charles Augustin.: In: Dictionary of Scientific Biography. Bd.3, New York 1971, S.439 - 447
Hannaway, O.: Maurice Crosland. The Society of Arcueil. In: Isis Bd.60 (1969), S.578 - 581
Home, R. W.: Poisson's Memoirs on Electricty: Academic Politics and a New Style in Physics. In: British Journal for the History of Science Bd.16 (1983), S.239 -259
Hoppe, E.: Geschichte der Elektrizität. Leipzig 1884, Reprint 1969
Kaiser, W.: Zur Struktur wissenschaftlicher Kontroversen. Als Habilitationsschrift vom Fachbereich Mathematik der Johannes Gutenberg-Universität Mainz angenommen im Sommersemester 1984
Kargon, R.: Model and Analogy in Victorian Science: Maxwell's Critique of the French Physicists. In: Journal of the History of Ideas Bd.30 (1969), S.423 - 436
Lamont, J.: Handbuch des Magnetismus. (= Allgemeine Encyklopädie der Physik Bd.15) Leipzig 1867
Pedersen, K. M.: Malus, É. L. In: Dictionary of Scientific Biography. Bd.9, New York 1974, S.72 - 74
Rosenberger, F.: Die Geschichte der Physik in Grundzügen. 3 Bde. Braunschweig 1887 - 1890, Reprint Hildesheim 1965
Sutton, G.: The Politics of Science in Early Napoleonic France: The Case of the Voltaic Pile. In: Hist. Stud. Phys. Sci. Bd.11 (1980/81), S.329 - 366
Volta, A.: Untersuchungen über den Galvanismus (1796 - 1800) (= Ostwalds Klassiker der exakten Wissenschaften Nr. 118) Leipzig 1900
Weizel, W.: Lehrbuch der theoretischen Physik. Bd.1, Berlin 1949
Whittaker, Sir E.: A History of the Theories of Aether and Electricity. The Classical Theories. New York 1973

Literatur zu Kapitel 3.2

Breger, H.: Die Natur als arbeitende Maschine. Zur Entstehung des Energiebegriffs in der Physik 1840 - 1850. Frankfurt/M. 1982

Gower, B.: Spekulation in Physics: The History and Practice of Naturphilosophie. In: Studies in the History and Philosophy of Science Bd.3 (1973), S.301 - 356

Hartmann, N.: Die Philosophie des Deutschen Idealismus. 2. Auflage, Berlin 1960

Hermann, A.: Dynamismus und Atomismus - die beiden Systeme der Physik in der ersten Hälfte des 19. Jahrhunderts. In: Erkenntnis 10 (1976), S.311 - 322

Hermann, A.: Schelling und die Naturwissenschaften. In: Technikgeschichte Bd.44 (1977), S.47 - 53

Hoffmann, E. T. A.: Klein Zaches genannt Zinnober. 1819, Neuausgabe Frankfurt/M. 1984

Kaiser, W.: Zur Struktur wissenschaftlicher Kontroversen. Als Habilitationsschrift vom Fachbereich Mathematik der Johannes Gutenberg-Universität Mainz angenommen im Sommersemester 1984

Kirchhoff, J.: Friedrich Wilhelm Joseph Schelling. Reinbek b. Hamburg 1982

Meyer, K.: The Scientific Life and Works of H.C. Oersted. In: Meyer, K.(Hrsg.): H.C. Oersted. Naturvidenskabelige Skrifter. Bd.1, Kopenhagen 1920, S.XIII - CLXVI

Muncke, G. W.: Elektromagnetismus. In: Gehlers Physikalisches Wörterbuch. Bd.3, Leipzig 1827, S.473 - 647

Nielsen, J. R.: Hans Christian Oersted - Scientist, Humanist and Teacher. In: American Physics Teacher Bd.7 (1939), S.10 - 22

Oersted, H. C.: Ansicht der chemischen Naturgesetze. In: Meyer, K. (Hrsg.): H. C. Oersted. Naturvidenskabelige Skrifter. Bd.2, Kopenhagen 1920, S.35 - 169

Oersted, H. C.: Betrachtungen über den Elektromagnetismus. In: Jahrbuch der Chemie und Physik Bd.2 (1821), S.199 - 225

Oersted, H. C.: Correspondenz. Schreiben des Herrn Professor Oersted an die Redaktion vom 9. Sept. 1821. In: Jahrbuch der Chemie und Physik Bd.3 (1821), S.123 - 131

Oersted, H. C.: Neuere electro-magnetische Versuche. In: Journal für Chemie und Physik Bd.29 (1820), S.364 - 369

Oersted, H. C.: Versuche über die Wirkung des elektrischen Conflicts auf die Magnetnadel. In: Oettingen, A. J. v. (Hrsg.): Zur Entdeckung des Elektromagnetismus. (= Ostwalds Klassiker Nr. 63) Leipzig 1895, S.3 - 8

Schelling, F.W.J.: Schellings Werke nach der Originalausgabe in neuer Anordnung herausgegeben von M. Schröter. 3. Auflage München 1979

Snelders, H. A. M.: Romanticism and Naturphilosophie and the Inorganic Natural Sciences, 1797 - 1840: An Introductory Survey. In: Studies in Romanticism Bd.9 (1970), S.193 - 215

Stauffer, R. C.: Persistent Errors Regarding Oersted's Discovery of Electromagnetism. In: Isis Bd.44 (1953), S.307 - 310

Stauffer, R. C.: Speculation and Experiment in the Background of Oersted's Discovery of Electromagnetism. In: Isis 48 (1957), S.33 - 50

Wetzels, W. D.: Aspects of Natural Science in German Romanticism. In: Studies in Romanticism Bd.10 (1971), S.44 - 59

Williams, L. P.: Oersted, Hans Christian. In: Dictionary of Scientific Biography. Bd.10, New York 1974, S.182 - 86

Williams, L. P.: The Origins of Field Theory. New York 1966

Zeltner, H.: Schelling. (= Frommanns Klassiker der Philosophie Bd.33) Stuttgart 1954

Literatur zu Kapitel 3.3

Ampère, A.- M.: Théorie des phénomènes électro-dynamiques uniquement déduite de l' expérience. Paris 1826, Reprint Paris 1958

Arago, F.: Ampère. In: Hankel, W.G. (Hrsg.): Franz Arago's sämmtliche Werke. Bd.2, Leipzig 1854, S.3 - 94

Biot, J. B.: Lehrbuch der Experimental-Physik. Zweite Auflage der deutschen Bearbeitung von G. T. Fechner. 4 Bde., Leipzig 1828 - 1829

Blondel, C.: A.- M. Ampère et la création de l' électrodynamique (1820 - 1827). Paris 1982

Brown, T. M.: The Electric Current in Early Nineteenth-Century French Physics. In: Hist. Stud. Phys. Sci. Bd.1 (1969), S.61 - 103

Caneva, K. L.: Ampère, the Etherians, and the Oersted Connexion. In: British Journal for the History of Science Bd.13 (1980), S.121 - 138

Cleveland, F.: Magnetic Forces in a Rectangular Circuit. In: Philosophical Magazine Bd.21 (1936), S. 416 - 425

Duhem, Pierre: Ziel und Struktur der physikalischen Theorien. Übersetzt von F. Adler Leipzig 1908, Reprint Hamburg 1978

Gee, B.: André Marie Ampère (1775 - 1836). In: Physics Education Bd.5 (1970), S.359 - 369

Graneau, P.: Compatibility of the Ampère and Lorentz Force Laws with the Virtual-Work Concept. In: Nuovo Cimento Vol. 78 B, N. 2 (1983), S.213 - 233

Graneau, P.: The Ampère-Neumann Electrodynamics of Metallic Conductors. In: Fortschritte der Physik Bd.34 (1986) Heft 7, S.457 - 503

Hofmann, J.: The Great Turning Point in André-Marie Ampère's Research in Electrodynamics: A Truly 'Crucial' Experiment. Diss. Univ. of Pittsburgh 1982.

Kaiser, W.: Theorien der Elektrodynamik im 19. Jahrhundert. Hildesheim 1981

Lamont, J.: Handbuch des Magnetismus. (= Allgemeine Encyklopädie der Physik Bd.15) Leipzig 1867

Meyer, K.: The Scientific Life and Works of H.C. Oersted. In: Meyer, K.(Hrsg.): H.C. Oersted. Naturvidenskabelige Skrifter. Bd.1, Kopenhagen 1920, S.XIII - CLXVI

Muncke, G. W.: Elektromagnetismus. In: Gehlers Physikalisches Wörterbuch. Bd.3, Leipzig 1827, S.473 - 647

Muncke, G. W.: Magnetismus. In: Gehlers Physikalisches Wörterbuch. Bd.6, Leipzig 1836, S.639ff

Pappas, P.T.: The Original Ampère Force and Biot-Savart and Lorentz Forces. In: Nuovo Cimento Bd.76 B, N. 2 (1983), S.189 - 197

Rosenberger, F.: Die Geschichte der Physik in Grundzügen. 3 Bde. Braunschweig 1887 - 1890, Reprint Hildesheim 1965

Teichmann, J.: Die Entdeckung der elektromagnetischen Induktion von 1822 bis 1831. In: Fraunberger, F.; Teichmann, J.: Das Experiment in der Physik. Braunschweig 1984, S.174 - 82

Tricker, R. A.: Ampère as a Contemporary Physicist. In: Contemporary Physics Bd.3 (1961/62), S.453 - 468

Tricker, R. A.: Frühe Elektrodynamik. Braunschweig 1974

Williams, L. P.: Ampère, André-Marie. In: Dictionary of Scientific Biography. Bd.1, New York 1970, S.139 -147

Williams, L. P.: What Were Ampères Earliest Discoveries in Electrodynamics? In: Isis Bd.74 (1983), S.492 - 508

Williams, L. P.: Why Ampère Did not Discover Electromagnetic Induction. In: American Journal of Physics Bd.54 (1986), S.306 - 11

Williams, L. P.: Ampère's Electrodynamic Molecular Model. In: Contemporary Physics Bd.4 (1962/63), S.113 - 123

Literatur zu Kapitel 3.4

Agassi, J.: Faraday as a Natural Philosopher. Chicago 1971

Breger, H.: Die Natur als arbeitende Maschine. Zur Entstehung des Energiebegriffs in der Physik 1840 - 1850. Frankfurt/M. 1982

Faraday, M.: Experimental-Untersuchungen über Elektricität. Deutsche Übersetzung von S. Kalischer. 3 Bde., Berlin 1889 - 1891

Gooding, D.: Conceptual und Experimental Bases of Faraday's Denial of Electrostatic Action at a Distance. In: Stud. Hist. Phil. Sci. Bd.9 (1978), S.117 - 149

Gooding, D.: Faraday, Thomson and the Concept of the Magnetic Field. In: British Journal for the History of Science Bd.13 (1980a), S.91 - 120

Gooding, D.: Final Steps to the Field Theory: Faraday's Study of Magnetic Phenomena 1845 - 1850. In: Hist. Stud. Phys. Sci. Bd.11 (1981), S.231 - 275

Gooding, D.: Metaphysics versus Measurement: The Conversion and Conservation of Force in Faraday's Physics. In: Annals of Science Bd.37 (1980), S.1 - 29

Heimann, P. M.: Faraday's Theories of Matter and Electricity. In: British Journal for the History of Science, Bd.3 (1971), S.235 -257

Heimann, P.M.: Conversion of Forces and the Conservation of Energy. In: Centaurus Vol. 18 (1974), S.147 - 161

Helmholtz, H.: Die neuere Entwicklung von Faraday's Ideen über Elektricität. (1881) In: Ders.: Vorträge und Reden. Bd.2, Braunschweig 1896, S.249 - 292

Levere, T. H.: Faraday, Matter, and Natural Theology - Reflections on an Unpublished Manuscript. In: British Journal for the History of Science Bd.4 (1968), S.95 - 107

Spencer, J. B.: Boscovich's Theory and its Relation to Faraday's Researches: An Analytic Approach. In: Archive for History of Exact Sciences Bd.4 (1967/68) S.184 - 202

Williams, L. P.: Faraday and Ampère: A Critical Dialogue. In: Gooding, D.; James, F. (Hrsg.): Faraday Rediscovered. Essays on the Life and Work of Michael Faraday, 1791 - 1867. New York 1985, S.83 - 104

Williams, L. P.: Faraday, Michael. In: Dictionary of Scientific Biography. Bd.4, New York 1971, S.527 - 540

Williams, L. P.: Faraday and the Structure of Matter. In: Contemporary Physics Bd.2 (1960), S.93 - 105

Williams, L. P.: Should Philosophers Be Allowed to Write History? (Rezension von Agassi: Faraday as a Natural Philosopher. Chicago 1971 und Berkson, W.: Fields of Force. London 1974) In: British Journal for the Philosophy of Science Bd.26 (1975), S.241 - 253

Williams, L. P.: Why Ampère Did not Discover Electromagnetic Induction. In: American Journal of Physics Bd.54 (1986), S.306 - 11

Williams, L. P.: Michael Faraday. London 1965
Williams, L. P.: The Origins of Field Theory. New York 1966

Literatur zu Kapitel 3.5

Archibald, T.: Tension and Potential from Ohm to Kirchhoff. In: Centaurus Bd.31 (1988), S.141 - 163
Burke, J. G.: Neumann, Franz Ernst. In: Dictionary of Scientific Biography. Bd.10, New York 1974, S.26 - 29
Caneva, K. L.: Ohm, Georg Simon. In: Dictionary of Scientific Biography. Bd.10, New York 1974, S.186 -94
Caneva, K. L.: From Galvanism to Electrodynamics: The Transformation of German Physics and Its Social Context. In: Hist. Stud. Phy. Sci. Bd.9 (1978), S.63 - 159
Heidelberger, M.: Der Wandel der Elektrizitätslehre zu Ohms Zeit. Eine methodengeschichtliche Untersuchung und logische Rekonstruktion. Diss. München 1979
Helm, G.: Die Theorien der Elektrodynamik nach ihrer geschichtlichen Entwicklung. Leipzig 1904
Helmholtz, H. v.: Ueber die Erhaltung der Kraft (1847). In: Ders.: Wissenschaftliche Abhandlungen. Bd.1. Leipzig 1882, S.12 - 75
Hermann, A.: Die Aufnahme des Ohmschen Gesetzes. In: 150 Jahre Ohmsches Gesetz (= Sonderdruck Elektrotechnische Zeitschrift, Ausgabe a, Bd.98 (1977), S.94 - 102, S.158 - 160) S.7 -10
Jungnickel, Ch.: Teaching and Research in the Physical Sciences and Mathematics in Saxony, 1820 - 1850. In: Hist. Stud. Phys. Sci. Bd .10 (1979), S.3 - 47
Jungnickel, Ch.; McCormmach, R.: Intellectual Mastery of Nature: Theoretical Physics from Ohm to Einstein. 2 Bde. Chicago, London 1986
Kaiser, W.: Theorien der Elektrodynamik im 19. Jahrhundert. Hildesheim 1981
Lamont, J.: Handbuch des Magnetismus. (= Allgemeine Encyklopädie der Physik. Bd.15) Leipzig 1867
Molella, A. Ph.: Philosophy and Nineteenth-Century German Electrodynamics: the Problem of Atomic Action at a Distance. Diss. Cornell University 1972
Neumann, F. E.: F. Neumanns Gesammelte Werke. Bd.3. Leipzig 1912, Reprint 1979
Neumann, F. E.: Vorlesungen über elektrische Ströme. (Herausgegeben von K. Vonder-Mühll) Leipzig 1884
Neumann, L.: Franz Neumann. Erinnerungsblätter von seiner Tochter. Tübingen 1904
Ohm, G. S.: Bestimmung des Gesetzes, nach welchem Metalle die Kontakt-Elektrizität leiten, nebst einem Entwurfe zu einer Theorie des Voltaschen Apparates und des Schweiggerschen Multiplikators (1826). In: Piel, C. (Hrsg.): Das Grundgesetz des elektrischen Stromes. Leipzig 1938, S.8 - 29
Piel, C. (Hrsg.): Das Grundgesetz des elektrischen Stromes. (= Ostwalds Klassiker Bd.244) Leipzig 1938
Rohlfs, G.: Ohms Wege zum Widerstand. Zur Genese des Ohmschen Gesetzes. Manuskript, Oldenburg 1986
Rohlfs, G.: Die Gaussche Meßmethode. Ein Weg zur quantitativen Bestimmung des Erdmagnetismus', des Magnetismus' von Körpern und des elektrischen Stromes in den mechanischen Grundeinheiten. Manuskript, Oldenburg 1988

Schagrin, M. L.: Resistance to Ohm's Law. In: American Journal of Physics Bd.31 (1963), S. 536 - 547
Sommerfeld, A.: Vorlesungen über theoretische Physik. Bd.3 Elektrodynamik. Reprint der vierten Auflage (1963), Thun 1988
Teichmann, J.: 150 Jahre Ohmsches Gesetz 1826 - 1976. Festschrift Deutsches Museum, München 1976 (= Sonderdruck Elektrotechnische Zeitschrift, Ausgabe a, Bd.97(1976), S.594 - 600)
Turner, R. S.: The Growth of Professional Research in Prussia 1818 to 1848 - Causes and Context. In: Hist. Stud. Phy. Sci. Bd.3 (1971), S.137 - 183
Volkmann, P. (Hrsg.): Franz Neumann, ein Beitrag zur Geschichte deutscher Wissenschaft. Dem Andenken an den Altmeister der mathematischen Physik gewidmete Blätter. Leipzig 1896
Wangerin, A.: Franz Neumann und sein Wirken als Forscher und Lehrer. Braunschweig 1907
Weber, H.: Wilhelm Weber, eine Lebensskizze. Breslau 1893
Weber, W. E.: Wilhelm Weber's Werke herausgegeben von der Königlichen Gesellschaft der Wissenschaften zu Göttingen. 4 Bde. Berlin 1892 - 1894
Wiederkehr, K. H.: Wilhelm Webers Stellung in der Entwicklung der Elektrizitätslehre. Diss. Hamburg 1960
Wise, M. N.: Atomism and Wilhelm Webers's Concept of Force. In: Schönbeck, Charlotte (Hrsg.): Atomvorstellungen im 19. Jahrhundert.Paderborn 1982, S.57 - 66
Wise, M. N.: German Concepts of Force, Energy, and the Electromagnetic Ether: 1845 - 1880. In: Cantor, G.N.; Hodge, M.J.S. (Hrsg.): Conceptions of Ether. Studies in the History of Ether Theories 1740 - 1900. Cambridge 1981, S.269 - 308
Wise, M. N.: Social Statistics in a Gemeinschaft: the Idea of Statistical Causality as Developed by Wilhelm Wundt and Karl Lamprecht. In: Heidelberger, M.; L. Krüger; R. Rheinwald (Hrsg.): Probability since 1800. Interdisciplinary Studies of Scientific Developement. Workshop at the Centre for Interdisciplinary Research of the University of Bielefeld. Bielefeld 1983, S.97 - 129
Woodruff, A. E.: Weber, Wilhelm Eduard. In: Dictionary of Scientific Biography. Bd.14, New York 1976, S.203 - 209
Zöllner, C. F.: Über die Natur der Cometen. Beiträge zur Geschichte und Theorie der Erkenntniss. 3. Auflage Leipzig 1883

Literatur zu Kapitel 3.6

Bernal, J. D.: Sozialgeschichte der Wissenschaften. Bd.2 Die Geburt der modernen Wissenschaft, Wissenschaft und Industrie. Reinbek b. Hamburg 1978
Blumtritt, O.: Zur Genese der elektromagnetischen Feldtheorie. Eine wissenschaftshistorische Untersuchung zur Entstehung der Maxwellschen Gleichungen. Diss. Berlin 1983
Boltzmann, L.: Model. (1902) In: ders.: Theoretical Physics and Philosophical Problems. Selected Writings. Herausgegeben von B. McGuiness, Dordrecht 1974, S.213 - 220
Bromberg, J.: Maxwell's Electrostatics. In: American Journal of Physics Bd.36 (1968), S.142 - 151

Buchwald, J. Z.: The Hall Effect and Maxwellian Electrodynamics in the 1880's. Part I: The Discovery of a New Electric Field. In: Centaurus Bd.23 (1980), S.51 - 95

Buchwald, J. Z.: Thomson, Sir William. In: Dictionary of Scientific Biography Bd.13, New York 1976, S.374 -388

Buchwald, J. Z.: From Maxwell to Microphysics: Aspects of Electromagnetic Theory in the Last Quarter of the 19th Century. Chicago 1988

Chalmers, A.: The Heuristic Role of Maxwell's Mechanical Model of Electrodmagnetic Phenomena. In: Stud. Hist. Phil. Sci. Bd.17 (1986), S.415 - 427

Chalmers, A.: The Limitations of Maxwell's Electromagnetic Theory. In: Isis Bd.64 (1973), S.469 - 483

Chalmers, A.: Maxwell's Methodology and His Application of it to Electromagnetism. In: Studies in the History and Philosophy of Science Bd.4 (1973/74), S.107 - 163

Crowther, J. G.: William Thomson - Lord Klevin (1824-1907). In: Ders.: Grosse englische Forscher. Aus dem Schaffen und Leben englischer Wissenschaftler des 19. Jahrhunderts. Berlin 1948, S.194 - 247

Duhem, P.: Ziel und Struktur der physikalischen Theorien. (Übersetzt von F. Adler) Leipzig 1908, Reprint Hamburg 1978

Ebert, H.: Magnetische Kraftfelder. Die Erscheinungen des Magnetismus, Elektromagnetismus und der Induktion dargestellt auf Grund des Kraftlinien-Begriffes. 2. vollkommen neu bearbeitete Auflage Leipzig 1905

Everitt, C. W. F.: Maxwell, James Clerk. In: Dictionary of Scientific Biography. Bd.9, New York 1974, S.198 - 230

Faraday, M.: Experimental-Untersuchungen über Elektricität. Deutsche Übersetzung von S. Kalischer. 3 Bde. Berlin 1889 - 1891

Goldmann, M.: The Demon in the Aether: The Story of James Clerk Maxwell. Edinburgh 1983

Harig, G.: James Clerk Maxwell. Versuch einer wissenschaftlichen Biographie. In: Harig, G.; Wedel, G. (Hrsg.): Schriften zur Geschichte der Naturwissenschaften. Berlin (Ost) 1983, S.222 - 242

Harman, P. M.: Introduction. In: ders. (Hrsg.): Wranglers and Physicists. Manchester 1985, S.1 - 11

Harman, P. M.: Energy, Force and Matter. The Conceptual Development of Nineteenth-Century Physics. Cambridge 1988

Hendry, J.: James Clerk Maxwell and the Theory of the Electromagnetic Field. Bristol 1986

Hertz, H.: Untersuchungen über die Ausbreitung der elektrischen Kraft. (= Gesammelte Werke Bd.2) 2. Auflage, Leipzig 1894

Holton, G.: Themata. Zur Ideengeschichte der Physik. Braunschweig 1984

Kaiser, W.: Analogien in Physik und Technik im 19. und 20. Jahrhundert. In: Berichte zur Wissenschaftsgeschichte Bd.12 (1989), S.19 - 34

Kargon, R.: Model and Analogy in Victorian Science: Maxwell's Critique of the French Physicists. In: Journal of the History of Ideas Bd.30 (1969), S.423 - 436

Klein, M. J.: Mechanical Explanation at the End of the Nineteenth Century. In: Centaurus Bd.17 (1972), S.58 - 82

Knudsen, O.: Mathematics and Physical Reality in William Thomson's Electromagnetic Theory. In: Harman, P. M.(Hrsg.): Wranglers and Physicists. Manchester 1985, S.149 - 179

Knudsen, O.: Electric Displacement and the Developement of Optics after Maxwell. In: Centaurus Bd.22 (1979), S.53 - 60

Knudsen, O.: Nineteenth-Century Views of Induction in Moving Conductors. In: Centaurus Bd.24 (1980), S.346 - 360

Lodge, O.: On a Model Illustrating Mechanically the Passage of Electricity through Metals, Electrolytes, and Dielectrics, according to Maxwell's Theory. In: Philosophical Magazine Bd.2 (1876), S.353 - 374

Lodge, O.: Modern Views of Electricity. London, New York 1889

Maxwell, J. C.: A Dynamical Theory of the Electromagnetic Field. (1864) In: Niven, W. D. (Hrsg.): The Scientific Papers of James Clerk Maxwell. Bd.1, Paris 1890, S.526 - 597

Maxwell, J. C.: A Treatise on Electricity and Magnetism. Reprint der dritten Auflage 1891. 2 Bde., New York 1954

Maxwell, J. C.: The Scientific Papers of James Clerk Maxwell. Edited by W.D.Niven. Paris 1890

Maxwell, J. C.: Ueber Faraday's Kraftlinien. Herausgegeben von Ludwig Boltzmann. (= Ostwald's Klassiker Bd.69) 2. Auflage Leipzig o. J.

Maxwell, J. C.: Über physikalische Kraftlinien. Herausgegeben von Ludwig Boltzmann. (= Ostwald's Klassiker Bd.102) Leipzig 1898, Reprint Darmstadt 1976

Mayr, O.: Maxwell and the Origins of Cybernetics. In: Isis Bd.62 (1971), S.425 - 444

Moyer, D. F.: Energy, Dynamics, Hidden Mashinery: Rankine, Thomson and Tait, Maxwell. In: Studies in History and Philosophy of Science Bd.8 (1977), S.251 - 68

Olson, R.: Scottish Philosophy and British Physics 1750 - 1880. A Study in the Foundation of the Victorian Scientific Style. Princeton, London 1975

Righi, A.; Dessau, B.: Die Telegraphie ohne Draht. Braunschweig 1903

Siegel, D. M.: The Origin of the Displacement Current. In: Hist. Stud. Phys. Sci. Bd.17 (1986), S.99 - 146

Siegel, D. M.: Mechanical Image and Reality in Maxwell's Electromagnetic Theory. In: Harman, P. M. (Hrsg.): Wranglers and Physicists. Manchester 1985, S.180 - 201

Siegel, D. M.: Thomson, Maxwell, and the Universal Ether in Victorian Physics. In: Cantor, G.N.; Hodge, M.J.S. (Hrsg.): Conceptions of Ether. Studies in the History of Ether Theories 1740 - 1900. Cambridge 1981, S.239 - 268

Silliman, R.: William Thomson: Smoke Rings and Nineteenth-Century Atomism. In: Isis Bd.54 (1963), S.461 - 474

Simpson, T. K.: Some Observations on Maxwell's Treatise on Electricity and Magnetism. On the Role of the 'Dynamical Theory of the Electromagnetic Field' in Part IV of the Treatise. In: Studies in the History and Philosophy of Science Bd.1 (1970/71), S.249 - 263

Smith, C.: Engineering the Universe: W. Thomson and Fleeming Jenkin on the Nature of Matter. In: Annals of Science Bd.37 (1980), S.387 - 412

Thomson, W.; Tait, P. G.: Handbuch der Theoretischen Physik. (Autorisierte deutsche Übersetzung von H. v. Helmholtz und G. Wertheim) 2 Bde. Braunschweig 1871, 1874

Thomson, W.: On the Possible Density of the Luminiferous Medium, and on the Mechanical Value of a Cubic Mile of Sunlight. In: Transaktions of the Royal Society of Edinburgh Bd.21, Teil 1 (1854), S.57 - 61

Wise, N. M.: The Maxwell Literature and British Dynamical Theory. In: Hist. Stud. Phys. Sci. Bd.13 (1982), S.175 - 205

Wise, N. M.; Smith, C.: Measurement, Work and Industry in Lord Kelvin's Britain. In: Hist. Stud. Phys. Sci. Bd.17 (1987), S.147 - 173

Literatur zu Kapitel 3.7

Bevilacqua, F.: H. Hertz's Experiments and the Shift Towards Contiguous Propagation in the Early Nineties. In: Riv. Stor. Sci. Bd.1 (1984), S.239 - 256

Bevilacqua, F.: The Principle of Conservation of Energy and the History of Classical Electromagnetic Theory (1845 - 1903). Diss. Cambridge 1983

Boltzmann, L.: Populäre Schriften. Braunschweig 1979

Boltzmann, L.: Vorlesungen über Maxwells Theorie der Elektricität und des Lichtes. Leipzig 1891 - 1893. Erweiterter Nachdruck Graz (= Boltzmann Gesamtausgabe Bd.2) Braunschweig 1982

Bromberg, J.: Maxwell's Electrostatics. In: American Journal of Physics Bd.36 (1968), S.142 - 151

Buchheim, G.: H.v. Helmholtz und die klassische Elektrodynamik. In: NTM 1971, 8(1), S.26 - 36

Buchwald, J. Z.: Modifying the Continuum: Methods of Maxwellian Electrodynamics. In: Harman, P. M.(Hrsg.): Wranglers and Physicists. Manchester 1985, S.225 - 241

Buchwald, J. Z.: From Maxwell ot Microphysics: Aspects of Electromagnetic Theory in the Last Quarter of the 19th Century. Chicago 1988

D'Agostino, S.: Hertz's Researches on Electromagnetic Waves. In: Hist. Stud. Phys. Sci. 6 (1975), S.216 - 323

Duhem, P.: Ziel und Struktur der physikalischen Theorien. Übersetzt von F. Adler. Leipzig 1908, Reprint Hamburg 1978

Föppl, A.: Einführung in die Maxwellsche Theorie der Elektrizität. Leipzig 1894

Helmholtz, H. von: Vorträge und Reden. 2 Bde. Braunschweig 1884

Helmholtz, H. von: Wissenschaftliche Abhandlungen. Bd.1 Leipzig 1882

Hertz, H.: Schriften vermischten Inhalts. (= Gesammelte Werke Bd.1) Leipzig, 1895

Hertz, H.: Untersuchungen über die Ausbreitung der elektrischen Kraft. (= Gesammelte Werke Bd.2) 2. Auflage, Leipzig 1894

Heydweiller, A.: Johann Wilhelm Hittorf. Leipzig 1915

Hirosige, T.: Origins of Lorentz' Theory of Electrons and the Concept of the Electromagnetic Field. In: Hist. Stud. Phys. Sci. Bd.1 (1969), S.151 - 209

Hoppe, E.: Geschichte der Physik. Braunschweig 1926

Hunt, B. J.: "How My Model Was Right": G. F. FitzGerald and the Reform of Maxwell's Theory. In: Kargon, R.; Achinstein, P.(Hrsg.): Kelvin's Baltimore Lectures and Modern Theoretical Physics. Cambridge Mass. 1987, S.299 - 321

Hunt, B. J.: "Practice vs. Theory" the British Electrical Debate, 1888 - 1891. In: Isis Bd.74 (1983), S.341 - 55

Jungnickel, Ch.; McCormmach, R.: Intellectual Mastery of Nature: Theoretical Physics from Ohm to Einstein. 2 Bde. Chicago, London 1986

Kaiser, W.: Theorien der Elektrodynamik im 19. Jahrhundert. Hildesheim 1981

Maxwell, J. C.: A Treatise on Electricity and Magnetism. 2 Bde. Reprint der dritten Auflage 1891, New York 1954

McCormmach, R.: H.A. Lorentz and the Elektromagnetic View of Nature. In: Isis Bd.61 (1970), S.459 - 497

McCormmach, R.: Lorentz, H. A. In: Dictionary of Scientific Biography. Bd.8, New York 1973, S.487 - 500

Phil, M.: The Scientific Archievements of L. V. Lorenz. In: Centaurus Bd.17 (1972), S.81 - 94

Planck, M.: Physikalische Abhandlungen und Vorträge. Bd.3 Braunschweig 1958

Poincaré, H.: Über die Beziehungen zwischen der experimentellen und der mathematischen Physik. Vortrag gehalten auf dem internationalen Physikerkongress zu Paris 1. 8. 1900. In: Physikalische Zeitschrift Bd.2, Nr. 11 (1900), S.166 - 71, 182 - 86, 196 - 201

Riecke, E.: W. Weber (1804 - 91). Rede gehalten in der öffentlichen Sitzung der Königlichen Gesellschaft der Wissenschaften 5.12. 1891. Göttingen 1892

Rosenberger, F.: Die Geschichte der Physik in Grundzügen. 3 Bde. Braunschweig 1887 - 1890, Reprint Hildesheim 1965

Schuster, A.: The Progress of Physics during 33 Years (1875 - 1908). From Lectures Delivered in the University of Calcutta during March 1908. Cambridge 1911

Simpson, T. K.: Maxwell and the Direct Experimental Test of His Electromagnetic Theory. In: Isis Bd.57 (1966), S.411 - 432

Stein, H.: 'Subtle forms of matter' in the period following Maxwell. In: Cantor, G. N.; Hodge, M. J. S.(Hrsg.): Conceptions of Ether. Cambridge 1981, S.309 - 340

Süsskind, Ch.: Observations of Electromagnetic Wave Radiation before Hertz. In: Isis Bd.55 (1964), S.32 - 42

Turner, R. S.: Helmholtz, H. v. In: Dictionary of Scientific Biography. Bd.6, New York 1972, S.241 - 253

Turpin, B. McGettrick: The Discovery of the Electron: the Evolution of a Scientific Concept 1800 - 1899. Diss. Notre Dame 1980

Whittaker, Sir E.: A History of the Theories of Aether and Electricity. The Classical Theories. New York 1973

Wiedemann, G.: Hermann von Helmholtz' wissenschaftliche Abhandlungen. In: Helmholtz, H. von: Wissenschaftliche Abhandlungen. Bd.3, Leipzig 1895, S.Xi - XXXVI

Wise, M. N.: German Concepts of Force, Energy, and the Electromagnetic Ether: 1845 - 1880. In: Cantor, G.N.; Hodge, M.J.S.(Hrsg.): Conceptions of Ether. Cambridge 1981, S.269 - 308

Woodruff, A. E.: Action at a Distance in Nineteenth Century Electromagnetics. In: Isis Bd.53 (1962), S.439 - 459

Woodruff, A. E.: The Contributions of Hermann von Helmholtz to Electrodynamics. In: Isis Bd.59 (1968), S.300 - 311

Literatur zu Kapitel 3.8

Anderson, D. L.: The Discovery of the Electron: The Developement of the Atomic Concept of Electricity. Toronto 1964

Buchwald, J. Z.: From Maxwell ot Microphysics: Aspects of Electromagnetic Theory in the Last Quarter of the 19th Century. Chicago 1988

Heilbron, J.L.: Thomson, J. J. In: Dictionary of Scientific Biography. Bd.8, New York 1976, S.362 - 372

Hertz, H.: Untersuchungen über die Ausbreitung der elektrischen Kraft. (= Gesammelte Werke Bd.2) 2. Auflage, Leipzig 1894

Hirosige, T.: Electrodynamics before the Theory of Relativity 1890 - 1905. In: Japanese Studies in the History of Science Bd.5 (1966), S.1 - 49

Hirosige, T.: Lorentz's Theory of Electrons and the Developement of the Concept of Elektromagnetic Field. In: Japanese Studies in the History of Science Bd.1 (1962), S.101 - 110

Hirosige, T.: Origins of Lorentz' Theory of Electrons and the Concept of the Electromagnetic Field. In: Hist. Stud. Phys. Sci. Bd.1 (1969), S.151 - 209

Kaufmann, W.: Die Entwicklung des Elektronenbegriffs. In: Verhandlungen der Gesellschaft deutscher Naturforscher und Ärzte 1901, Pt. I, S.115 - 126

Klein, M. J.: Mechanical Explanation at the End of the Nineteenth Century. In: Centaurus Bd.17 (1972), S.58 - 82

Lorentz, H. A.: La théorie électromagnétique de Maxwell et son application aux corps mouvants. (1892) In: ders.: Collected Papers. Bd.2, Den Haag 1936

Lorentz, H. A.: The Theory of Electrons and Its Applications to the Phenomena of Light and Radiant Heat. A Course of Lectures Delivered in Columbia University, New York, in March and April 1906. 2. Auflage Leipzig 1916

McCormmach, R.: H.A. Lorentz and the Elektromagnetic View of Nature. In: Isis Bd.61 (1970), S.459 - 497

McCormmach, R.: Lorentz, H. A. In: Dictionary of Scientific Biography. Bd.8, New York 1973, S.487 - 500

Owen, G.E.: The Discovery of the Electron. In: Annals of Science Bd.11 (1955), S.173 - 182

Poincaré, H.: Über die Beziehungen zwischen der experimentellen und der mathematischen Physik. Vortrag gehalten auf dem internationalen Physikerkongress zu Paris 1. 8. 1900. In: Physikalische Zeitschrift Bd.2 Nr. 11 (1900), S.166 - 71, 182 - 86, 196 - 201

Romer, A.: The Experimental History of Atomic Charges, 1895 - 1903. In: Isis Bd.34 (1942/43), S.150 - 161

Romer, A.: The Speculativ History of Atomic Charges 1873 - 1895. In: Isis Bd.33 (1941), S.671 - 683

Sommerfeld, A.: Vorlesungen über theoretische Physik. Bd.3 Elektrodynamik. Reprint der vierten Auflage 1963, Thun 1988

Teichmann, J.: Kathodenstrahlen und Elektron. In: ders.; Fraunberger, F.: Das Experiment in der Physik. Braunschweig 1984, S.203 - 220

Thomson, J. J.: Cathode Rays. In: Philosophical Magazine Vol. 44 (1897), S.293 - 316

Thomson, J. J.: Cathode Rays. (= Lecture at the Royal Institution, April 30, 1897) In: American Journal of Physics Bd.15 (1947), S.458 - 64

Thomson, J. J.: On the Charge of Electricity carried by Ions produced by Röntgen Rays. In: Philosophical Magazine Bd.46 (1898), S.528 - 45

Turpin, B. McGettrick: The Discovery of the Electron: the Evolution of a Scientific Concept 1800 - 1899. Diss. Notre Dame 1980

Whittaker, Sir E.: A History of the Theories of Aether and Electricity. The Classical Theories. New York 1973

Abbildungsnachweis

Abb. 3.1.1: Coulomb, C. A.: Vier Abhandlungen über die Elektricität und den Magnetismus (1785-86). (= Ostwald's Klassiker Nr. 13) Leipzig 1890, S.5
Abb. 3.1.2: ebenda, S.16
Abb. 3.1.3: Zeichnung des Autors
Abb. 3.1.4: Coulomb a.a.O., S.33
Abb. 3.1.5: Zeichnung des Autors
Abb. 3.3.1: Biot, J.: Lehrbuch der Experimentalphysik. Bd.4, Leipzig 1829, Tafel XI, Fig. 7
Abb. 3.3.2: Annales de chimie et de physique. Bd.15 (1820), Tafel 1, Fig. 1 u. 2
Abb. 3.3.3: Zeichnung des Autors
Abb. 3.3.4: Ampère, A. M.: Théorie mathématique des phènomènes Électromagnetiques (1826). Reprint Paris 1958, Tafel 1, Fig. 8
Abb. 3.3.5: Ampère A. M.: Recueil d'observations électrodynamiques. Paris 1822, Tafel 6, hier nach Bildarchiv Deutsches Museum 1904 A23 /31643
Abb. 3.4.1: Faraday, M.: Experimental-Untersuchungen über Elektricität. Bd.2, Berlin 1890, Tafel IV
Abb. 3.4.2: Faraday a.a.O. Bd.1, Berlin 1889, Tafel I, Fig. 16, 25, unten Zeichnung des Autors
Abb. 3.4.3: ebenda, Tafel VII, Fig. 106, 107, 108, 110, 112
Abb. 3.4.4: Faraday a.a.O. Bd.3, Berlin 1891, S.184 Fig. 1, 2; S.192 Fig. 6
Abb. 3.5.1: Schweiggers Journal für Chemie und Physik Bd.46 (1826) nach: Piel, C. (Hrsg.): Das Grundgesetz des elektrischen Stromes. (= Ostwald's Klassiker Bd.244), Leipzig 1938, S.13
Abb. 3.5.2: Weber, W.: Wilhelm Webers Werke. Bd.3, Berlin 1893, S.55, 57
Abb. 3.5.3: Zeichnung des Autors
Abb. 3.6.1: Scientific American Bd.42(1880), Titelblatt Heft 4 (24.1.1880)
Abb. 3.6.2: Philosophical Transactions Jg. 1866, S.659
Abb. 3.6.3: Ebert, H.: Magnetische Kraftfelder. 2. Auflage Leipzig 1905, S.294
Abb. 3.6.4: Lodge, O.: Neueste Anschauungen über Elektricität. Leipzig 1896, Abb. 6, S.43
Abb. 3.6.5: Maxwell, J. C.: A Treatise on Electricity and Magnetism. 3. Aufl. London 1891, hier aus dem Reprint New York 1954, Bd.II, S.228
Abb. 3.6.6, 3.6.7, 3.7.1: Zeichnungen des Autors
Abb. 3.7.2: Hertz, H.: Untersuchungen über die Ausbreitung der elektrischen Kraft. Leipzig 1894, S.34
Abb. 3.7.3: ebenda, S.43
Abb. 3.7.4: Warburg, E.: Lehrbuch der Experimentalphysik. Tübingen 1919, S.444
Abb. 3.8.1: (a) Thomson, J. J.: Cathode Rays. In: Philosophical Magazine Bd.44 (1897), S.301; (b) u. (c) Thomson, J. J.: Cathode Rays. In: American Journal of Physics Bd.15 (1947), S.461
Abb. 3.8.2: Thomson, J. J.: On the Charge of Electricity Carried by Ions Produced by Röntgen Rays. In: Philosophical Magazine Bd.46 (1898), S.534

GPSR Compliance

The European Union's (EU) General Product Safety Regulation (GPSR) is a set of rules that requires consumer products to be safe and our obligations to ensure this.

If you have any concerns about our products, you can contact us on ProductSafety@springernature.com

In case Publisher is established outside the EU, the EU authorized representative is:

Springer Nature Customer Service Center GmbH
Europaplatz 3
69115 Heidelberg, Germany

Batch number: 10577876

Printed by Printforce, the Netherlands